北美重点含油气盆地石油地质特征与资源潜力

黄宇琪　邓恩德　著

西北工業大學出版社
西　安

图书在版编目（CIP）数据

北美重点含油气盆地石油地质特征与资源潜力 / 黄宇琪，邓恩德著. — 西安 ：西北工业大学出版社，2020.9

ISBN 978-7-5612-6779-0

Ⅰ. ①北… Ⅱ. ①黄… ②邓… Ⅲ. ①含油气盆地-石油天然气地质-地质特征-北美洲 ②含油气盆地-石油天然气地质-资源潜力-北美洲 Ⅳ. ①P618.130.2

中国版本图书馆CIP数据核字（2020）第139597号

BEIMEI ZHONGDIAN HANYOUQI PENDI SHIYOU DIZHI TEZHENG YU ZIYUAN QIANLI

北美重点含油气盆地石油地质特征与资源潜力

责任编辑：付高明　　**策划编辑**：付高明
责任校对：肖　莎　　**装帧设计**：李　飞
出版发行：西北工业大学出版社
通信地址：西安市友谊西路127号　　邮编：710072
电　　话：(029) 88491757，88493844
网　　址：www.nwpup.com
印 刷 者：西安真色彩设计印务有限公司
开　　本：787 mm×1 092 mm　　1/16
印　　张：10.875
字　　数：251千字
版　　次：2020年9月第1版　　2020年9月第1次印刷
定　　价：58.00元

前　言

北美地区拥有世界上最先进的油气勘探技术和油气勘探经验。对北美地区重点含油气盆地的沉积构造演化、油气分布规律、非常规油气资源类型及潜力情况进行研究具有重大的现实和战略意义。阿巴拉契亚盆地是位于美国东部的一个古生代前陆盆地，油气地质条件复杂，页岩气是主要的资源类型；墨西哥湾盆地是一个中新生代裂谷盆地，沉降中心由北向南不断迁移，中新生代盐岩构造形成了盆地最大特色，盐岩下是常规油气重要的勘探领域和方向；威利斯顿盆地是一个克拉通内盆地，构造活动较弱，以海相沉积为主，在有机质热演化程度较低情况下以页岩油产出为主；粉河盆地为美国中西部前陆中小型盆地，沙泥煤灰互层，有利于形成以致密砂岩气为主兼含煤层气和页岩气的油气地质条件；萨克拉门托盆地为典型的中新生代裂谷盆地，盆地规模小，适合于形成页岩油气。北美地区是世界上油气工业较发达的地区，其中美国是一个油气勘探开发历史长、工业勘探开发程度高、经济技术发达的国家，也是目前为止唯一长期、连续、系统进行全球油气资源评价的国家，其方法、经验和模式对于我国的油气资源评价具有重要参考意义。相比美国而言，加拿大油气资源丰富、人均占有率高、勘探程度相对较低、市场相对宽松，是有利的潜在合作国家。另外，北美地区非常规油气资源类型丰富、资源量大、勘探较为成熟，对其非常规油气资源进行综合研究和评价不仅能够直接获得北美地区非常规油气资源的数据和信息，更能为后期国内的非常规油气项目实施提供经验和参考。

写作本书得到了中国地质大学张金川教授，唐玄副教授，裴松伟，任君，马玉龙，彭建龙，隆帅等各位专家的支持和帮助，在此表示诚挚的感谢。书中还引用了一些文献资料，未能完全标出，在此一并表示诚挚的感谢和歉意。

由于时间仓促及水平有限，书中难免存在疏漏和缺点，恳请广大读者批评指正。

黄宇琪

2019年3月

前言

目　录

第1章 北美区域地质背景和条件

1.1 北美区域地质背景

北美大陆在地理位置上，处于西半球和北半球，其西面、东面和北面分别是太平洋、大西洋和北冰洋。

北美大陆是以北美克拉通为中心的单式大陆地质体系，褶皱带围绕地台四周分布，地史演化总体上表现为大陆同心式的向外增生。北美大陆构造特征是向其四周在不同时期发育褶皱造山带，它们记录了不断增生的大陆边缘复杂的沉积、岩浆作用和构造变形史。

1.1.1 地质单元

北美大陆以加拿大中、东部及巴芬岛和格陵兰为北美克拉通的结晶基底——加拿大地质为核心。其东侧、东南侧和北侧分别为阿巴拉契亚褶皱带、沃希托褶皱带和北极古生代褶皱带，西侧为科迪勒拉中生代褶皱带。

作为研究区主体，主要的研究地质单元根据形成与演化的构造动力学特征和地理为主的不同，应分为三个部分：

（1）以水平汇聚和板块、台冲撞为背景的褶皱冲断带。该带大致上从北美克拉通的南、西和东部呈半包围状。地质背景复杂，地貌上表现为不同时期的造山带，如著名的落基山造山带、阿巴拉契亚造山带等。这些造山带揭示出不同地质年代的大洋拉张—闭合旋回和板块、地体之间的汇聚、拼贴过程。一般而言，根据不同的构造活跃期，该带被进一步细分为三个次级褶皱冲断带：

1）加里东期（早古生代构造幕）：纽芬兰褶皱带；

2）海西期（晚古生代构造幕）：阿巴拉契亚褶皱冲断带、马拉松—沃希托褶皱冲断带、因努伊特褶皱带；

3）印支—喜山连续构造活跃期（中、新生代构造幕）：落基山褶皱冲断带。

（2）以板内稳定热沉降演化为特色的北美克拉通—地台带。该带以形成克拉通内陆坳陷盆地为主，地层展布相对稳定，古构造应力场作用强度小，缺乏大的转变，地层倾角通常接近水平（以科罗拉多大峡谷一带最为典型），根据基底形成年代和岩石变质程度的不同，该带一般被进一步分为两个次级地台：

1）花岗片麻化的加拿大地质变质结晶基底；

2）以前寒武玄武岩、火山杂岩为主的北美地质火山岩基底。

目前学界普遍认为，由于北美地质的形成时间晚于加拿大地质，且前者基底岩石变质程度低于后者，北美地质可能是早期古加拿大地质的一部分，在元古代—早古生带从其上发生增生或裂解，形成地质雏形。

（3）以垂向构造运动为主，水平运动次之的台地和穹窿区，该区主要的大地展布区域为褶皱冲断带（造山带或造山系）与稳定地台（地质或克拉通）之间的区域，以及与稳定地台构造上覆下伏关系。该带为北美地区最为重要的沉积盖层，发育了众多的含油气地质构造，其中，较大的北美台地主要有：

1）北部马更些台地、北极台地；

2）中部哈德逊台地；

3）中南部横大陆穹窿。

从上述的地质单元的分布和构造运动学特点不难发现，北美地区作为全球级别的含油气系统，在地质背景上总体具有以下一些特点：

（1）褶皱冲断带的长轴方向与大陆边缘的走向一致。比如阿拉斯加南缘的阿留申弧是正在演化中的新生代火山岛弧，太平洋板块由此向北消减，导致大陆向南增生。与此相反，由于太平洋洋中脊在加利福尼亚湾的扩展，加利福尼亚半岛正沿圣安德烈斯断层向西北滑动而趋于裂离北美大陆。

（2）北美大陆的构造演化呈现出以古地质（克拉通）为中心，向外增生逐渐造陆、造山的特点。中晚元古代，位于大陆中心的加拿大地质的结晶基底形成时代古老（18~16亿年前的哈得孙运动），地槽型沉积沿地质的东西两侧发育，为北美大陆边缘的典型代表。

（3）与中国-东亚地区相比，克拉通内陆坳陷为北美地区较为有特色的沉积盆地类型，在北美内陆地区，一系列克拉通内陆坳陷盆地呈现近线状或近面状展布，这些盆地大致上都具有相同的构造变形，并接受了基本相同的沉积建造，地层层序上具有对比性。值得注意的是，某些富含页岩气的地层通常也可以作为良好的对比层。

1.1.2 大地构造背景

根据现代构造动力学，北美地区的大地构造的总背景可以归纳为板块的裂解-碰撞过程。在这个过程中，老板块裂解，形成新的地体，这些新生地体在古生代开始至中生代晚期的地质时期中，逐渐碰撞拼合，形成北美大陆的雏形，并最终在新生代形成现今大地构造形态。

在太古—元古宙时期（早于570Ma），北美大陆的雏形——加拿大地质形成，根据目前学界的一致认识，该地台由一系列太古代板片、元古代岛弧与沉积盆地逐步拼合而成。

在此之后，加拿大地质逐渐增生，在早古生代时期，已经形成了独立的劳亚大陆，泥盆纪时，劳伦亚陆块与波罗的陆块碰撞， 形成欧美超大陆，二叠纪时地球上的主要陆块都碰撞到一起，形成泛大陆。

至侏罗纪，泛大陆裂解为劳亚和冈瓦纳两个超大陆，前文提到的劳伦亚古陆此时为劳亚古陆的一部分。至白垩纪时，在板块裂解的背景下，劳伦亚再次成为一个独立的大陆，即今日北美洲之雏形。

1.2　北美区域地层展布

北美含油气域的基底主要由前寒武系火山岩和变质岩结晶岩石构成，在北美含油气域中部和东北部地区广泛出露。区内显生宇地层发育较为齐全，从寒武系到新近系均有分布。其中，古生界地层发育最为齐全，几乎在整个研究区均有分布，而中生界地层则比较局限，新生界仅在靠近褶皱冲断带一侧出露较多。对应于前寒武纪晚期到新近纪发生的6次大规模海侵海退事件，整个显生宇盖层中发育了5个区域性不整合，据此Sloss 等人将其划分为6 个层序，分别为Sauk 层序、Tippecanoe 层序、Kaskaskia 层序、Absaroka 层序、Zuni层序和Tejas层序。

1.2.1　北美地层

Sauk层序对应于前寒武系上部到寒武系地层，最大厚度约4.6km。前寒武系到上寒武统下部是砂页岩，上部为白云岩化碳酸盐岩，中寒武统碳酸盐岩覆盖其上。这些砂岩和碳酸盐岩是良好的储层，而上寒武统页岩则是较为良好的烃源岩。

Tippecanoe层序对应于中奥陶统到下泥盆统的地层，最大厚度约2.4km。整层序以碳酸盐岩为主，并发育了大量的礁体，是良好的碳酸盐岩储层。中奥陶统底部为硅质碎屑岩，志留系地层中蒸发岩较为常见。

Kaskaskia层序对应于中泥盆统到密西西比系的地层，最大厚度约3.3km。以发育早古生代晚期至新生代初期的沉积为特色。中泥盆统以生物碎屑和生物礁碳酸盐岩为主，底部发育薄层砂岩，都是良好的储层。中泥盆统碳酸盐岩在盆地边缘尖灭于黑色页岩和燧石中，碳酸盐岩中的蒸发岩单元代表了在周期性海退期间萨布哈蒸发岩形成的时期，碳酸盐岩沉积有时也会被缺氧环境所打断，形成黑色页岩，成为盆地中良好的烃源岩。其中典型代表为盆地沉积中心位置发育的密西西比系的碳酸盐岩，在造山带边缘则沉积的是上密西西比统砂岩和页岩。

Absaroka层序对应于上密西西比统到下侏罗统地层，以发育晚古生代—中生代沉积为特色。该层序的最大厚度约3.5km。该层序的地层岩性无论是在平面上还是在垂直向上都有较大的变化。密西西比系顶部到下二叠统地层主要为粗粒硅质碎屑岩和蒸发岩，集中分布于研究区南部、西部和中陆地区。

中、晚二叠世，变化的海相沉积和陆相沉积地层贯穿了广阔的稳定克拉通地区，在东北部沉积了硅质碎屑岩，而在南部和西部则以碳酸盐岩沉积为主。三叠系到下侏罗统则以陆相硅质碎屑岩为主。Zuni层序和Tejas层序的分布比较局限，主要分布于北美西部落基山造山带附近，两地层最大厚度为610m。

Zuni层序对应于中侏罗统到古新统下部的地层，以发育晚中生代—新生代沉积为特色。靠近造山带一侧主要是硅质碎屑岩，在克拉通上则是厚层的海相页岩和碳酸盐岩，特别是在白垩纪，全球海平面的相对高位置在白垩纪海侵的形成中扮演了重要角色，由于法伦板块向北美大陆西部低角度俯冲，造成了内陆海侵淹没了北美大部分地区。海水从两个方向侵入了北美大陆，在北极向南侵入，在墨西哥湾向北侵入，淹没了现在的落基山和大平原地区，在落基山前陆前渊区堆积了巨厚的硅质碎屑岩。

Tejas层序则对应于古新统到全新统的地层，以发育晚新生代沉积为特色，主要分布在北美克拉通地区，但该层序在墨西哥湾、大西洋及北冰洋边缘也有分布，岩性为砂岩和页岩，代表了新生代以来的陆相沉积演化。

通过层序地层学的研究可知，在北美地区，分布了较为广发的含油气层系组合。于各层序含油气性质而言，最为重要的地层分别是晚古生界泥盆系、二叠系和晚中生界白垩系。上述三个年代的地层在盆地中几乎都包含了重要的烃源岩、储层和盖层，对北美各类型沉积盆地的含油气性起到了至关重要的作用。

1.2.2 分构造单元地层

北美含油气域盆地众多，主要分布在美国和加拿大。北美大陆经历了多次构造运动，其构造沉积演化控制了这些盆地的形成和分布，并造成了北美含油气域内盆地的分布出现分区和分带的特征。总的来说，这些盆地可以划分为5个区带，分别为：①落基山前陆区。②马拉松–沃希托前陆区。③阿巴拉契亚前陆区。④克拉通内陆坳陷区。⑤被动大陆边缘区。

在北美含油气域内，前陆地区和克拉通内陆坳陷区的盆地基底为前寒武系火山岩和变质岩结晶基底，构造发育相对简单，沉积建造控制着盆地的形成和演化，盆地剖面上大都呈碟形，地层相对较薄。

被动大陆边缘地区则是前三叠系火山岩和变质岩基底。而北大西洋被动大陆边缘盆地沉积物向海方向逐渐加厚，断裂与前陆地区和内克拉通地区的断裂不同，是大西洋逐渐打开时形成的正断层。

前陆盆地区在靠近造山带一侧地层最厚，断裂最为发育；而向前缘斜坡方向地层逐渐减薄，构造也趋稳定。

尽管构造动力作用类型一致，但是由于沉积演化以及基底和沉积盖层的不同，北美前陆盆地大区又被三分为落基山前陆区、马拉松–沃希托前陆区、阿巴拉契亚前陆区三个次级区域。

落基山前陆区以西为落基山前陆造山楔，以东为盆地基底和沉积盖层，基底为前寒武系的火山变质岩基底，靠近造山楔一侧，逆冲断层多成叠瓦状发育，在逆冲作用下，地层呈现叠置，甚至倒置。盆地前渊区内，下古生界沉积和上古生界沉积都相对比较完整，其中盆地内沉积的巨厚的泥盆系宾夕法尼亚组是最重要的含油气层系。由于盆地不同，可能存在不连续的盆地（坳陷）级别的不整合面。

在落基山前陆造山楔以东，在太平洋板块和北美板块的汇聚背景下，还存在常与弧后前陆盆地伴生的弧前盆地，由于较活跃的壳源型岩浆活动，这些盆地主要由变质岩基底和基性火山岩盖层组成，沉积该层主要在新生界古近纪和新近纪组成，根据石油和天然气的热演化规律，古近纪地层可能更富油气勘探潜力。但是新近纪的砂岩层在具备良好的油气运移通道和盖层遮挡的前提下，也可能形成油气藏，比如位于大谷地区西南侧的加利福尼亚海岸盆地内的古近系和新近系含油气系统。

马拉松–沃希托前陆区与落基山前陆区在盆地构造形态，前陆特征已不如后者明显，在长期逆冲推覆作用下，盆地的黏弹性响应特征显著，表现为较宽大的前渊和明显的前陆隆起（木德隆起）。在本区前陆盆地前渊内，基底岩性与落基山前陆区具有相似性，均为前寒武火山–变质岩结晶基底，沉积盖层发育下受逆冲断层控制的古生界地层，部分被深埋，烃源岩成熟度可能比较高，存在区域性的古生界不整合面。除泥盆系宾西法尼亚组以外，本区前渊部沉积了巨厚的二叠系地层。以本区下二叠统狼营统组和统伦纳德统为例，岩性以暗灰色–黑色页岩为主，总有机碳含量平均为2.8%，最大可达4.4%，为典型的深水滞留环境的沉积物。

阿巴拉契亚前陆区主要位于阿巴拉契亚山脉南部，其东缘为蓝岭省前陆造山楔，以西为前陆盆地区，其基底为古老的前寒武火山—变质岩结晶基底，为北美克拉通的东南缘，该区主要发育的沉积该层包括奥陶系、志留系和泥盆系，局部存在二叠系沉积。在逆冲推覆过程中，各层构造变形明显，存在顺层滑脱现象。与马拉松—沃希托前陆区类似，本区也存在着较宽大的前渊和相对明显的前陆隆起等地质特点，前渊区沉积了较厚的寒武系、奥陶系以及泥盆系。目前的主要勘探目标为泥盆系。

与前陆区不同，克拉通内陆坳陷区基本不受造山楔演化影响，构造动力强度低，盆地内地层变形程度低，沉积稳定，表象为典型的碟型盆地特征，主要位于阿巴拉契亚山脉以西，落基山脉以东，为北美地台中部。该区构造基底为前寒武系火山—变质岩结晶基底，断裂发育较少，沉积范围起到控盆作用。

在本区发育的沉积盖层主要包括巨厚的寒武系、奥陶系、志留系、泥盆系和二叠系，存在盆地范围内区域性的古生界不整合面。在志留系岩层中，广泛发育了早古生代加里东期海水退却时形成的蒸发盐岩沉积，盐刺穿和底辟作用较为发育，形成了志留系和泥盆系间的不整合面。晚古生代之后，本区历经了多次抬升过程，缺失中生代地层，存在标志性的沉积间断。

根据构造动力学原理和含油气沉积盆地分析方法，被动陆缘沉积为另一类与油气成藏有关的沉积体系。与前陆区和克拉通内陆坳陷区不同，该区主要的构造动力背景为伸展性，以海相沉积为主。基底为泥盆系酸性火山岩和变质岩，沉积盖层主要发育有三叠系、侏罗系、白垩系以及新生代沉积，其中又以后者为主。构造形态上表现为典型的被动陆缘陆堤，沉积稳定连续。三叠系地层发育盐岩，盐刺穿和底辟作用较为发育。白垩系上超与侏罗系，新生代地层向了陆尖灭于白垩系，体现了本区一个较大规模的中生代—新生代沉积旋回。

1.3 北美构造演化与特点

在现今的北美构造格局中，西部太平洋板块向北美板块表现为典型的洋壳–陆壳的稳定的俯冲–消减关系，构造动力背景的汇聚–碰撞型，并形成了巨大的造山带（科迪勒拉造山系，该造山系为更高级别的安第斯山带的一部分）。

在北美大陆的另一侧，板块东部和南部主要出于拉张–伸展环境中，大陆边缘类型为典型的被动陆缘，并形成了巨厚的陆堤沉积。板块北部，由于北冰洋板块的伸展，也形成了张性的构造背景。

与东亚地质演化特征相比，北美具有明显的不同，后者以古地质（克拉通）为中心，以板块增生为特色，前者则以不同板块间的拼合为特色。故此，中美两大地质体系的构造背景存在不同。

1.3.1 构造演化历史

总的来看，北美大陆的构造演化呈现出以古地质（克拉通）为中心，向外增生逐渐造陆、造山的特点。中晚元古代，位于大陆中心的加拿大地质的结晶基底在18～16亿年前的哈得孙运动后形成，使得地槽型沉积沿地质的东西两侧发育，代表当时的北美大陆边缘。

寒武–下奥陶统是地台最早的未变质沉积盖层，明显地从四周向大陆中心缓慢超覆。中奥陶世的塔康运动是阿巴拉契亚褶皱带的第一次主要构造变形。泥盆纪的阿卡迪亚运动标志着北美大陆与欧洲大陆碰撞，古大西洋北段闭合。加里东和早海西山系从北阿巴拉契亚经格陵兰东缘一直绕到北极加拿大的埃尔斯米尔山脉，并在东西侧形成了巨厚的红色磨拉石和洪积平原沉积，在欧洲即著名的老红砂岩。石炭纪末非洲大陆与北美大陆碰撞，古大西洋全部闭合，大陆东南部的阿勒格尼运动产生沃希托褶皱带，并使阿巴拉契亚褶皱带最终形成。

北美大陆西部在泥盆纪后期转化成活动大陆边缘，石炭纪时在爱达荷至内华达一带出现火山弧和构造高地，海域逐渐演变成以得克萨斯为中心的内陆海，这种情况一直延续到早白垩世。

中、新生代北美大陆东西部分的构造表现有明显的差异。晚三叠世时泛大陆（联合古陆）裂解，大西洋在其中生成，北美大陆东缘由张裂而演化成为被动大陆边缘，墨西哥湾和佛罗里达半岛巨厚中、新生界沉积即这一过程的产物。与此形成对比，北美大陆西缘中生代至老古近纪期间则是活跃的大洋俯冲和弧陆碰撞时期，统称为科迪勒拉造山运动，伴有大规模的岩基侵位和向东的逆冲作用。古近纪末，北美大陆西部转化为以伸展为特征的构造应力场背景。科罗拉多高原、哥伦比亚溢流玄武岩以及相关盆岭构造都是这时生成的。

北美克拉通主体为加拿大地质和中央稳定地台，其中苏必利尔和怀俄明有大于35亿年的岩石露头，被认为是世界上最老的表壳岩。

太古宇有高级变质岩和花岗岩–绿岩带两种类型。只有在绿岩带中才能分出层序。25亿年的凯诺拉运动使太古宇褶皱、变质，苏必利尔地区不整合于其上的下元古界休伦超群已是地台型沉积，为含铁石英岩，浅水碳酸盐类夹中酸性火山岩，砂岩中含沥青铀砂。地质外围的北西向的丘吉尔带和北东向的拉布拉多带的下元古界仍保持地槽型，而且冒地槽型沉积位于靠地质一侧，向外为优地槽型沉积所代替。

中、上元古界浅变质地层呈楔状体沿格林维尔（东）和科迪勒拉（西）带分布，沿构造线方向切割下伏地层。北美克拉通边缘相当于震旦纪时限的冰成杂砾岩也有广泛分布。

寒武纪时期，科迪勒拉和纽芬兰的下古生界持续沉积。在北美大陆中部则是晚寒武世的高纯度石英砂岩超覆在时代要老得多的结晶基底之上。东部佛蒙特州、西部内华达州的寒武系，加拿大北极诸岛的奥陶系都是含火山岩的碎屑岩，已变质，反映了地台四周为地槽包围的构造格局。

中奥陶世起沉积格局发生变化。从纽约州向东，包括新英格兰和加拿大东部沿海地区，中上奥陶统变为碎屑岩，粒度向东变粗。缅因州至纽芬兰一线，本期地层缺失。下泥盆统（或上志留统）直接不整合在下奥陶统或更老的地层之上，表明已进入当时的蚀源区，从而限定了塔康运动的时限和范围。志留纪仍保持这一格局，自北阿巴拉契亚向西分别是含铁碎屑岩、礁灰岩和膏盐沉积，密西西比河以西则是广泛的浅海碳酸盐岩。

泥盆纪时期，受阿卡迪亚运动时期欧洲、北美大陆碰撞的影响，北美大陆下泥盆统大多缺失，中泥盆统广泛超覆不整合在不同层位地层之上，只有科迪勒拉带志留系和泥盆系保持连续。大陆西部以碳酸盐沉积为主，加拿大艾伯塔地区为重要的生、储油层位，向东相变为页岩，阿巴拉契亚西部为红色磨拉石，比中上奥陶统的规模更大。这种格局保持到古生代末。其中大陆东南部的中上密西西比系为巨厚碎屑岩，预示着非洲的靠近。宾夕法尼亚系在阿巴拉契亚与密西西比河间为巨大的成煤沼泽，此后海水就没再进入大陆东部。

二叠纪时期，内华达州东部沉寂了巨厚的通卡砂岩，其不整合在下伏地层之上，代表一次微陆块与北美大陆的碰撞，说明当时科迪勒拉带已出现火山弧与构造高地，就位于科迪勒拉带与东部陆地之间。在这个时期，以西得克萨斯为中心，下部为珊瑚礁灰岩，向上为红层所取代，蒙大拿、怀俄明州一带在陆架西缘还形成了近南北向的含磷岩带。

中生代早–中期，科迪勒拉造山带的剧烈活动，地台型中生界只出现在它以东，其中北美大陆东部为陆相，西部为海相，在落基山西侧可以见到两者的指状交互相或过渡相。有些地层如侏罗系最上部的莫里森组砂岩保存了极丰富的恐龙化石。

早白垩世时期，北美大陆内部发生了最后一次大规模海进，海相地层从北极加拿大向南一直延伸到墨西哥，包括墨西哥湾在内的大陆东南部，侏罗纪以来的膏盐和浅海沉积累计总厚已超过15公里。与此成对照，科迪勒拉带内部地层类型非常复杂，著名的弗朗西斯科混杂堆积和大谷群曾被认为是典型的弧前盆地地层组合，代表洋陆板块会聚的前缘。

北美新生界主要分布在两个地区：以佛罗里达–巴哈马为中心的大陆东南部的浅海碳酸盐岩（侏罗纪以来沉陷的继续），科迪勒拉带、哥伦比亚高原、墨西哥马德雷山脉的陆相火山岩和大盆地的碎屑岩。

北美大陆岩浆活动的时空分布与不同部位的构造演化密切相关。北美大陆前寒武纪的岩浆活动主要位于加拿大地质，包括：30亿年左右的一期同构造花岗岩侵入（以格棱兰努克片麻岩为代表），25亿年后构造钾质花岗岩，24亿年绿岩带（苏必利尔的阿伯蒂比带）的生成，20～18亿年的辉长质杂岩（如萨德伯里岩盆）和16～12亿年的斜长岩侵位（如阿迪朗达克）。11亿年基威诺陆内裂谷型玄武岩的喷溢标志着北美克拉通克拉通化的完成。

古生代的岩浆活动主要沿大陆东部的阿巴拉契亚带分布。从加拿大沿海到马萨诸塞有两期花岗质深成活动。第一期年龄4.4～4.15亿年，伴随自东向西的大规模推覆构造，代表塔康造山运动；第二期同位素年龄3.6～3.3亿年，并伴随着叠置在不同时代和类型岩层上的一期3.8～3.5亿年的区域变质作用，反映了大致在同一地区的强度更大的阿卡迪亚运动。晚古生代的花岗岩沿阿巴拉契亚南段分布。泥盆纪最晚期与密西西比纪最早期的花岗质岩类还广泛出露在北极加拿大，反映了埃尔斯米尔造山运动，以及与之伴生的向南的逆冲作用。

美洲大陆东部中生代的岩浆活动限于形成裂谷型碱性玄武岩。强烈的深成活动发生在科迪勒拉带，形成了规模巨大的岩基群，数千公里，平行大陆边缘分布，单个岩体面积可达上千平方公里，侵位年龄主要在中晚白垩世。垂直岩带走向，从西向东可以看到侵入时间逐渐变近，成因从幔源变为壳源，氧化钾和铷含量也不断增高。科迪勒拉新生代的岩浆活动主要为火山喷发，圣海伦斯和阿留申岛弧的火山作用表明活跃的板块会聚迄今仍在进行着。

1.3.2 构造格局

北美大陆在地质上包括苏格兰北部和北爱尔兰、密西西比河流域和五大湖地区所在的中部平原（北美克拉通），向北的加拿大中、东部及巴芬岛和格陵兰为北美克拉通的结晶基底——加拿大地质大片出露区。地台东侧、东南侧和北侧分别为阿巴拉契亚褶皱带、沃希托褶皱带和北极古生代褶皱带，西侧为科迪勒拉中生代褶皱带。

北美地台是北美板块的主体，褶皱带围绕地台四周分布。北美板块在西部与东太平洋和胡安得富卡板块发生挤压聚敛，东侧边界为大西洋扩散中脊。北美洲是以北美地台为中心的单式大陆，褶皱带围绕地台四周分布，地史演化总体上表现为大陆同心式的向外增生。

北美大陆的地质演化起源于加拿大地质，它是整个北美大陆的核心，呈不规则的椭圆形，包括格陵兰、加拿大中东部的大部分和美国五大湖区的北部。加拿大地质的结晶基底是在18～16亿年前的哈得逊运动后形成的，在加拿大地质南侧的北美地台上，克拉通盆地和隆起相间发育，东西两侧分别是阿巴拉契亚地槽区和科迪勒拉地槽区，代表当时的北美大陆边缘。10亿年前的格林维尔运动标志着克拉通化的最终完成。

寒武–下奥陶统是地台最早的未变质沉积盖层，明显地从四周向大陆中心缓慢超覆。中奥陶世的塔康运动是阿巴拉契亚褶皱带的第一次主要构造变形。此时在阿尔伯达盆地、密歇根盆地以及伊利诺斯盆地等克拉通盆地内发育了一套地台型下古生界海相碳酸盐岩为主的沉积，范围广。

1.4　北美区域沉积与沉积变迁

太古宇组成加拿大地质的主体，由两部分拼合而成。在北大西洋地质格陵兰西南海岸的伊苏阿地区一片长30km的露头，由角闪岩、石英岩、条带状磁铁石英岩建造、碳酸盐岩等组成，为37.6亿 ± 0.7亿年的正片麻岩侵入，标志着加拿大地质的大致形成年代。

科迪勒拉和纽芬兰的下古生界实际上是从晚前寒武纪持续下来的，而在北美大陆中部则是晚寒武世的高纯度石英砂岩超覆在时代要老得多的结晶基底之上。东部佛蒙特州、西部内华达州的寒武系，加拿大北极诸岛的奥陶系都是含火山岩的碎屑岩，已变质，这反映了地台四周为地槽包围的构造格局。古生界以海相碳酸盐岩和碎屑岩为主，其间发育多个区域性不整合。

石炭纪和二叠纪时，海西运动导致阿巴拉契亚地槽回返，形成褶皱山系并在其西部形成前陆盆地。内华达州东部有一厚达1km的通卡砂岩，它的时代为晚密西西比纪（东部）到宾夕法尼亚纪（西部），不整合在下伏地层之上，代表一次微陆块与北美大陆的碰撞，说明当时科迪勒拉带已出现火山弧与构造高地。

二叠纪海就位于科迪勒拉带与东部陆地之间。以西得克萨斯为中心，下部为珊瑚礁灰岩，向上为红层所取代，蒙大拿、怀俄明州一带晚二叠世时，在陆架西缘还形成了近南北向的含磷岩带。

到中生代，科迪勒拉地槽褶皱回返，形成科迪勒拉造山带并在其东侧形成前陆盆地。其中北美大陆东部为陆相，西部为海相，在落基山西侧可以见到两者的指状交互相或过渡相。科迪勒拉造山带的西部以基岩侵入、变质岩和活火山为特征，中部为高原，岩性单一，东部为冒地槽沉积物构成的冲断带。中新生代时，由于联合古陆的解体，北美东南部形成大西洋被动大陆边缘和墨西哥湾盆地，堆积了自晚侏罗世以来的沉积物。有些地层如侏罗系最上部的莫里森组砂岩保存了极丰富的恐龙化石。

从区域上而言，沉积单元可分为加拿大和美国两个大的沉积单元，每个沉积单元可再分为若干个小的沉积单元。

1.4.1　加拿大

加拿大从区域上可以分为克拉通西部边缘，克拉通东部边缘及克拉通北部边缘三个沉积区域。

1.加拿大克拉通西部边缘盆地区

该区为大型条形盆地，主要位于紧邻落基山脉的阿尔伯塔省境内，部分延伸至邻省，向东延伸至萨斯喀彻温省和马尼托巴省（还有小部分进入美国北部），向西和向北伸入不列颠哥伦比亚省。该盆地区又可分为阿尔伯塔盆地和威利斯顿盆地两部分。

本区主要发育的泥盆系为古北美大陆被动边缘沉积，四期造山运动［安特勒运动（泥盆纪—石炭纪）、桑诺马运动（晚二叠世）、哥伦比亚运动（侏罗纪—早白垩世）和拉腊米运动（中、晚白垩世—第三纪）］影响过本区。

本区的演化可分为三个阶段：

第一阶段，自古生代至早、中侏罗纪结束，代表大陆边缘台地楔形体。由西向东，大陆边缘由优地斜、冒地斜及地台沉积物组成。在晚元古代、晚泥盆纪-石炭纪及三叠纪期间，依次经历了快速沉降、裂谷作用，最后成为前陆盆地而被充填。在晚三叠纪期间（230～214Ma），发生了广泛的火山作用，形成由海洋沉积向陆相沉积过渡的总体特征。

第二阶段，经历了外来地体与向西移动的北美克拉通间的斜向碰撞，形成混合地体。混合地体由三叠系及上古生界基岩上的大洋型火山岛弧组合而成。与早侏罗世哥伦比亚造山运动有关的碰撞，导致被动边缘楔形体西部与北美克拉通间的强烈挤压，其缝合带为高级变质岩和花岗岩组成的奥米尼卡带。在大陆板块向西俯冲削减过程中，表层地壳被刮下并在随后被水平挤压和向东传递，形成叠加冲断带。奥米尼卡带变质岩楔入造成隆升，导致丰富的沉积物源并在前陆盆地形成早期两个旋回前积层。陆壳台地型沉积物的构造加厚及向东冲断作用则产生负荷作用，造成下伏岩石圈向下均衡弯曲，导致前陆盆地的形成。在前陆盆地中沉积的上侏罗统—下白垩统沉积物由富含石英质的燧石碎屑组成，包括局部出现的来自变质岩区的白云母及火山砾岩。

第三阶段，因晚白垩世至古新世斜向挤压作用的恢复，与北美克拉通和已增生的山间带碰撞形成拉腊米造山带，复活的冲断叠加作用导致前陆盆地向东扩展，并形成一套以陆源沉积物为主巨厚沉积体系。

从中麦斯特里奇特期至晚古新世（约70～60Pa），科迪勒拉主要表现为岩浆活动平静期，造山带和前陆盆地被动均衡抬升。始新世期间，前陆盆地型沉积及挤压停止，而在东褶皱冲断带仍存在沉积作用和后期褶皱作用。在始新世期间，奥米尼卡带开始转为张拉，发生了强烈的岩浆活动。本区包含诸多含油气盆地，代表性盆地如阿尔伯塔盆地、威利斯顿盆地、利亚德（Liard）盆地等。

2.加拿大克拉通东部边缘盆地区

本区大致包括斯科舍、大浅滩、拉布拉多和纽芬兰省，是由大陆分裂产生的，从中奥陶世开始至晚三叠世或早侏罗世，东部陆缘伸展成为现代大西洋边缘。中侏罗世早期海底扩张开始于大西洋中部，并在晚侏罗世开始向北延伸经过纽芬兰。在赛诺曼期（早白垩世）和渐新世末之间活动的海底扩张产生了拉布拉多海和巴芬湾。

本区油气潜力区带为4个区带组：滨海省、新斯科舍省、大浅滩和拉布拉多。其中大浅滩带的研究程度相对较高。

大浅滩位于纽芬兰岛的东部大陆架。这片区域的中生代盆地形成于晚三叠世到晚白垩世与冈瓦纳泛大陆分裂有关的一系列裂解事件。热沉陷导致上白垩统地层被巨厚的古近系地层覆盖。含油气区域从浅水盆地一直延伸到深水大陆架，包括超深水区域，例如孤儿盆地等。

大浅滩区域的盆地有着相同的演化背景，但是各个盆地结构和地层又略有不同。调研相关资料分析可知，三个主要的中生代分裂阶段影响了大浅滩盆地：

第一阶段：古地中海分裂阶段（晚三叠世—早侏罗世）。

在整个分裂事件中主要盆地在地壳分离的陷落方向形成了半地堑的构造。衰退裂谷开始被大陆红色基底填充，然后是连续的蒸发岩、碳酸盐岩和碎屑物沉积。贞德盆地成了所有盆地中最深的拉伸区域。在中侏罗世，原始大西洋在新斯科舍省和非洲之间形成了一个狭长的海。

第二阶段：北大西洋分裂阶段（晚侏罗世—早白垩世）。

先前形成的盆地和新的沉积槽受到北-南方向和东-西方向的转换断层影响。贞德盆地受到现在是它南部边界的伊格特（Egret）断层和东部边界的威伊格（Voyager）断层的影响。威伊格断层的运动与中央岭的出现有关。同时在这段时期南大浅滩的一大片区域包括基底拱和地台，以及一系列的三叠纪-侏罗纪衰退裂谷盆地开始上升。这片区域被称作阿瓦隆（Avalon）隆起，成为贞德盆地粗碎屑岩额外的来源。在纽芬兰转换断层的南方，大西洋继续扩张。

第三阶段：拉布拉多分裂阶段（早白垩世—晚白垩世）。

每一个分裂阶段与后裂谷热沉降之后的构造沉降作用有关。最开始的衰退裂谷事件是三个分裂阶段中最重要的，因为它决定了主要盆地的形状、倾向和大小。接下来的分裂事件使整个区域的构造运动活跃起来，使已有盆地破碎作用加剧。相关侵蚀和沉积作用构建和重新定位生成了坳陷，这些坳陷在晚侏罗世和早白垩世的地层中仍可找到。最后的区域热沉降阶段开始于晚阿尔布阶，这段时间之后的沉积物沉积作用不受干扰，只有少数晚期运动的断层和盐底辟产生破坏作用。

3.加拿大克拉通北部边缘盆地区

加拿大北部地区的向陆地边缘盆地具有三种截然不同的单元：西边为山脉和科迪勒拉高原，中部为马更些三角洲平原，东部为图克托亚图克半岛和安德森平原。本区油气和煤炭资源十分丰富，调查程度很低，许多地质与构造问题尚未解决。加拿大海盆可能是北冰洋最早形成的海盆，对其形成时间与机制至今仍所知甚少，但部分专家推测可能是从140～135Ma至95～80Ma，随新西伯利亚—楚科奇—阿拉斯加微板块旋转裂离加拿大北部陆缘形成。海盆底部大部分为平坦的加拿大深海平原，海盆南部有马更些河冲刷形成的冲击锥。斯维尔德鲁普（Sverdrup）盆地和波弗特—马更些盆地属于此区域的典型盆地。

1.4.2　美国

美国在区域上可分为北极圈附近的阿拉斯加盆地区，太平洋沿岸的加利福尼亚盆地区，西部的落基山盆地区，西南部的西得克萨斯和新墨西哥州东南部盆地区，中陆盆地区，南部的墨西哥湾盆地区，东部的东内部盆地区及阿巴拉契亚盆地区。以下分区进行介绍。

1.阿拉斯加盆地区

阿拉斯加湾盆地区古近系被由结核状泥岩和粉砂岩夹少量砂岩所组成的海相地层所覆盖，这些单元之间的接触面露头不好，但是由于岩性和构造变形上的突然变化，表明在部分地区可能存在一个不整合面。在卡塔拉区，小斑状碱性岩颈、岩墙切割了第三系中部地层。在南卡塔拉区，该地层沉积于中一深水，向东变浅的环境，其沉积时代应为渐新世和早中新世。在阿拉斯加湾盆地区中部，泥岩和砂岩富含有机质。许多较厚的砂岩层集中在底部附近。在科迪亚克盆地区，Sitkinak组含植物化石，含煤的砂岩、粉砂岩和砾岩以及Narrow Cape组的含化石的砂质海相粉砂岩，是在渐新世到中中新世的近海环境中沉积的。更新世—新近纪时期，局部地区以丰富的冰川碎屑为特征的中中新世一早更新世时期的海相碎屑岩位于温水层序之上，具有局部不整合特征。当陆架冰川或潮流冰川沿盆地的陆地边缘间歇存在时，被沉积在浅一中深水中。通过对丰富的大动物群化石的推测，除过渡的下部外，大部分时间它们位于冷水环境，而且是逐渐变冷，这点可由冷、温水交替形式来阐明。根据大动物化石群，可以推测该层底部可能是中中新世早期。

阿拉斯加盆地区地层年代较新，主要沉积了泥盆系到新近系。北极斜坡盆地沉积岩的厚度总体上自北向南增加，可分为两个旋回，呈反向超覆不整合关系。自密西西比纪到早白垩世早期，沉积物沉积在南部的被动大陆边缘盆地内，厚度向南增厚。泥盆系、密西西比系和宾夕法尼亚系底部为砂质页岩，上部为碳酸盐岩。二叠系和三叠系为碎屑岩夹石灰岩。侏罗系和下白垩统为海相页岩，底部为砂岩。晚白垩世和古近世及新近世的沉积物搬运方向改为由南向北，沉积在科威尔前陆盆地内，发育陆相砂岩夹薄层页岩。

北极斜坡盆地沉积岩的厚度总体上自北向南增加，可分为两个旋回，呈反向超覆不整合关系。自密西西比纪到早白垩世早期，沉积物沉积在南部的被动大陆边缘盆地内，厚度向南增厚。泥盆系、密西西比系和宾夕法尼亚系底部为砂质页岩，上部为碳酸盐岩。二叠系和三叠系为碎屑岩夹石灰岩。侏罗系和下白垩统为海相页岩，底部为砂岩。晚白垩世、古近世及新近世的沉积物搬运方向改为由南向北，沉积在科威尔前陆盆地内，发育陆相砂岩夹薄层页岩。

库克湾盆地主要沉积渐新统至上新统基奈群，厚8 230m，局部有中生界的沉积岩及古近系沉积岩。中生界为海相碎屑岩，部分变质，成为盆地基底。始新统至上新统发育陆相砾岩、砂岩、粉砂岩和黏土、页岩夹煤层，下部砾岩发育，以产油为主。

2.加利福尼亚盆地区

加利福尼亚盆地区东北部及东南部古生界变质岩、火山杂岩呈孤立小块体夹在大面积中生代侵入岩中。大谷盆地、文图拉盆地及圣巴巴拉海槽沉积了较厚的白垩系，而其西部的海岸山脉区一般沉积较薄。白垩纪末的地层遭受抬升作用，使区域内普遍受到侵蚀，随后该区沉积了年代较新的古近系和新近系，中新统的Monterey页岩既是本区主要的烃源岩也是本区页岩油产层。区内岩性主要为碎屑岩系，多为砂岩、粉砂岩及黏土岩。

加利福尼亚盆地区在侏罗—白垩纪属安第斯型构造体系，萨克拉门托及圣华金盆地位于内华达岩浆弧前缘，当时侏罗—白垩纪海侵主要通道是横断山系区和北部的旧金山海湾，因而在大谷盆地、文图拉盆地及圣巴巴拉海槽沉积了较厚的白垩系地层，而其西的海岸山脉区一般沉积较薄，有的甚至保持陆地状态。白垩纪末的上升作用，使区域内普遍受到侵蚀。中、晚始新世的海侵，基本保持了白垩纪海侵的特征，始新世末，原圣安德烈斯断裂平移扭错，形成了一系列北西—南东向的走向滑移断层，西侧普遍向北位移，与此同时东西向的横断山系也初步形成。这一断块运动的结果，奠定了各含油气盆地的基础，下降的断块成为新的沉积盆地，接受了大量新生代沉积物。

3.落基山盆地区

落基山盆地区处于北美板块西部的斜坡带，最古老的地层是前寒武系的花岗岩和石英岩等，奥陶纪末、志留纪末、早泥盆世末地壳上升并遭受剥蚀；泥盆纪和密西西比纪为主要的海侵期，泥盆系以碳酸盐岩和蒸发岩为主，密西西比系以碳酸盐岩沉积为主；三叠系和侏罗系均以陆相沉积为主，沉积粗的陆源碎屑沉积物；白垩系以海相砂岩为主；古近系以来岩浆活动和火山活动全区广泛分布。

落基山盆地区经过早古生代隆起和中生代末的拉腊米块断运动，形成目前隆起和盆地相间的基本面貌；在前寒武纪晚期开始一直到到寒武纪和奥陶纪，落基山地区发生海侵。在奥陶纪末、志留纪末、早泥盆世末海水曾短暂退出本区。地壳上升并遭受剥蚀，但是到了中泥盆统到密西西比系再次发生海侵，泥盆系以碳酸盐岩和蒸发岩沉积为主，密西西比系以碳酸盐岩沉积为主，均属地台沉积。密西西比纪，落基山地区形成了广阔的浅水海域，但这海域被宾夕法尼亚纪和二叠纪的重大构造运动所改造，并形成了原始落基山，部分隆起一直保存到三叠纪或侏罗纪。三叠系和下侏罗统是以全区分布的陆相沉积为主，而三叠系的海相沉积物仅限于东南部。中侏罗世，来自北方的海侵向南扩展到西北部和西部，到晚侏罗世，海侵继续向南扩展，远达科罗拉多州北部，但在侏罗纪末，海水又退出本区，因此在侏罗纪和白垩纪之间出现了非海相沉积物。早白垩世，海水又侵入本区北部和南部；到晚白垩世，南北海相通，形成海峡。到白垩纪末，发生了拉腊米块断运动，山脉和山间盆地相间在本区西部出现了许多逆冲断裂带。在山间盆地沉积了古近纪和新近纪陆相沉积物。古近纪时期，岩浆侵入活动和火山活动在全区大面积发生。

4.西德克萨斯和新墨西哥州东南部盆地区

西德克萨斯和新墨西哥州东南部盆地区地层发育较全，从新生代沉积物至前寒武系基岩均有发育，盆地区寒武系由砂岩和砂质灰岩组成；晚寒武纪，在前寒武系剥蚀面上形成了碎屑岩沉积，在东南部地区厚度最大，奥陶系剥蚀较严重，现在的厚度由东南部向西北部变薄，厚度为0～1 000m。奥陶系包括三个统：埃伦伯格、辛普森和蒙托亚（Montoya）；志留系与泥盆系被视为一个地层单元，主要由含燧石的中—粗粒结晶灰岩和白云岩组成；密西西比系是一套海侵相的富含有机质的暗色页岩和石灰岩地层。志留—泥盆时期，海水向西退去，形成丘谷碳酸盐岩地形，石灰岩的化学性质和结构严重改变；密西西比纪末期地壳运动使古代陆棚发生了解体，形成新的沉积单元，呈现出碎屑岩与碳酸盐岩多相分布的特点，并在地台边缘和陆棚边缘以老碳酸盐岩地层为基底发育有生物礁滩；在中央盆地台地为燧石灰岩，在特拉华盆地以白云岩为主，这种石灰岩、白云岩的分布特点与成岩后生变化条件有关。二叠系沉积厚度最大，主要是海相的碳酸盐岩沉积，这其中犹以生物礁体最为发育，也是盆地区主要产油层位；二叠纪之后，盆地区变为陆相环境，该时期地层沉积厚度大，块状礁体及礁间和礁后碳酸盐坝开始在中央盆地台地及盆地的西北陆棚和东部陆棚边缘发育。这些碳酸盐坝围绕二叠盆地周缘几乎形成了连续的环；二叠纪之后，盆地区变为陆相沉积环境，只在局部地区有中、新生界沉积。

5.中陆盆地区

中陆盆地区主要发育古生界，盆地区中下寒武统为侵入岩和火山岩，中奥陶统发育海相的页岩、砂岩和灰岩等；志留系主要由石灰岩、泥灰岩组成，局部白云岩化；泥盆系剥蚀严重，局部地区残留一些泥灰岩、灰岩和暗色泥岩；密西西比系主要发育海相碳酸盐岩和页岩沉积；宾夕法尼亚系莫罗统主要为页岩，下部含有砂岩及石灰岩透镜体，其砂岩透镜体为砂坝、河道及三角洲沉积。早古生代阿纳达科盆地及邻区陆棚发育数百米的石英砂岩，泥盆系阿纳达科盆地缺失，主要分布于原衣阿华盆地，沉积致密灰岩和大套页岩；宾夕法尼亚系莫罗统主要为页岩，下部含有砂岩及石灰岩透镜体，其砂岩透镜体为砂坝、河道及三角洲沉积。二叠系为燧石、碳酸盐岩夹薄层灰色或红色页岩；二叠系狼营统由Admire群、CounchGroue群和Chase群地层组成，为燧石、碳酸盐岩夹薄层灰色或红色页岩。在潘汉德地区为石灰岩和白云岩，向阿马里洛隆起方向递变为花岗岩冲积砂（Granite Wash），二叠系伦纳德统为红色岩层和蒸发岩，瓜达卢佩统基本为红色碎屑岩，向南在阿纳达科盆地变厚，在潘汉德为碎屑岩、在阿马里洛—威契塔隆起南部为蒸发岩；三叠系仅保存有上三叠统，在堪萨斯西南及潘汉德西部分布，为红色砂岩和页岩；中生界在中陆地区分布局限，包括中侏罗统到上白垩统，主要为页岩和砂泥岩。

晚寒武纪，在前寒武系剥蚀面上形成了碎屑岩沉积，在东南部地区厚度最大，奥陶系剥蚀较严重；志留—泥盆时期，在中央盆地台地为燧石灰岩，在特拉华盆地以白云岩为主，这种石灰岩、白云岩的分布特点与成岩后生变化条件有关。在泥盆纪，海水向西退去，形成丘谷碳酸盐岩地形，石灰岩的化学性质和结构严重改变；密西西比纪末期地壳运动使古代陆棚发生了解体，形成新的沉积单元，呈现出碎屑岩与碳酸盐岩多相分布的特点，并在地台边缘和陆棚边缘以老碳酸盐岩地层为基底发育有生物礁滩；二叠纪时期，地层厚度最大。块状礁体及礁间和礁后碳酸盐坝开始在中央盆地台地及盆地的西北陆棚和东部陆棚边缘发育。这些碳酸盐坝围绕二叠盆地周缘几乎形成了连续的环；二叠纪之后，二叠盆地变为陆相沉积环境，只在局部地区有中、新生界沉积。

6.墨西哥湾盆地区

墨西哥湾沿岸盆地区地层北缘除侏罗系—白垩系外，全区为新生代沉积所覆盖。墨西哥湾沿岸盆地区地层沉积起源于三叠世早期，北缘沉积非海相红层，主要由页岩、泥岩、粉砂岩组成，与山下地层呈不整合接触；侏罗系“内盐盆地”开始形成，发育大量的刺穿盐丘。中侏罗统Louann组为粗结晶石盐夹少量石膏。上侏罗统底部为碎屑岩，中部主要为碳酸盐岩，上部多为碎屑岩。白垩系Comanchean组下部以碎屑岩为主，上部为碳酸盐岩，发育礁带，除少量非海相红层外，其余均为海相沉积。下白垩统礁带以南，白垩系上部主要为碎屑岩夹泥灰岩和白垩。新生代沉积物主要是陆源碎屑物。巨厚的新生代陆源沉积物沉积在盐盆地中；巨厚的陆源沉积物向海方向进积，形成了时代向海洋方向逐渐变新的沉积坳陷，陆棚边缘外侧形成区域性同生断层带，其下隆盘常伴生滚动构造。东部的佛罗里达地台沉积了4 600m以上的中、新生代碳酸盐岩沉积物，沉积速度与沉降速度相当。

7.东内部盆地区

东内部盆地区沉积岩除宾夕法尼亚系为海陆交互相的煤层外，主要是海相地层。下古生界以碳酸盐岩为主，泥盆系和密西西比系一般为碳酸盐岩与碎屑岩互层。东内部盆地区寒武纪海侵，沉积了一套海侵砂岩和砂质白云岩，厚度达1 000m，与奥陶系呈不整合接触，奥陶系为海相碳酸盐岩、页岩和砂岩；志留纪时，海平面频繁升降，构成碳酸盐岩、生物礁和石盐、石膏交替沉积，特别是在志留系下部尼亚加兰层沉积时，广泛发育有生物胶和膏盐层，共有两个沉积旋回。到志留系上段沙林那和比斯岛层沉积时，海盆变浅，以泻湖膏盐岩为主，志留纪末期，海平面上升，志留系遭受剥蚀，与泥盆系呈不整合接触。到泥盆纪，该盆地接受新的海侵，形成了一套碳酸盐岩和膏盐岩互层沉积。密西西比纪海平面下降，由碳酸盐岩沉积为主转变为页岩和砂岩沉积为主。宾夕法尼亚纪地壳上升，变为陆相沉积，广泛发育了煤系地层，在宾夕法尼亚纪未盆地上升，地层广泛遭受剥蚀，直到侏罗纪才广泛接受碎屑岩沉积，以后又遭受剥蚀。本区第四纪被冰川沉积物覆盖。中生代的侏罗系分布面积甚小，仅局限在盆地中央并超覆于宾夕法尼亚系之上。新生代岩层除分布广泛的更新世冰碛层外，尚未发现其他地层。

8.阿巴拉契亚盆地区

本区以前寒武系结晶岩为基底，盆地内沉积主体属于地台沉积。寒武纪时盆地区阿巴拉契亚褶皱带为活动地槽，主体上是以碳酸盐岩沉积为主，并且沉积厚度由东向西变薄。至中奥陶统，除下寒武统主要为碎屑沉积外，其他均为碳酸盐岩沉积，上奥陶统下部为黑色页岩，向上过渡为紫红色页岩、砂岩及泥岩互层。至晚奥陶世时期，地槽东部开始抬升遭受剥蚀。早志留世时期，地层再次沉降接受沉积，形成下志留统Tuscarora砂岩；中、上志留统由砂岩、页岩、石灰岩和蒸发岩组成。下泥盆统下部为灰岩、页岩及含燧石砂岩，上部为Oriskany砂岩，中、上泥盆统下部为黑色页岩，厚300m，上部发育厚层三角洲砂岩，此阶段标志着本区由海相沉积向陆相沉积过渡。石炭系密西西比系下部以灰岩为主，上部主要为暗红色粉砂岩、砂岩夹页岩，具陆相沉积特点；宾夕法尼亚系以过渡为陆相沉积为主，主要包含页岩、粉砂岩夹煤层。至此盆地区进入陆相演化阶段。

第2章 北美含油气盆地类型、形成与分布

北美油气资源丰富，分布广阔，是世界著名产油气区之一。沉积岩面积$1.45 \times 10^7 km^2$（包括200m水深以内的浅海陆棚）。古生界主要发育在中央地台区，新生界集中发育在大陆边缘的盆地，中央地台的西部和大陆边缘盆地不同程度地发育着中生界。古生界主要为碳酸岩盐，新生界绝大部分或几乎全部为碎屑沉积，中生界具过渡性。

北美的油气田分布和地质背景密切相关。古生代时，北美大陆上加拿大地质以南的稳定地台上广泛发育以碳酸盐岩为主的沉积层序，形成古生界的油气聚集，如美国的西内部油气区和西得克萨斯油气区等。古生代的阿巴拉契亚造山带的形成和其西侧前陆盆地的发育也为油气聚集提供了场所。中生代科迪勒拉造山带的演化和其东部破裂前陆盆地的发育控制着油气田的分布。墨西哥湾沿岸地区于侏罗纪开始断陷接受沉积，底部发育有蒸发岩和岩盐层，随后为浅海相的碎屑岩和碳酸盐岩，进入第三纪为海岸线不断向海推进发育的三角洲沉积，与沉积同时，在重力断裂作用和盐运动的影响下，形成许多盐丘和同生断层圈闭，聚集了大量油气，成为北美最重要产油气区之一。太平洋沿岸的加利福尼亚油气区是在板块间斜向聚敛的背景下，由以走向滑动为主的圣安德烈斯断裂体系控制着油气盆地的分布。这一断裂体系形成第三纪拉分盆地，不但为沉积巨厚的生、储油层创造了良好条件，而且断裂的水平错动还产生了雁列排列的背斜褶皱，为油气聚集提供场所。

2.1 北美含油气盆地类型

20世纪70年代以来，划分盆地类型成为一项热门课题，许多学者都发表了各自独立的见解，国际上比较受到关注的有Klemme，Dickinson，Bally，Kingston等。Klemme将含油气盆地分为克拉通盆地和大陆边陲两部分；Dickinson根据板块的开合和盆地形成的动力环境将盆地分为裂谷型盆地和造山型盆地两部分；Bally强调盆地与巨缝合带的关系及B俯冲带和A俯冲带的差异；Kingston分类以板块构造为基础，依据盆地的构造成因和演化历史进行划分。我国的朱夏和甘克文等也对盆地分类有过较详细的研究。

本书中主要依据沉积盆地所处的板块构造位置来划分盆地类型，将盆地划分为与不同类型板块边缘有关的盆地和内陆盆地。此外，有些盆地在形成和演化过程中会形成多种类型的复合、组合和叠合关系，在这里我们按起决定性作用的应力划分盆地类型。根

据上述标准可将北美沉积盆地划分为内陆盆地和板缘盆地两大类。其中内陆盆地分为克拉通盆地、前陆盆地和类前陆盆地；板缘盆地分为裂谷型盆地、俯冲边缘盆地和被动大陆边缘盆地。

（1）克拉通盆地。克拉通盆地多为巨大的近圆形盆地，与前寒武系的加拿大地质相邻，构造不剧烈，剖面近对称，地台升降幅度、速率及差异性都小，岩相和厚度稳定，岩浆活动和区域变质作用都较弱，它们位于克拉通中心部位，主要为古生代台地型沉积。其中伊利诺斯盆地、密执安盆地和威利斯顿盆地是北美内陆克拉通盆地的典型代表。

（2）前陆盆地。前陆盆地是造山带前缘与克拉通之间的狭长沉积带，其填充物来自相邻造山带，其沉积体剖面呈不对称箕状，近造山带厚度大，克拉通边缘因造山带隆升而减缩。这类盆地主要位于北美克拉通东部、南部和西部沿海地区，分别受阿巴拉契亚逆冲造山带、马拉松–沃希托逆冲造山带及北美洲科迪勒拉逆冲造山带所控制，主要包括阿巴拉契亚盆地区、西德克萨斯和新墨西哥州东南部盆地区及加利福尼亚盆地区。

（3）类前陆盆地。其指克拉通内部或远离造山带主体的山前地区，因逆冲断层A型俯冲造成的压陷（挠曲）盆地。它可以与前陆盆地相邻，且构造方向和发育历史与前陆盆地类似。盆地一般呈长形至椭圆形，剖面不对称。这类盆地中早期为古生代台地型沉积，在晚古生代时出现了第二个沉积旋回，沉积物来源于克拉通边缘的隆起区。其主要包括美国的落基山盆地区和中陆盆地区，代表性的盆地有圣胡安盆地、大绿河盆地和阿纳达科盆地。

（4）裂谷型盆地。在拉张构造应力背景下，经历了断陷阶段和热沉降的坳陷阶段发育形成的沉积盆地，包括断陷作用中途终止而形成的陆内裂谷盆地（断陷盆地）和在断陷基础上发育的坳陷型盆地。它们接收陆地方向的沉积，向海的方向结构不对称。沉积岩的时代主要为中—新生代。这些沉积盆地或向墨西哥湾敞开，或向北冰洋敞开，主要分布于北冰洋沿岸、阿拉斯加及墨西哥湾沿岸盆地区。

（5）俯冲边缘盆地。在挤压应力背景下，岛弧俯冲形成的沉积盆地，包括弧前、弧间和弧后盆地。其主要分布于主动大陆边缘，如北美西海岸接受太平洋板块俯冲形成的弧前盆地。

（6）被动大陆边缘盆地。其指大西洋型大陆边缘。在洋盆形成时，两侧大陆边缘逐渐成盆，但盆地不是封闭和独立的。物源来自大陆一侧，沉积方向也是从大陆向海洋推进（海侵时后退），如北美的大西洋沿岸及沿海盆地区。

2.2 北美含油气盆地形成

北美地区在大地构造上主要限于落基山褶皱冲断带、马拉松—沃希托褶皱冲断带、阿巴拉契亚褶皱冲断带和因努伊特褶皱带所围限的北美克拉通以及北大西洋被动大陆边缘地区北美部分。在现今的构造格局中，北美含油气域西部由于太平洋板块向北美板块俯冲而处于挤压环境中，东部和南部由于大西洋的打开而处于拉张环境中，而北部则处于北冰洋打开形成的拉张环境中。

围绕北美克拉通分布的地壳活动及构造强烈变形的地带，主要为环北美大陆东部、南部和西部的褶皱山系。根据不同地质年代的大洋开合和板块碰撞拼合情况，褶皱冲断带又可细分为：早古生代加里东期的纽芬兰褶皱带；晚古生代海西期褶皱冲断带，包括阿巴拉契亚褶皱冲断带、马拉松—沃希托褶皱冲断带和因努伊特褶皱带；中新生代落基山褶皱冲断带。

（1）北美内陆克拉通盆地，即板块内部地壳稳定、构造平缓的地区，是北美大陆的主体部分。根据地表地质的差异，北美克拉通又可分为加拿大地质和中央稳定地台两个次级构造单元，而北美大陆就源于古老的加拿大地质。

克拉通盆地分为简单克拉通盆地和复合克拉通盆地。简单克拉通盆地是指位于大陆板块内部、其基底为前寒武纪结晶岩、第一个构造不整合面以上的盆地，即第一个构造层的盆地。其典型的实例为北美地台的密执安盆地、伊利诺斯盆地和威利斯顿盆地基本。

简单克拉通盆地的形成机制比较复杂，关于其成因还存在争议。以往的研究提出了如下假说：①地幔柱的侵入和与此有关的密度增加引起盆地的均衡沉降，即地壳受热隆起而地表剥蚀又使地壳变薄，在冷却作用下这种变薄的地壳发生沉降。不过这种剥蚀量不足以解释深的沉积盆地。②辉长岩—榴辉岩的相变或其他变质作用引起下部地壳或岩石圈密度增加也能引起均衡沉降，但这种沉降一般是局部的。③沉积负荷引起的沉降作用，这种沉降一般不超过水体深的2～3倍。

Albert Hsui（1987）等人通过研究北美地台上的克拉通盆地（密执安、伊利诺斯和威利斯顿盆地）发现，这三个盆地热沉降发生的时间大致相当，即密执安盆地为520～460Ma，伊利诺斯盆地为525～510Ma，威利斯顿盆地为530～500Ma。

Albert Hsui等人的研究表明，北美地台上伊利诺斯、密执安、威利斯顿盆地是在初始的机械沉降和随后的热沉降作用下形成的，热沉降作用是由泛大陆的解体引起的。

（2）前陆盆地，指在大陆碰撞造山带的前陆地区发育起来的，是一种典型的挤压型盆地。大陆碰撞带是大洋盆地或者边缘盆地闭合的结果，当一个俯冲板块上的大陆与一个上覆板块上的大陆边缘弧或岛弧相碰撞时会产生强烈的造山作用。随着大陆碰撞作用的继续，残余海湾盆地消失。在前陆地区，由于褶皱冲断带的负载作用，下部岩石圈均衡沉降，并发生流变，从而在其前缘形成前陆盆地。如美国东部的阿巴拉契亚盆地，古生代末，非洲冈瓦纳与北美大陆碰撞，古大西洋全部闭合，大陆东南部的阿勒格尼运动产生沃希托褶皱带，并使阿巴拉契亚褶皱带形成，最终形成阿巴拉契亚造山带。由于碰撞时，北美大陆处于被动陆缘一侧，因此，碰撞造山作用在北美大陆一侧形成前陆盆地，促进了北美古生代油气田形成。

（3）裂谷型盆地，指在拉张构造应力背景下，经历了断陷阶段和热沉降的坳陷阶段发育形成的沉积盆地，包括断陷作用中途终止而形成的陆内裂谷盆地（断陷盆地）和在断陷基础上发育的坳陷型盆地。如墨西哥湾盆地，在泥盆纪发生的构造运动和宾夕法尼亚纪至二叠纪的海西运动，使北美板块与南美板块碰撞而形成的泛古陆，墨西哥湾沿岸油气区形成于此时；晚三叠世时泛大陆裂解，大西洋在其中生成，北美大陆东缘由张裂而演化成为被动大陆边缘，南部的墨西哥湾盆地即这一时代的产物。

（4）俯冲边缘盆地，指在挤压应力背景下，岛弧俯冲形成的沉积盆地，包括弧前、弧间和弧后盆地。其主要分布于主动大陆边缘；如美国西海岸接受太平洋板块俯冲形成的弧前盆地。中新生代时期，在北美西部由于受太平洋板块的控制，形成了著名的科迪勒拉造山带，其结构复杂，规模巨大（中生代至老第三纪期间则是活跃的大洋俯冲和弧陆碰撞时期，统称为科迪勒拉造山运动），并伴有大规模的岩基侵位和向东的叠瓦逆冲作用，但这时的北美西缘又是一个被动大陆边缘，强烈的中新生代造山作用不但没有较强烈的破坏，而且促进了北美西部前陆盆地大油气田的形成。

（5）被动大陆边缘盆地，指大西洋型大陆边缘。在洋盆形成时，两侧大陆边缘逐渐成盆，但盆地不是封闭和独立的。如美国的大西洋沿岸及沿海盆地区，晚三叠世时泛大陆裂解，大西洋在其中生成，北美大陆东缘由张裂而演化成为被动大陆边缘。

2.3　北美含油气盆地分布

2.2节从盆地分类的角度对北美盆地进行了划分，并根据盆地形成的动力学过程对不同类型盆地进行了说明，本节将主要从盆地的类型、时代及规模等角度对盆地的分布进行描述。

1.盆地类型分布

围绕北美克拉通分布的是强烈褶皱的冲断变形带：东面为阿巴拉契亚逆冲断层；南面为沃希托和马拉松逆冲断层带；西面为科迪勒拉逆冲断层带。这些构造带控制了北美盆地区的构造演化，从而控制了不同类型盆地的分布特点。

从前述对盆地类型的划分可以看出，不同类型盆地的分布具有一定的规律和特征。内陆克拉通主要分布在加拿大地质及其相邻的地区，发育在造山带后方的稳定沉降区，典型盆地为伊利诺斯盆地、密歇根盆地和威利斯顿盆地。另外晚期发育于加拿大地质之上的哈德逊沉积台地也是内陆克拉通盆地。

前陆盆地则主要位于造山带与克拉通之间，即主要为北美三个大的逆冲造山带与克拉通之间的广阔区域上由于挤压作用而形成的盆地，如北美西部科迪勒拉造山带形成的阿尔伯塔盆地，东部阿巴拉契亚俯冲运动形成的阿拉巴契亚盆地，以及南部马拉松-沃希托断裂形成的二叠盆地等。

类前陆盆地是克拉通内部或远离造山带主体的山前地区，在北美落基山地区比较集中，主体位于美国中部，部分分布于美国与墨西哥交界，典型盆地有圣胡安盆地、粉河盆地、大绿河盆地和阿纳达科盆地等。

裂谷型盆地是在拉张构造应力背景下，经历了断陷阶段和热沉降的坳陷阶段发育形成的沉积盆地。其沉积地层往往较新，但是分布面积较大，最典型的是北美南部中新生代的墨西哥湾盆地。加拿大北部和美国阿拉斯加北部的盆地大多属于裂谷型盆地，如北坡盆地、马更些盆地、北极台地等等。

俯冲边缘盆地是在挤压应力背景下，洋壳向陆壳俯冲形成的沉积盆地，主要分布于主动大陆边缘，即北美西部及西北部的太平洋沿岸地区，典型盆地为加拿大白马盆地、北美的萨克拉门托弧前盆地等。

被动大陆边缘盆地在北美地区主要发育在北美东部大西洋沿岸地区，整体上称为北美大西洋沿岸及沿海盆地区，典型盆地包括斯科舍盆地、东海岸盆地等。

2.盆地时代分布

北美盆地大多是在前寒武结晶基底之上的古生界寒武系地层开始发育，地层发育较全。由于区域经历多期构造运动，沉积盆地的形成过程较长，受到多期构造运动影响，发育多套沉积体系及含油气系统，从而形成多期叠合盆地。以下主要根据盆地中主要烃源岩的形成时间对盆地时代进行分类描述。

古生代盆地在北美分布广泛，主要发育在科迪勒拉造山带和阿拉巴契亚造山带附近，在稳定台地发育的盆地也多为古生代盆地，其烃源岩可为寒武系、奥陶系、泥盆系、密西西比系和宾夕法尼亚系的页岩、碳酸盐岩和煤层等。北美新生代盆地发育较少，主要位于美国西海岸，大西洋俯冲形成的岛弧盆地，规模往往较小，如圣华金盆地等。而中生代—新生代的叠合盆地较多，发育也很广泛，如北极台地、美国中部科迪勒拉造山带形成的一系列类前陆盆地（粉河盆地、丹佛盆地等）、墨西哥湾盆地以及北美大西洋沿岸的东海岸盆地群等。

3.盆地规模分布

我国按盆地的面积大小对含油气盆地进行分类，可将其分为大型盆地、中型盆地和小型盆地。其中，面积大于$10\times10^4km^2$的为大型盆地，面积大于$1\times10^4km^2$且小于$10\times10^4km^2$的为中型盆地，而面积小于1万km^2的为小型盆地。

由于北美板块的区域构造运动相对简单，其海相沉积稳定且分布广泛，其含油气的盆地面积往往较大。为了便于区分，将面积大于$30\times10^4km^2$的盆地称为为巨型盆地，面积在（10～30）$\times10^4km^2$之间的称为大型盆地，面积（1～10）$\times10^4km^2$之间的称为中型盆地，面积在$1\times10^4km^2$以下的称为小型盆地。

北美的巨型盆地主要分布于大陆边缘及内陆克拉通地区，如位于北美南部的墨西哥湾裂谷型盆地，位于北美中部的威利斯顿克拉通盆地和阿尔伯塔前陆盆地，此外位于北美东部的阿拉巴契亚盆地也属于巨型盆地。

大型盆地在类型上多属于内陆克拉通或者前陆—类前陆盆地等，在加拿大和美国境内均有分布，如靠近北极的马更些盆地，美国东北部的密歇根盆地及南部的二叠盆地等。中型盆地类型上以类前陆盆地、俯冲边缘盆地为主，在北美分布较广泛，尤其在美国落基山、中陆及加利福尼亚地区发育较为集中，如粉河盆地、阿纳达科盆地、萨克拉门托盆地。面积小于$1\times10^4km^2$之下的小型盆地在北美各地均有分布，由于对独立的小型盆地研究资料较少，研究意义较小，这里不再详述。

第3章　北美区域盆地油气地质特征

3.1　烃源岩概述

北美油气资源丰富，表 3-1列举了北美主要含油气盆地烃源岩发育层位及分布。由表 3-1可知，北美含油气盆地烃源岩分布范围广，发育层系多，从寒武系到新近系均有分布。其中多套烃源岩也是北美著名煤层气、页岩油、页岩气及致密砂岩气等非常规能源勘探开发的主要层系。

表 3-1　北美主要烃源岩发育层位及分布

时代		烃源岩地层	烃源岩分布地区	烃源岩所在盆地
古近纪、新近纪		Monterey	加利福尼亚州	圣华金
		Green River	科罗拉多州，犹他州	丹佛、皮申思、犹他
白垩纪		Gammon	蒙大拿州	粉河、威利斯顿、大角
		Lewis/Mancos	新墨西哥州，犹他州	圣胡安
		Niobrara	科罗拉多州	粉河、丹佛
		Mowry	怀俄明州	粉河
侏罗纪		Haynesville	路易斯安那州	墨西哥湾
三叠纪		Montney	不列颠-哥伦比亚州	阿尔伯达
石炭纪	宾夕法尼亚纪	Excello	堪萨斯州，俄克拉荷马州	阿科马、安纳达科
		Hovenweep	科罗拉多州，犹他州	丹佛、皮申思、犹他
	密西西比纪	Barnett	德克萨斯州	福特沃斯
		Fayetteville	阿肯色州	阿科马
		Floyd/Neal	阿拉巴马州，密西西比州	黑勇士
		Moorefield	阿肯色州	阿科马
		Caney	俄克拉荷马州	安纳达科
泥盆纪		New Albany	伊利诺斯州，印第安纳州	伊利诺伊
		Woodford	俄克拉荷马州，德克萨斯州	安纳达科、二叠
		Chattanooga	阿拉巴马州，阿肯色州，肯塔基州，田纳西州	阿巴拉契亚、黑勇士
		Antrim	密歇根州	密执安
		Ellsworth	密歇根州	密执安

续表

时代	烃源岩地层	烃源岩分布地区	烃源岩所在盆地
泥盆纪	Bakken	北达科他州	威利斯顿
	Huron	俄亥俄州，弗吉尼亚州，西弗吉尼亚州，肯塔基州	阿巴拉契亚
	Ohio	肯塔基州，俄亥俄州，西弗吉尼亚州	阿巴拉契亚
	Marcellus	纽约，宾夕法尼亚州，西弗吉尼亚州	阿巴拉契亚
奥陶纪	Utica	纽约州	阿巴拉契亚
寒武纪	Conasauga	阿拉巴马州	阿巴拉契亚

寒武—奥陶纪时期，北美主要的烃源岩分布在中部及南部盆地，包括威利斯顿盆地、密执安盆地、伊利诺伊盆地、二叠盆地及阿巴拉契亚盆地等。

泥盆—石炭纪时期，北美重点盆地烃源岩发育更为广泛，北美大陆中南部地区几乎全都有烃源岩发育，其中泥盆系烃源岩围绕阿巴拉契亚及落基山褶皱逆冲带分布，石炭系烃源岩则在落基山褶皱带与北美克拉通之间的广大中陆地区发育广泛。中生代北美烃源岩的分布则更为广泛，其中二叠系烃源岩主要分布在落基山盆地区和马拉松-沃希托逆冲褶皱带附近的中陆盆地区，包括二叠盆地、安纳达科盆地及墨西哥湾沿岸盆地等；三叠-侏罗系烃源岩主要分布在北极附近的北坡盆地、北美南端的墨西哥湾盆地以及东部的被动大陆边缘盆地。而白垩系烃源岩是北美烃源岩发育的一个高峰，由于白垩纪时期整个北美地台大部分处于浅海环境，非常有利于烃源岩的沉积形成，因此白垩系烃源岩在北美大陆从南至北、从东到西都有广泛分布。新生代以来，烃源岩主要分布在北部的马更些盆地、南部的墨西哥湾盆地以及西部的加利福尼亚地区的主动大陆边缘盆地中，包括萨克拉门托盆地、内华达盆地等。

从整体上而言，北美油气主要富集在墨西哥湾沿岸坳陷、中央地台西南部以及加利福尼亚沿岸的盆地中。这些坳陷和盆地长期稳定下沉，沉积岩发育、构造运动适中，有利于油气的生成和保存。北美西部加利福尼亚盆地区和阿拉斯加盆地区中新生界烃源岩发育，烃源岩层系包括三叠系、侏罗系、白垩系以及始新统—上新统。中部落基山、西德克萨斯、新墨西哥州东南部和中陆盆地区上古生界烃源岩最为发育，烃源岩层系包括泥盆系、石炭系、侏罗系和白垩系。墨西哥湾沿岸、东内部和阿巴拉契亚盆地区古生界烃源岩相对发育，烃源岩层系包括奥陶系、志留系、泥盆系以及石炭系等。北美含油气盆地烃源岩主要评价参数见表 3-2。

北美含油气域中发育了多套烃源岩，从寒武系到古新统地层中均有分布，岩性以页岩为主，但也不乏石灰岩、粉砂岩和煤等。不同盆地或地质省，其主力烃源岩不尽相同，同一地层年代的烃源岩的岩性也可能不同。但是根据对区内72个大油气田的资料分析表明，区内最主要的主力烃源岩有3套，分别为泥盆系、二叠系和白垩系。

表 3-2　北美含油气盆地烃源岩主要评价参数

盆地区	中部						东部				南部	西部	北部	
主要烃源岩	Bakken	Niobrara	Lewis	Woodford	Haynesville	Fayetteville	Antrim	New Albany	Ohio	Marcellus	Eagle Ford	Monterery	Shublik	Kingak
时代	密西西比系	白垩系	上白垩统	上泥盆统	上侏罗统	下石炭统	上泥盆统	上泥盆统	上泥盆统	中泥盆统	上白垩统	中新世	三叠系	上侏罗统-下白垩统
埋深/m	2 590～3 200	610～2 440	900～1 800	1 829～3 353	3 048～3 962.4	365.76～2 286	180～720	180～1 470	600～1 500	1 524～2 438	2 440～4 270	2 130～4 267		
厚度/m	45	46	150～570	37～67	60.96～91.44	15.24～60.96	48	30～120	20～90	30～150	70～120	914～1 220	24～149	29～1 051.8
沉积相	海相	海陆过渡	近海远端	海相	海相	海相	海相	海相	海相	海相	海相	陆相	海相	海相
有机碳含量（TOC）（%）	6～20	5	0.45～2.5	1～14	2.5～6.0	2.0～5.0	0.3～24	1～25	0.4～4.7	5.3～7.8	0.5～3.5	0.7～5.6	0.49～6.73	2.75～5.89
成熟度（Ro）（%）	0.65～0.9	0.6～1.3	1.6～1.88	1.1～3.0	2.2～3.0	1.2～3.0	0.4～0.6	0.4～1.0	0.4～1.3	1.3～4.5	1.15～1.4	0.29～1.10	0.5～2.0	0.4～2.0
孔隙度（%）	3～9	6	3～5.5	3～9	10	4～12	9	10～14	4.7	5.5～7.5	12	13～29		
干酪根类型	Ⅱ型	Ⅱ型	Ⅲ型为主，少量Ⅱ型	Ⅱ型	Ⅱ型	Ⅱ型	Ⅰ型	Ⅱ型	Ⅱ型	Ⅱ型	Ⅰ型、Ⅱ型	Ⅱ型	Ⅰ型、Ⅱ型	Ⅰ型、Ⅱ型
成因	热成因	生物成因、热成因	热成因	热成因	热成因	热成因	生物成因	生物成因、热成因	热成因	热成因	热成因	热成因	生物成因、热成因	热成因

泥盆系在许多盆地中都是良好的烃源岩，如西加拿大前陆盆地、威利斯顿盆地、二叠盆地、阿纳达科盆地和伊利诺斯盆地等。泥盆系烃源岩的岩性主要是页岩和碳酸盐岩，其厚度较小，但总有机碳含量很高，在落基山前陆地区，诸如西加拿大前陆盆地和威利斯顿盆地中，中泥盆统Keg River组海相页岩厚度从1～15m不等，总有机碳含量最高可达46%，氢指数可达800；上泥盆统Duvernay组代表了海相深水低能条件的沉积，由暗棕色-黑色沥青质含泥质碳酸盐岩夹灰绿色钙质页岩组成，有机质类型为Ⅱ型，总有机碳含量最大可达20%，在早白垩世末期开始生油，并在古近纪早期达到生油高峰；而上泥盆统Bakken组黑色盆地相页岩厚度为3～10m，总有机碳含量上段平均为12%，下段为17%～63%，其生排烃时间与Duvernay组大致相同。而在马拉松—沃希托前陆和中陆地区，如二叠盆地和阿纳达科盆地中，上泥盆统伍德福德组褐色—黑色含沥青质页岩是一套主力烃源岩，该套烃源岩为海相滞留沉积，厚度小于180m，在中二叠世开始大量生油，并在晚三叠世—侏罗纪开始大量生气。而阿纳达科盆地中伍德福德组的干酪根类型是混合的，包括了Ⅰ型、Ⅱ型和Ⅲ型，总有机碳含量为0.3%～10.5%，大多超过了1.0%，R_o从小于 0.6%到大于3.5%不等。

二叠系烃源岩在研究区的落基山前陆不发育，但在马拉松-沃希托前陆和中陆地区特别发育，这主要与二叠纪时期在研究区南部形成了巨厚的沉积物有很大关系。二叠系地层在二叠盆地最厚可达2 500m，在阿纳达科盆地最厚达1 675m。下二叠统狼营统以暗灰色-黑色页岩为主，是深水滞留环境的沉积物，总有机碳含量平均为2.8%，最大可达4.4%。下二叠统伦纳德统在盆地中为暗灰褐色页岩、黑色页岩，是较深水滞留环境的沉积物，在特拉华次盆（二叠盆地）内，页岩的总有机碳含量为1.66%，总烃/有机碳值为5.3，骨架灰岩的总有机碳含量为1.2%，含氢指数/总有机碳值为17.7，说明伦纳德统的盆地相页岩和碳酸盐岩有机质含量丰富，烃类转化率较高，是较好的烃源岩。二叠系烃源岩主要以Ⅱ型干酪根为主并与少量Ⅲ型干酪根混合，在特拉华次盆于早三叠世开始生油，在米德兰次盆于晚白垩世开始生油。尤因塔盆地Rangely油田中的中二叠统Phosphoria组黑色页岩为Ⅱ型干酪根，总有机碳含量为3%～5%，生成和排烃从早侏罗世开始，至少持续到白垩纪末期。

白垩系烃源岩主要发育于落基山前陆地区。在西加拿大前陆盆地中，靠近造山带一侧为成熟—过成熟的烃源岩，而在靠近加拿大地质的斜坡上则是未成熟-低成熟的烃源岩。下白垩统Mannville群的陆相煤和钙质页岩是三角洲和海岸平原沉积，主要以Ⅲ型干酪根为主，与页岩有关的总有机碳含量常常低于2%，而且具有非常低的氢指数，煤和页岩的镜质组反射率在1.0%～2.0%之间，是一套良好的气源岩层；上白垩统Colorado群的海相页岩，主要是第二白斑状页岩（赛诺曼阶/土仑阶）和Fish Scales带（阿尔布阶/赛诺曼阶），二者均含有海相Ⅱ型干酪根，总有机碳含量可达到12%，氢指数为450。西加拿大前陆盆地白垩系烃源岩一般是在古新世末期开始成熟，在渐新世大量生油。而北大西洋被动大陆边缘地区斯科舍盆地中Verrill Canyon组Missisauga段属于下白垩统贝利阿斯阶至巴雷姆阶，其平均总有机碳含量为1.5%，局部可达10%，干酪根为Ⅲ型，在晚白垩世开始生气。

根据对北美14个重点含油气盆地主要烃源岩分布的对比研究发现，从北美中部盆地区向东南西北方向过渡，经历了一个烃源岩由老到新逐渐发育的过程，中东部地区盆地多发育古生界主力烃源岩，其中泥盆系至石炭系的一套海相烃源岩在整个中东部地区广泛发育，形成了包括阿尔伯塔盆地Exshaw海相页岩、威利斯顿盆地Bakken海相页岩、二叠盆地和安纳达科盆地Woodford海相页岩、密执安盆地Antrim海相页岩、伊利诺伊盆地New Albany海相页岩及阿巴拉契亚Ohio海相页岩在内的同时期的海相页岩沉积，并成为各所在盆地的主力烃源岩及页岩油气发育的主要层位，此外下古生界还零星发育一些主要的烃源岩，与上古生界的烃源岩一起构成了中东部盆地主要的烃源岩系。

北美南部、西部和北部盆地区主要发育中新生界的烃源岩，沉积相包括海相页岩以及部分的湖相页岩，显示出北美重点盆地的烃源岩具有从北美陆块中心向四周逐渐变新、由海相向陆相和海陆过渡相逐渐过渡和转变的趋势。

从烃源岩的成熟时间角度而言，总体上古生界烃源岩主要在中时代产开始生烃，而中新生界的主力烃源岩则集中在中生代末期到新生代早期进入生烃门限开始生烃。在平面上，古生代主力烃源岩成熟时间由北向南呈现先推迟后提前的趋势，与盆地烃源岩沉积时间的分布相一致，而烃源岩的生烃高峰时刻则呈现由北向南逐渐提前的趋势。但在北美最北部靠近北极的马更些盆地及南部的墨西哥湾盆地，由于烃源岩沉积时间相对较晚，其成熟时刻及生烃高峰时刻也相应推迟。在北美中东部地区，则呈现出由西向东主力烃源岩成熟时间和生烃高峰时刻逐渐变晚，这可能与北美东部经历的一些列构造运动有关。

3.2　储层概述

北美含油气域储层发育良好，而且从寒武系到新生界均有分布，其主要岩性为碳酸盐岩和砂岩，但页岩和煤层在某些层段也是良好的裂缝性储层。尽管在不同盆地中的储层发育层段不一定相同，但是根据对区内72个大油气田资料分析，北美含油气域重要的储层也主要集中在泥盆系、二叠系和白垩系。

泥盆系储层在北美含油气域分布较广，从加拿大西北地区到美国得克萨斯州均有分布。西加拿大前陆盆地中，泥盆系的主要油气储层（体）类型为塔礁或礁复合体，这些礁体一般属于白云岩化的层孔虫丘，储集空间主要是铸模孔和晶洞。此外，在阿尔伯达中部泥盆系的Gilwood–Granite Wash组底部也发育有砂岩储层。在被中生界地层直接覆盖的泥盆系地层中还发育有古风化壳型储层。在阿尔伯达南部的山麓，Wabamun群的Crossfield段发育了白云岩化—裂缝性储层。在和平河背斜的脊部发育了热液成因的白云岩化储层。在和平河隆起的东南缘以Wabamun群作产层的油田发育了多孔的裂缝性储层。例如，西帕宾纳（West Pembina）油田上泥盆统弗拉阶Nisku组白云岩化石灰岩，为斜坡礁滩相沉积，产层总厚度为160m，孔隙度在7%～23%之间，渗透率在Nisku A段最大为361mD*，在Nisku L段段最大为1 407mD。Mitsue油田中泥盆统Watt Mountain组Gilwood段辫状河和曲流河长石砂岩，为河控三角洲平原沉积，储层总厚度为10m，净产层厚度为4m，砂岩平均孔隙度为13%，平均渗透率为230mD，局部地区超过1 000mD。威利斯顿盆地上泥盆统法门阶Bakken组页岩既是烃源岩也是良好的储层，页岩内裂缝十分发育，其厚度在0～44.2m之间，孔隙度为2%～3%，裂缝渗透率平均为0.6mD，是Bakken Shale油田的主力储层。

二叠系储层主要分布于马拉松-沃希托前陆和中陆地区，虽然在研究区西部发育有二叠系砂岩，但其不是主要的储层。二叠系储层的岩性主要为碳酸盐岩和砂岩，在二叠、阿纳达科等盆地中，有着巨厚的二叠系沉积，并且礁体十分发育，著名的马蹄形环礁就发育在二叠盆地中，因此，二叠系地层是该区大油气田主要的良好的储层之一。在二叠盆地中，斯普拉贝里油田的下二叠统伦纳德统Dean组和Spraberry组块状到层状生物扰动砂岩为海底扇沉积，在米德兰次盆中心Dean组厚度约为60m，Spraberry组厚度约为335m，Dean组孔隙度为4%～10%，Spraberry组孔隙度在5%～18%之间，渗透率为1～200mD不等；阿纳达科盆地潘汉德—胡果顿气田下二叠统狼营阶Chase群碳酸盐岩为浅海相到潮缘带沉积，在胡果顿地区其厚度为77.7m，有效产层厚度约为24m，岩石孔隙度在2%～15%之间，平均为 10%，渗透率范围在小于1mD至318mD之间变化。

白垩系储层主要分布在落基山前陆和北大西洋地区，岩性一般为砂岩。西加拿大前陆盆地下白垩统 Mannville 群和 Viking 组及上白垩统Colorado群砂岩，是该盆地重要的储层。Elmworth-Wapiti气田下Mannville群Spirit River组Falher段是其主力产层，储层岩性为致密砂岩和砾岩，沉积环境变化较大，为洪积扇、海岸和浅海沉积，储层净厚度为243.8m，岩石孔隙度为4%～7%，平均为6%，渗透率为 0.001～0.5mD；Provost油田 Viking 组砂岩为开阔陆棚沉积，总厚度为 18.3～24.4m，岩石孔隙度在17%～26%之间，平均为25%，渗透率在小于50～950mD之间，平均为170mD；帕宾纳（Pembina）油田上白垩统Colorado群Cardium组砂岩为风暴主控的临滨到浅海陆架沉积，储层总厚度为15.2m，产层厚度约为6m，岩石孔隙度平均为13.9%，渗透率平均为24mD。在美国西部前陆盆地群中，大绿河盆地Jonah油田上白垩统马斯特里赫特阶Lance组致密砂岩为冲积平原沉积，储层总厚度为518.1～823m，有效产层厚度平均为109.7m，岩石孔隙度为8%～12%，渗透率为0.01～0.9mD。粉河盆地Salt Creek油田上白垩统Frontier组细粒-中粒砂岩为滨外沙坝沉积，储层厚度为 15.2～30.5m，产层平均厚度为 21.6m，岩石平均孔隙度为19%，渗透率平均为52mD。加拿大大浅滩盆地Hibernia油田下白垩统Hibernia组河道砂岩为河流和河控三角洲前缘沉积，储层平均厚度为99m，产层平均厚度为39m，岩石平均孔隙度为16%，渗透率可达700mD。

总之，北美含油气域储层中泥盆系、二叠系和白垩系最为重要，砂岩和碳酸盐岩是其主要的储集岩类型。

---

* 渗透率法向计量单位为m^2，μm^2。$1mD=10^{-3}D$（达西）$=10^{-3}\mu m^2$。

3.3　生储盖组合特征

受区域构造演化影响，北美不同区域地层分布具有明显差异，具体表现为各盆地区具有不同的地层分布特征，以下对不同盆地区进行具体分析。

1.中部盆地区

中部盆地区主要包括落基山盆地群及中陆盆地群。其中落基山盆地群处于北美板块西部的斜坡带，最古老的地层是前寒武系的花岗岩和石英岩等，奥陶纪末、志留纪末、早泥盆世末地壳上升并遭受剥蚀；泥盆纪和密西西比纪为主要的海侵期，泥盆系以碳酸盐岩和蒸发岩为主，密西西比系以碳酸盐岩沉积为主；三叠系和侏罗系均以陆相沉积为主，沉积粗的陆源碎屑沉积物；白垩系以海相砂岩为主；古近系以来岩浆活动和火山活动全区广泛分布。

落基山盆地群从南向北主要含油气盆地有圣胡安、帕拉多、丹佛、尤因塔、绿河、风河、粉河和威利斯顿等盆地。其中圣胡安盆地是美国主要产气盆地之一，盆地内除常规气之外还包括致密砂岩气、煤层气及页岩气；威利斯顿盆地是美国主要页岩油产区。各盆地石油地质特征差别较大，油气分布各异，产油气层较多，从寒武系至新近系几乎各层均产油气，以白垩系海相砂岩产量最多，油气最丰富。其次为宾夕法尼亚系和密西西比系的海相砂岩和碳酸盐岩。陆相油气层集中于古近系和新近系湖盆发育区。油气藏类型较多，以地层岩性油气藏为主，其次是砂岩油气藏和碳酸盐岩油气藏。

中陆盆地群主要发育古生界，最厚的及发育最全的古生界在阿纳达科盆地。在西部、北部及南部古生界上覆盖有发育不全的中生界。盆地区中下寒武统为侵入岩和火山岩，中奥陶统发育海相的页岩、砂岩和灰岩等；志留系主要由石灰岩、泥灰岩组成，局部白云岩化；泥盆系剥蚀严重，局部地区残留一些泥灰岩、灰岩和暗色泥岩；密西西比系主要发育海相碳酸盐岩和页岩沉积；宾夕法尼亚系莫罗统主要为页岩，下部含有砂岩及石灰岩透镜体，其砂岩透镜体为砂坝、河道及三角洲沉积；二叠系为燧石、碳酸盐岩夹薄层灰色或红色页岩；三叠系仅保存有上三叠统，在堪萨斯西南及潘汉德西部分布，为红色砂岩和页岩；中生界在中陆地区分布局限，包括中侏罗统到上白垩统，主要为页岩和砂泥岩。

中陆盆地群是美国最老的含油气区之一，它是一个古生代沉积盆地。油气储层几乎遍及整个古生界剖面。盆地区烃源岩为宾夕法尼亚系页岩及密西西比系页岩；储集层方面，石油圈闭多发现在阿纳达科盆地浅陆架及邻近盆地的主隆起上，储集层位依次是：宾夕法尼亚系砂岩、中奥陶统砂岩、寒武系及下奥陶统碳酸盐岩、密西西比系、二叠系碳酸盐岩、志留系砂岩等。天然气主要分布于阿纳达科盆地浅陆架及伴生盆地中。层位依次是狼营统碳酸盐岩、宾夕法尼亚系山岩及石灰岩、中奥陶统砂岩及碳酸盐岩、下泥盆统及志留系砂岩等；盆地区具有良好的盖层条件，宾夕法尼亚系的石灰岩和泥岩构成区域盖层，密西西比系及宾夕法尼亚系等地层中，通过岩性变化和渗透率的变化形成岩性圈闭，二叠系在潘汉德及胡果顿的蒸发岩系构成极好的盖层。

中陆盆地群油气圈闭丰富多样，但以背斜构造圈闭和不整合控制的地层圈闭为主。地层–岩性圈闭是本区最重要的富集形式，包括削截不整合、地层超覆和尖灭、砂岩透镜体等。

2.东部盆地区

东部盆地主要包括北美东部的东内部盆地群和阿巴拉契亚盆地。东内部盆地群沉积岩除宾夕法尼亚系为海陆交互相的煤层外，主要是海相地层。下古生界以碳酸盐岩为主，泥盆系和密西西比系一般为碳酸盐岩与碎屑岩互层。

东内部盆地群包括密执安盆地、伊利诺斯盆地及辛辛那提隆起。密执安盆地和伊利诺斯盆地地层发育背景及生储盖配置等基本相似。东内部盆地区除寒武系外，其他各层系均产油气。生油层主要是密西西比系和泥盆系页岩和石灰岩；油气主要产于密西西比系、泥盆系、志留系和奥陶系。产层主要是碳酸盐岩，尤其是生物礁，其次是砂岩。天然气主要产自密西西比系砂岩。盖层有志留系、泥盆系和密西西比系蒸发岩。东内部盆地区的油气圈闭类型有背斜圈闭和地层圈闭。在盆地中部和东南部存在一系列北西–南东向背斜。所发现的石油大都聚集在沿背斜脊的构造高处。在盆地的中南部，背斜带方向变为北东–南西向。盆地西南部没有明显的构造带。在盆地南部和北部陆棚区，分布有另一种重要的圈闭类型：礁圈闭，即志留系尼亚加兰礁，这些礁厚度较大且面积较小，但含油气比例很高。

密执安盆地沉积地层主要为古生代岩层，其次为残留的侏罗系和更新统。盆地中央最深处的岩层总厚可达5 000m以上。按沉积间断可划分出5个岩石组合，第一组合以寒武纪及奥陶纪的碎屑岩和碳酸盐岩为主，总厚度达3 000m；第二组合为志留系，厚达2 700m，主要为碳酸盐岩和蒸发岩；第三组合为泥盆系，主要为碳酸盐岩和蒸发岩，厚达2 300m；第四组合为密西西比系，以砂岩和页岩地层为主，间夹蒸发岩，厚达1 100m；第五组合为宾夕法尼亚系，厚度较小，仅450m。为碳酸盐岩–陆源沉积，上部夹石膏层，下部为含煤层，缺失二叠系和三叠系地层，中新生界基本不发育。所有上述地层在盆地边缘均有出露。除宾西法尼亚系为海相和陆相地层交互外，其他均为海相地层。

伊利诺斯盆地是一个区域性坳陷，构造长轴方向为北偏西，向北隆起。在前寒武系基底上覆盖了610～3 962m厚的沉积岩层。地层从盆地最深处向西部的奥扎卡隆起、北部的威斯康星地质、东部的辛辛那提隆起和南部的Pascola隆起缓缓上倾。盆地西南部在古生界之上整合覆盖了更年轻的地层。盆地主要沉积古生界，包括下寒武统的砂岩，下奥陶统到上寒武统的Knox白云岩，中奥陶统的灰岩，泥盆系灰岩及New Albany页岩，密西西比系及宾夕法尼亚系的灰岩和砂岩。

阿巴拉契亚盆地区以前寒武系结晶岩为基底，古生代沉积岩厚度达1.2×10^4m。阿巴拉契亚褶皱带为地槽，盆地内沉积主体属于地台沉积，从寒武系至中奥陶统，除下寒武统主要为碎屑沉积外，其他均为碳酸盐岩沉积，厚度可达30～2 500m；上奥陶统厚760～1 025m，下部为黑色页岩，向上过渡为紫红色页岩、砂岩及泥岩互层；早志留世，地层再次沉降接受沉积，下志留统形成Tuscarora砂岩，厚55～365m；中、上志留统由砂岩、页岩、石灰岩和蒸发岩组成，厚380～520m，裂隙非常发育；下泥盆统，下部为灰岩、页岩及含燧石砂岩，上部为Oriskany砂岩，厚50～60m；中、上泥盆统，厚1 100～2 800m，下部为黑色页岩，厚300m，上部发育厚层三角洲砂岩，此阶段由海相沉积向陆相沉积过渡；密西西比系，厚300～600m。下部以灰岩为主，上部主要为暗红色粉砂岩、砂岩夹页岩，具陆相沉积特点；宾夕法尼亚系，厚150～400m，以陆相沉积为主，主要包含页岩、粉砂岩夹煤层。

阿巴拉契亚盆地主力烃源岩为中、上泥盆统的Marcellus页岩、Rhinestreet页岩和Ohio页岩，此外奥陶系的Utica页岩也具有一定的生烃能力。盆地从寒武系到宾夕法尼亚系各套地层均产油气。上泥盆统Ohio页岩和中泥盆统Marcellus产页岩油气，属页岩气藏；其次是下志留统Clinton砂岩、下泥盆统Oriskany砂岩、密西西比系Berea砂岩和Big lime灰岩储层以及宾夕法尼亚系的Pottsville砂岩，属常规油气藏。盖层则位于各油气藏上覆的泥岩及膏岩地层。

3.南部盆地区

墨西哥湾沿岸盆地区地层北缘出露侏罗系—白垩系外，全区为新生代沉积所覆盖。除少量非海相红层外，其余均为海相沉积。中侏罗统Louann组为粗结晶石盐夹少量石膏。上侏罗统底部为碎屑岩，中部主要为碳酸盐岩，上部多为碎屑岩。白垩系Comanchean组下部以碎屑岩为主，上部为碳酸盐岩，发育礁带；白垩系上部主要为碎屑岩夹泥灰岩和白垩。新生代沉积物主要是陆源碎屑物。

墨西哥湾盆地区烃源岩位于上侏罗统Smackover页岩、上白垩统Eagle Frod页岩和古新统暗色页岩；从上侏罗统至更新统海相暗色泥岩普遍发育，有机质丰富，组成良好的生油层，有的直接由沥青显示或为沥青质岩。整个沉积剖面中，除底部含盐层和古新统外，各层系的碎屑砂岩或碳酸盐岩均产油气，尤其是古近系和新近系储层最后，为最重要产层，主要是三角洲相砂岩储层（尤其是始新统威尔科克斯组、渐新统弗里奥组和中新统地层最为发育）。白垩系产层以上白垩统底部五德宾砂岩最为重要。上侏罗统有鲕状石灰岩和砂岩产层；盖层为其上覆致密膏岩及页岩。油气圈闭类型多样，除大量盐丘构造外，还有背斜、断层、不整合、地层尖灭、超覆圈闭和复合型圈闭（见图 3-1）。

4.西部盆地区

西部盆地区主要包括美国加利福尼亚油气区及其周边含油气盆地。加利福尼亚盆地区位于北美西海岸，烃源岩分布层位较广泛。以中部洼陷为沉积中心，其他构造单元也有生油层系分布。从侏罗—白垩系基底片岩至更新统砾岩层均由油气分布。纵向上，作为最重要含油层系的上中新统—下上新统砂岩和页岩互层出现，生、储油层属同一地质系统。横向上，盆地中部以沉降为主，沉积最厚，而在两侧断块上，则沉积较薄，发育有较多的储集砂体，形成空间上与生油洼陷密切相配合的储集岩发育地区。

加利福尼亚盆地区地层时代新，中上中新世储油层系沉积后至中更新世前盆地未曾发生大规模隆起和剥蚀作用，晚上新世至现在的快速碎屑沉积中有很厚的泥质页岩，作为盖层覆盖在上中新统—下上新统砂岩储层之上，盆地大部分地区被泥岩所覆盖，同时盆地内油气藏未受大气水和地表水渗入冲刷和破坏，油气保存条件好（见图3-2）。

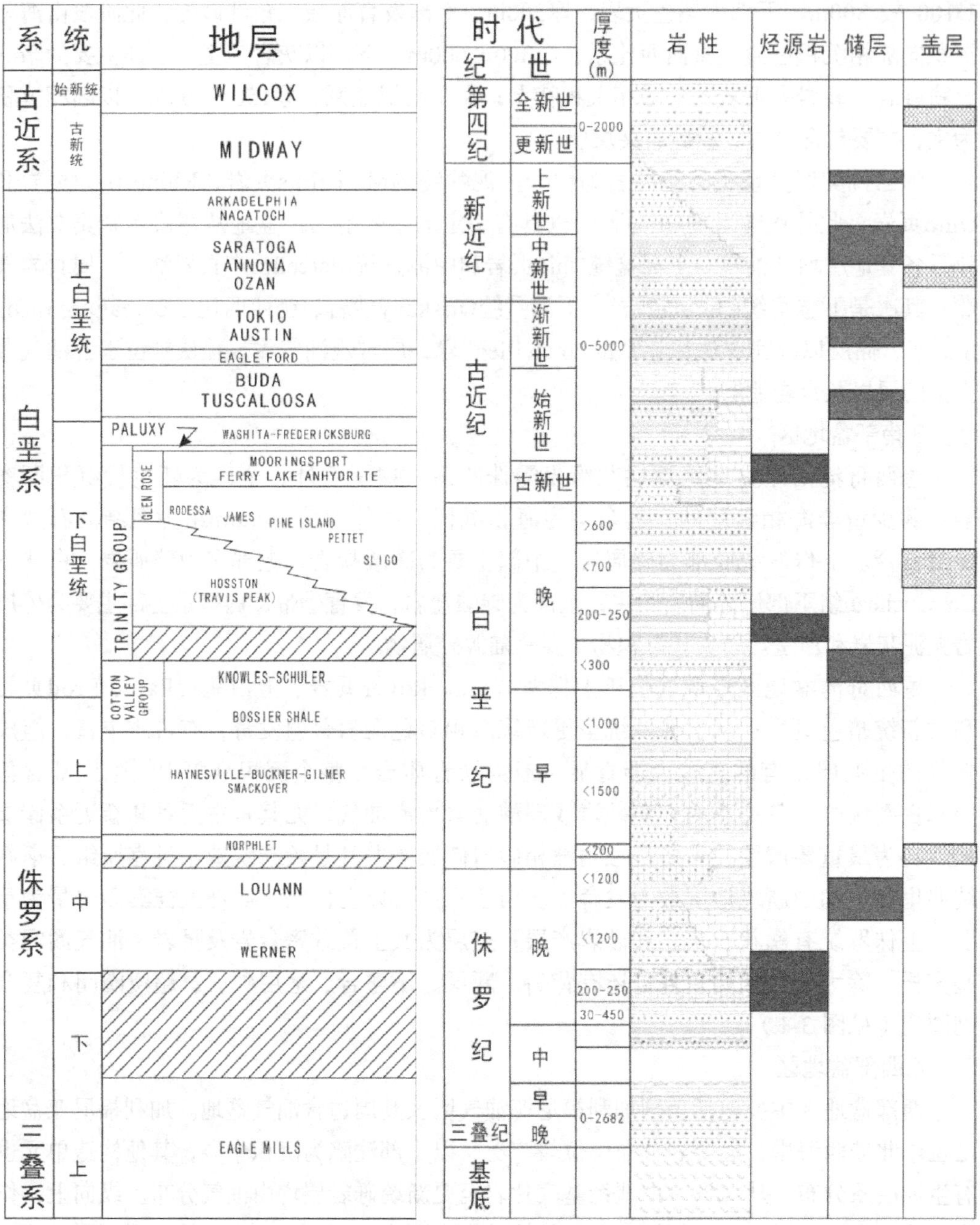

(a)　　　　(b)

图 3-1　墨西哥湾盆地区地层柱状图及生储盖配置关系

(a) 柱状图；(b) 生储盖配置关系

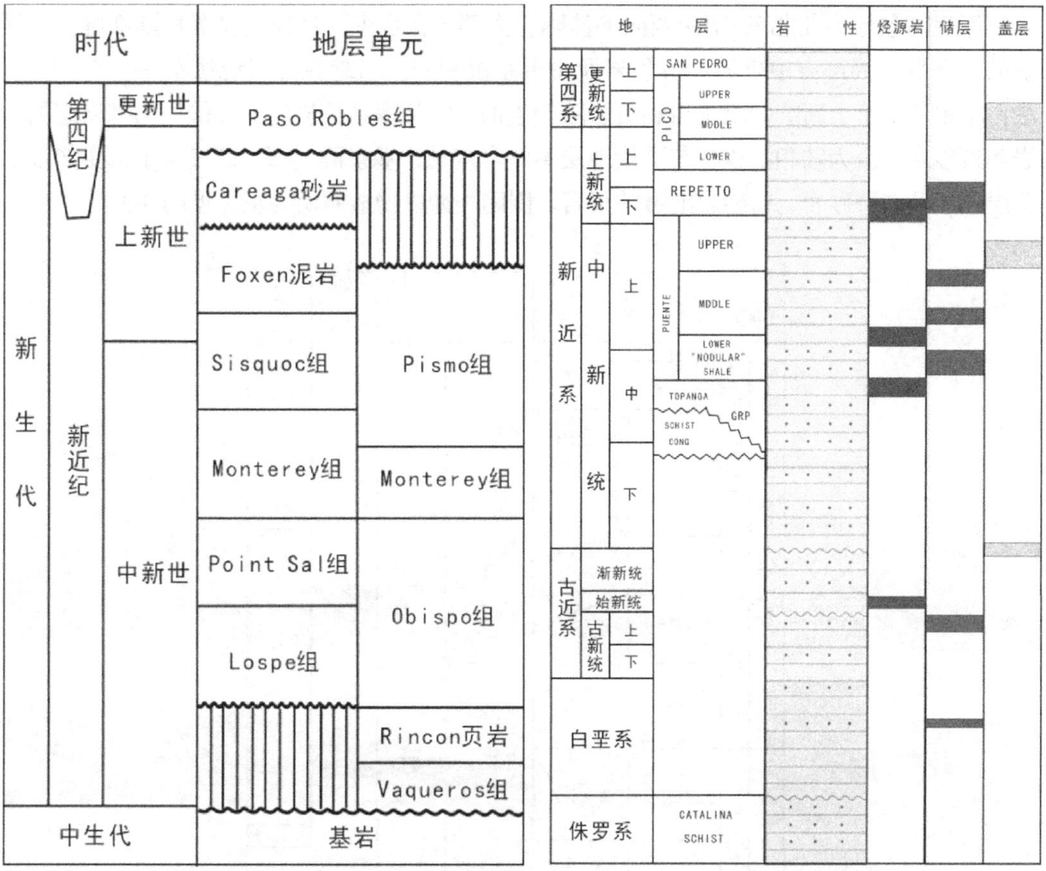

(a)　(b)

图 3-2　加利福尼亚盆地区地层柱状图及生储盖配置关系

(a)柱状图；(b)生储盖配置关系

5.北部盆地区

北美北部盆地区主要包括靠近北极的阿拉斯加盆地区等。阿拉斯加盆地区地层年代较新，主要沉积了泥盆系到新近系。

阿拉斯加盆地区的北极斜坡盆地和库克湾盆地油气资源最为丰富。北极斜坡盆地呈扇形，沉积岩的厚度总体上自北向南增加，已相继发现了普鲁德霍湾、库帕鲁克、恩迪科特等大油田。烃源岩主要包括三叠系舒布利克组页岩、侏罗系金加克页岩和上白垩统页岩。含油气层位多，从密西西比系到古近系均有油气显示，储层岩石类型以砂岩为主，其次是石灰岩和白云岩，时代越新的砂岩储层石英含量越高。北部斜坡盆地储层有老到新依次是：①密西西比—宾夕法尼亚系的Lisburn组碎屑岩相；②密西西比系Alhap白云岩；③宾夕法尼亚—二叠系的Wahool石灰岩；④二叠系Echook组的Ikiapaurak层；⑤三叠系Ivishak组；⑥三叠系Sag河组砂岩；⑦下侏罗统巴罗砂岩；⑧上侏罗统辛普森砂岩；⑨侏罗系组康姆阶Kingak组；⑩白垩系Pebble砂岩。盖层为泥盆系、密西西比系和宾夕法尼亚系的砂页岩以及侏罗系和下白垩系的海相页岩。圈闭类型以构造和地层及其复合圈闭为主。

库克湾盆地为北北东–南南西向的洼陷，大部分在水中，盆地主要沉积渐新统至上新统的基奈群，局部有中生界的沉积岩及古近系沉积岩。盆地烃源岩说法不一，有两种说法：①始新统至上新统的黏土岩和页岩陆相生油；②侏罗系页岩生油。储层为基奈组的砂岩和粉砂岩，全为陆相沉积，与下伏地层不整合接触，基奈群上部主产气，下部主产油。盖层位于基奈群砂岩、粉砂岩上覆的页岩。圈闭类型以构造圈闭为主（见图 3-3）。

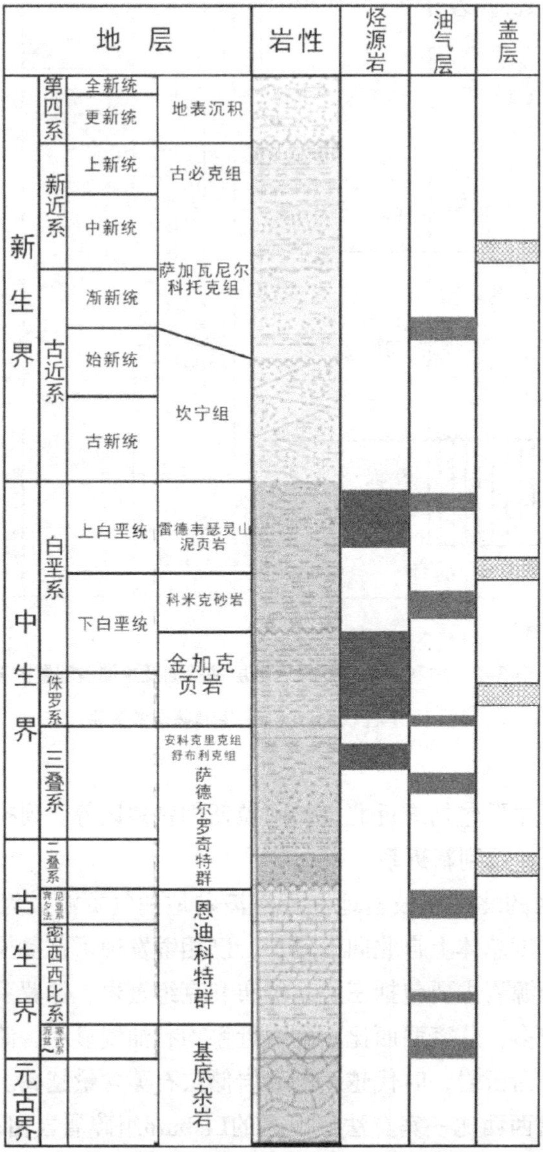

图 3-3　阿拉斯加盆地区生储盖配置关系

6.生储盖组合小结

受区域构造演化影响，北美不同区域地层分布具有明显差异，具体表现为各盆地区具有不同的地层分布特征。北美西海岸的阿拉斯加盆地区和加利福尼亚盆地区由于受到中生代太平洋板块向北美板块俯冲的构造事件的影响，北美西部内陆的很大一部分地区缺失古生代地层，早中生代一次板块构造的大重组导致沿北美西部汇聚边缘发育，以碎屑岩系为主，多为砂岩、粉砂岩及黏土岩；北美中部的落基山盆地区和中陆盆地区等受到逆掩断层带的影响，构造运动复杂，地质情况特殊，从加拿大落基山东侧开始，沿香草隆起以西分布，在蒙大拿州折向南部，在绿河盆地西缘、盐湖城、亚利桑那州西部被古近系和新近系火山岩覆盖，以发育古生界海相碳酸盐岩、蒸发岩和海相砂岩为主；北美东部阿巴拉契亚褶皱带为加里东运动期形成，东侧的山脉褶皱强烈，由前寒武系和下古生界变质岩系和深成岩组成，大部分缺失中生代和新生代地层，岩浆岩活动和断裂发育，有向东倾的大逆掩断裂带作为边界。总体上由于西海岸的挤压和走滑运动，北美西部沉积岩多形成于中、新生代，且沉积厚度巨大，中部和东部多为碳酸盐岩沉积，整体上以古生界和中生界为主体，少部分地区存在古生界变质岩和侵入岩。

通过对北美5个盆地区主要烃源岩评价和生储盖配置关系分析，发现它们的形成与演化有着特定的时间、空间上的联系。中部和东部盆地区主要发育下古生界和上古生界成藏组合，部分发育中生界成藏组合，例如阿尔伯塔盆地和粉河盆地的白垩系成藏组合。南部、西部和北部盆地区则以发育中新生界成藏组合为主，其中以白垩系成藏组合最为发育，其次是新生界成藏组合。表 3-3列出了从盆地区主要烃源岩时代、储层时代、储层岩性、盖层发育、圈闭类型及盆地类型6个方面对北美5个盆地区进行对比分析的结果。通过分析北美5个盆地区烃源岩及生储盖配置关系得出以下结论：北美中东部前陆盆地受沃希托和阿巴拉契亚逆冲断层带控制，油气主要产自古生界较老岩层，落基山盆地区的类前陆盆地则从古生界到新生界地层油气均有分布；南部墨西哥湾沿岸地区油气富集程度高，油气主要集中在中生界和新生界砂岩地层，北美西部和北部盆地区油气则主要集中在新生界地层（见表 3-3）。

表 3-3　北美不同盆地区油气地质条件对比

盆地区	主要烃源岩时代	储层时代	储层岩性	盖层发育	圈闭类型	盆地类型
中部	侏罗系、白垩系、密西西比系、宾夕法尼亚系	白垩系、宾夕法尼亚系和密西西比系、古生界	海相砂岩和碳酸盐岩砂岩和碳酸盐岩	储层上覆泥岩二叠系蒸发岩	地层、岩性圈闭、复合圈闭	类前陆盆地
东部	奥陶系、志留系、泥盆系	密西西比系、泥盆系、志留系、和奥陶系、寒武—宾夕法尼亚系	页岩和石灰、砂岩	志留系、泥盆系和密西西比系蒸发岩	地层、岩性圈闭、构造圈闭	克拉通盆地、前陆盆地
南部	上侏罗统、白垩系、古近系、新近系	古近系和新近系	砂岩、生物礁、鲕状石灰岩和白云岩	储层上覆泥岩及蒸发岩	背斜、断层、不整合、地层尖灭、超覆圈闭和复合圈闭	裂谷型盆地
西部	始新统、中新统、上新统	侏罗系、上中新统—下上新统	砂岩和页岩	储层上覆泥岩	地层圈闭	前陆盆地
北部	三叠系、侏罗系	密西西比—新近系	石灰岩、砂岩	储层上覆泥岩	构造和地层及其复合圈闭为主	裂谷型盆地

3.4 油气资源类型及其分布

北美洲的油气总体上分为12个区，其中美国占9个，加拿大占3个。北美洲大约有大、小油气田3.5×10^4个，拥有石油可采储量0.68×10^8t以上或天然气产量超过$1\ 000\times10^8 m^3$的大油、气田共69个，约占世界大油气田总数的1/5～1/4，其中大油田21个，海上大油田4个。油气产层从寒武系到第三系，其中美国以第三系砂岩最为重要，主要分布在墨西哥湾油气区和加利福尼亚油气区。其次是古生界，分布在中央地台区和阿巴拉契亚区。中生界产层则广泛分布在除北美地台和阿巴拉契亚区外的其他油气区。加拿大的主要产层为泥盆系礁相碳酸盐岩和白垩系砂岩，重要的油气区为西部油气区的阿尔伯达盆地和东部油气区的大西洋边缘盆地。

统计表明，北美洲的油气主要集中在新生界和古生界，占油气储量的40%左右，占大油气田总数的41%和44%。但大油气田的储量大致接近，分别占30%～37%，以中生界较高；天然气产量则以古生界大气田最高，约占59%，其次为新生界，占24%。北美产层主要为砂岩，其油气储量约占总储量的70%以上，碳酸盐岩约占20%。北美油气储量60%～70%聚集在构造圈闭内，非构造圈闭约占20%～30%。大油气田的60%为构造圈闭，石油储量占43%，天然气储量占40%；29%的大油气田为地层圈闭，石油储量占37%，天然气储量占51%，其余为混合型圈闭。

3.4.1 常规油气分布

北美的油气分布很不均匀，明显受到所处地质条件的控制，在宏观上，随大地构造位置、沉积环境及成岩作用的不同，油气分布表现出一定的规律性。

由于北美地区勘探开发较早，因而常规的未探明资源量均较小。其每个油气区都有自己独特的大地构造位置及石油地质特征。影响油气分布的因素很多，大地构造只是其中之一，因而同一大地构造类型的含油气盆地，含油气性也是有差别的。从构造位置上来看，美国发现的大油气田主要分布在墨西哥盆地的年轻台地、古地台前陆坳陷和古地台内。

构造圈闭占美国所有油气田一半以上，特别是海岸平原地区以构造圈闭为主。复合圈闭居第二，主要分布在中陆地区及部分墨西哥湾海岸平原和加利福尼亚平原地区。地层圈闭在美国重要油气田中的比例也很可观，主要分布在中陆地区和落基山油气区。美国油气田的主要储油气层位包括：奥陶系、泥盆系上部、密西西比系、宾夕法尼亚系、二叠系、三叠系下部、白垩系上部和第三系。在美国重要油气田中，储层的岩性大约70%为碎屑岩，30%为碳酸盐岩。路易斯安那沿岸和太平洋沿岸年轻的储层全部为碎屑岩，得克萨斯州和墨西哥湾沿岸储层中碎屑岩也占绝对优势。此外，落基山、东内部及东南部地区的储层中碎屑岩均超过70%。碳酸盐岩储层仅在二叠盆地占优势。

加拿大地区沉积岩分布很广，包括沿海大陆架的沉积岩面积为$6.475\times10^6\ km^2$。油气储层时代从寒武纪到第四纪，主要是泥盆系礁相碳酸盐岩和白垩系砂岩。以西加拿大盆地中的鲍艾兰大背斜为界，又分为阿尔伯塔和威力斯顿两个次一级盆地，油气绝大部分分布在阿尔伯塔盆地。阿尔伯塔油砂资源分布于海相地层，油砂成矿受控于油源和砂体展布。

3.4.2　非常规油气类型及其分布

北美已探明的非常规油气资源主要包括致密砂岩气、页岩气，页岩油和油砂。其中美国是世界上非常规天然气开发时间最早、规模最大、水平最高的国家，非常规油气资源类型众多，资源量巨大。

1.致密砂岩气

北美致密砂岩气资源潜力较大。美国致密砂岩气主要分布在西部，特别是落基山地区，目前已发现的致密砂岩气集中于圣胡安、大绿河、丹佛、风河、粉河、尤因塔-皮申斯及拉顿等盆地中，储气层以低孔低渗砂岩体为基本特征，目前已得到了较大面积的勘探和开发。

加拿大深盆气主要分布在阿尔伯达盆地落基山东侧盆地西部最深坳陷的深盆区。

2.页岩气

北美地区页岩气资源潜力巨大。除东北部地区盆地（阿巴拉契亚、密执安、伊利诺斯等）以外，目前资源开发已在中西部地区盆地（威利斯顿Bakken页岩）、圣胡安、丹佛（Niobrara白垩）、福特沃斯（Barnett页岩）、阿纳达科（Woodford页岩）获得重大进展。美国的页岩气主要发现于中—古生界（D-K）地层中（见表3-4）。

表3-4　美国含气页岩主要特征（据Curtis，2002年英制单位换算）

盆地	阿巴拉契亚	密执安	伊利诺斯	福特沃斯	圣胡安
页岩名称	Ohio	Antrim	New Albany	Barnett	Lewis
时代	泥盆纪	泥盆纪	泥盆纪	早石炭世	早白垩世
气体成因	热解气	生物气	热解气、生物气	热解气	热解气
埋藏深度/m	610～1 524	183～730	183～1 494	1 981～2 591	914～1 829
毛厚度/m	91～305	49	31～122	61～91	152～579
净厚度/m	9～31	21～37	15～30	15～60	61～91
TOC/（%）	0～4.7	0.3～24	1～25	4.5	0.45～2.5
Ro/（%）	0.4～1.3	0.4～0.6	0.4～1.0	1.0～1.3	1.6～1.88
含气孔隙度（%）/总孔隙度（%）	2/4.7	4/9	5/（10～14）	2.5/（4～5）	（1～35）/（3～5.5）
吸附气含量/（%）	50	70	40～60	20	60～85
地层压力系数	0.35～0.92	0.81	0.99	0.99～1.02	0.46～0.58
单井日产量/m^3	850～14 159	1 133～14 159	283～1 416	2 832～28 317	2 832～5 663
采收率/（%）	10～20	20～60	10～20	8～15	5～15
单井储量/10^8m^3	425～1 699	566～3 398	425～1 699	1 416～4 248	1 699～5 663
资源丰度/（$10^8m^3\cdot km^{-2}$）	1.73	0.69	0.42	7.15	1.74
原地地质储量/$10^{12}\ m^3$	42.475 5	2.152 1	4.530 7	9.259 7	1.738 9
技术可采储量/$10^{12}\ m^3$	7.419 1	0.566 3	0.543 7	1.246	0.566 4

加拿大页岩气资源丰富，主要集中在西加拿大沉积盆地，页岩气主要分布在不列颠哥伦比亚、亚伯达、萨斯喀彻温省、魁北克省、安大略省、新不伦瑞克省、新斯科舍等地区。三叠系Montney组、白垩系Colorado群、石炭系Horton Bluff组、奥陶系Utica组以及Horn River盆地泥盆系的页岩发育了加拿大主要的页岩气富集带。

3.页岩油

北美是全球已探明致密油资源量最丰富的地区，美国致密油的典型代表是北美Williston盆地的Bakken地层，美国北达科他州和蒙大拿州的Bakken 致密油也十分聚集。除Bakken外，美国Eagle Ford和Barnett也是较为著名的页岩油产区。2000年美国通过水平井技术首次使Bakken页岩油形成工业产能，在北美落基山地区的Denver–Julesburg盆地的Niobrara页岩和位于德克萨斯州的Eagle Ford页岩中也获得了页岩油高产。

加拿大的致密油区主要分布在西加拿大盆地和东部的阿巴拉契亚山脉地区，其主要致密油产区和基本参数见表 3-5。

表 3-5　加拿大主要致密油产区及主要参数（加拿大国家能源委员会，2012年）

致密油区带	巴肯/埃克肖（Bakken/Exshaw）	卡尔蒂姆（Cardium）	维京（Viking）	下肖纳文（Lower Shaunavon）	蒙特尼/多哥（Monteny/Togo）	下阿玛兰斯（Lower Amaranth）
所处地区	曼尼托巴/萨斯喀彻温/艾伯塔省	艾伯塔省	艾伯塔/萨斯喀彻温	萨斯喀彻温省	艾伯塔省	曼尼托巴省
是否有常规油气生产	是	是	是	是	是	是
埋深/m	900～2 500	1 200～2 300	600～900	1 300～1 600	800～2 200	800～1 000
资源量/万桶	22 500	13 000	5 800	9 300	—	—
单井初始产量/（桶/日）	120～250	150～500	100～200	100～250	200～600	100～200

巴肯/埃克肖（Bakken/Exshaw）致密油区主要分布在加拿大的萨斯喀彻温省、曼尼托巴省和艾伯塔（Alberta）省，是美国巴肯致密油区带向加拿大的延伸部分，也是加拿大最早开始致密油生产的地区。卡尔蒂姆（Cardium）致密油区带主要分布在艾伯塔省，是一套晚白垩世地层，以泥页岩为主，含砂质夹层。维京（Viking）致密油区带在艾伯塔省和萨斯喀彻温省都有分布，与卡尔蒂姆组相似，也是晚白垩世的一套滨海沉积层系，以泥页岩为主，发育大量砂岩、粉砂岩夹层。

4.油砂

油砂在北美盆地中资源量丰富。加拿大是世界上油砂资源最为丰富的国家，包括油砂沥青储量在内的探明石油储量居世界第二。加拿大油砂资源主要分布在西加拿大沉积盆地的阿萨巴斯卡、太平河和冷湖3个区域，面积为$1.42\times10^5km^2$。其中阿萨巴斯卡是世界上最大的油砂矿，油砂资源在纵向上，主要分布在白垩系的Grand Rapids、Wabiskaw-McMurray、Clearwater和Bluesky–Gething等地层。

第4章 北美重点含油气盆地地质特征及资源潜力分析

本章在广泛搜集整理和总结各种公开资料及数据库资料的基础上，从盆地概况、构造沉积演化和石油地质特征等方面对北美五个重点含油气盆地进行系统研究，在此基础上又对盆地每一种典型油气藏进行解剖，研究其具体的成藏条件，并结合对盆地油气富集规律及成藏主控因素的分析，对盆地的资源潜力状况和油气有利区带分布进行讨论。

本章所研究的五个盆地在盆地类型、盆地规模、盆地位置分布、含油气类型及油气资源量和勘探潜力等方面都具有较强的代表性，为从具体实例上研究北美盆地的基础地质背景和含油气特征提供了理论支撑。

在盆地类型方面，五个盆地包括属前陆盆地的阿巴拉契亚盆地、属离散型盆地的墨西哥湾盆地、属内陆克拉通盆地的威利斯顿盆地、属类前陆盆地的粉河盆地以及属俯冲大陆边缘盆地的萨克拉门托盆地（涵盖了北美大多数盆地类型）在研究不同构造条件下各种盆地的含油气性特征方面具有较强的代表性。

在盆地规模和位置分布方面，既有巨型的墨西哥湾盆地，大型的威利斯顿盆地和阿巴拉契亚盆地，也有中小型的粉河盆地和萨克拉门托盆地。五个盆地从北至南、从东到西均匀分布在北美中南部地区，在行政区域上涵盖了加拿大、美国、墨西哥等北美主要国家。

由于所处区域在地史时期的构造、沉积环境，油气地质要素发育等先天条件方面的差异，加上现今盆地规模、地表条件以及勘探开发程度的不同，研究的五个盆地在含油气类型、油气资源量及未来的勘探开发潜力等方面也存在相当大的差异。同时国内外对该五个盆地的研究程度不同，文献资料的丰富程度差异较大，因此本章对各盆地的研究中在保证基本框架一致的前提下，根据盆地油气资源潜力大小以及研究资料的丰富程度等，对阿巴拉契亚盆地、墨西哥湾盆地及威利斯顿盆地三个大中型盆地的基础地质及含油气特征进行重点剖析，而对无论是盆地规模、油气资源潜力还是文献资料都相对较少的粉河盆地和萨克拉门托盆地则从主要从整体上进行介绍。

本章最后对五个盆地的油气地质特征进行归纳总结和对比，利用盆地优选方法确定评价指标并对五个盆地进行综合评价，完成对盆地的打分、排序及分类。盆地评价及分类结果显示，五个盆地中，墨西哥湾盆地为一类盆地，威利斯顿盆地、阿巴拉契亚盆地及粉河盆地为二类盆地，萨克拉门托盆地为三类盆地，实现了从定量-半定量角度对五个盆地进行评价的目标。

4.1 阿巴拉契亚盆地

4.1.1 概况

阿巴拉契亚盆地位于美国东部，盆地长约1 120km，宽约400km，面积为 $45\times10^4km^2$。西起辛辛那提隆起轴部，东至大西洋沿岸平原的西界，北至美国加拿大边界，南面包括田纳西州的东侧和西北卡罗来纳州。阿巴拉契亚盆地的含油气区主要集中于盆地中南部。

阿巴拉契亚地区居住人口超过2 000万人，主要居住在中型城市，区内只有两个大型城市群，分别位于宾夕法尼亚州的匹兹堡（Pittsburgh）和田纳西州的诺克斯维尔（Knoxville）。

阿巴拉契亚盆地是美国东北部最大的盆地，有多套储集层。盆地2P原油剩余可采储量521MMbo，天然气72761bcf，油气生产开始于1821年，目前有242 001口生产井，2011年盆地原油产量34 000bopd，气产量4 956MMcfd，1985年盆地就已达到原油峰值产量77 790bopd，将于2016年达到天然气峰值产量12 643MMcfd。

过去三年盆地的区块交易活动频繁，很多大公司进入该盆地进行勘探，包括ExxonMobil、Shell和Reliance等。目前盆地内持有区块面积最多的公司是Chesapeake公司。

4.1.2 盆地构造沉积演化

1.构造特征

阿巴拉契亚盆地是一个椭圆形的大型油气盆地，盆地形态北宽南窄。从西部的高原到Allegheny山前带，一直到东部的逆冲断层带，构造复杂性增加。年轻的地层主要位于盆地中部，更老一些的地层位于肯塔基和俄亥俄州的西部浅层地区。

阿拉巴契亚盆地位于北美板块边缘，是一个典型的前陆盆地。盆地构造演化主要为三期较大的构造事件，分别为Taconic造山运动、Acardian造山运动和Alleghanian造山运动。三次造山运动对北美大陆边缘进行持续的挤压作用，最终形成阿拉巴契亚盆地和阿拉巴契亚山脉地貌。

在晚寒武世和奥陶纪，约5亿年前，北美的东北部地区位于原始的北美大陆边缘。当时，该区由沿着大陆架的被动板块边缘组成。它是古Iapetus洋的沉积中心，沉积物在浅层大陆架堆积。在其东部的另一个独立的板块上形成了火山岛弧。晚奥陶世，原始北美板块向该独立的板块下部缓慢俯冲，并最终与火山岛相撞，从而导致Taconic造山运动，并形成奥陶纪的前陆盆地。在中晚奥陶世，持续的挤压作用将地层从东向西推动。断裂和逆冲断层作用形成了沿着北美板块东部分布的Taconic山脉，并在该山脉的西部原始北美板块中部的大洋中形成前陆盆地。随着山脉的侵蚀，在山脉的西侧形成一些大型河流，这些河流所携带的沉积物最终形成在奥陶统形成巨大的Queenston三角洲。盆地中的沉积作用持续到晚奥陶世/早志留世区域抬升到海平面之上，侵蚀作用占主导作用时期才结束。志留纪构造活动相对频繁，区域沉积环境为内陆海，沉积了浅海相沉积物和有机质碎屑物质。

第二个主要的构造事件是Acadian造山运动，这是发生在中泥盆世并一直持续到晚泥盆世（约370～335Ma）的陆-陆板块碰撞。Acadian变形区也位于北美板块的最东部。构造活动引起板块边界的抬升和断裂，阿巴拉契亚前陆盆地的开始沉降，并被大洋淹没。Acadian造山运动对纽约州的构造有多方面的影响，但最剧烈的可能是对其北部或东北部地区。Hudson高地北部和南部及该州东南部的变质程度很高的岩石可以反映此造山运动的剧烈程度。Acadian山脉的抬升及其伴随的侵蚀作用是此次造山运动的主要事件。随着山脉的侵蚀，沉积物向西部搬运并在中晚泥盆世时期形成巨大的Catskill三角洲。Acadian造山运动引起的大型碎屑沉积物源源不断地在前陆盆地内进积，形成盆地中心的夹有粉砂岩和砂岩的黑色页岩沉积。

最后一期造山运动是Alleghanian造山运动，最终形成阿巴拉契亚盆地的现今构造形态。它发生在晚密西西比世到早宾夕法尼亚世（约330～250Ma），即原始非洲板块相对于原始北美板块向南滑动时期。在滑动过程中，原始非洲板块顺时针旋转，相对于北美板块向西运动。在此过程中产生的巨大的挤压力，在阿巴拉契亚盆地东部边缘导致抬升和断裂。构造活动最终形成了阿巴拉契亚山脉以及盆地内部复杂的Valley和Ridge以及Blue Ridge构造单元。

2.地层及沉积特征

阿巴拉契亚盆地沉积了前寒武到二叠系的地层，是一个古老的沉积盆地，早寒武世、晚奥陶世到晚志留世以及晚密西西比到二叠世盆地内沉积的是硅质碎屑岩，早寒武世到晚奥陶世、晚志留世到中泥盆世以及密西西比期盆地内沉积物以碳酸盐岩为主。

寒武纪时盆地区阿巴拉契亚褶皱带为地槽，盆地内沉积主体属于地台沉积，除下寒武统时沉积了些碎屑岩，主体上以碳酸盐岩沉积为主，并且沉积厚度由东向西变薄。地槽中心，古生代地层总厚度可达1.2×10^4m；到了晚奥陶世，地槽东部开始抬升遭受剥蚀，自早志留世，地层再次沉降接受沉积，形成了一系列砂岩、页岩、灰岩等，中间在中晚志留世处在炎热的古地理环境下，还形成过蒸发岩；从中泥盆世—二叠纪，出现了三角洲砂岩，暗红色粉砂岩，砂岩夹页岩以及煤层-沼泽相，表明了此阶段期间由海相沉积向陆相沉积过渡。

阿巴拉契亚盆地区以前寒武系结晶岩为基底，古生代沉积岩厚度1.2×10^4m。阿巴拉契亚褶皱带为地槽，盆地内沉积主体属于地台沉积，从寒武系至中奥陶统，除下寒武统主要为碎屑沉积外，其他均为碳酸盐岩沉积，厚度可达30～2 500m；上奥陶统厚760～1 025m，下部为黑色页岩，向上过渡为紫红色页岩、砂岩及泥岩互层；早志留世，地层再次沉降接受沉积，下志留统形成Tuscarora砂岩，厚55～365m；中、上志留统由砂岩、页岩、石灰岩和蒸发岩组成，厚380～520m，裂隙非常发育；下泥盆统，下部为灰岩、页岩及含燧石砂岩，上部为Oriskany砂岩，厚50～60m；中、上泥盆统，厚1 100～2 800m，下部为黑色页岩，厚300m，上部发育厚层三角洲砂岩，此阶段由海相沉积向陆相沉积过渡；密西西比系，厚300～600m，下部以灰岩为主，上部主要为暗红色粉砂岩、砂岩夹页岩，具陆相沉积特点；宾夕法尼亚系，厚150～400m，以陆相沉积为主，主要包含页岩、粉砂岩夹煤层。

4.1.3 石油地质

阿巴拉契亚盆地内有4套重要的烃源岩，分布在寒武系、中奥陶系到上志留系、下泥盆到密西西比阶和宾夕法尼亚阶地层中，油气储层在很多层段都有分布，但是靠近源岩的储集层潜力较大；多个层系的致密页岩以及志留系Salina蒸发岩是盆地内的区域盖层，由于地层岩性变化、盖层遮挡封闭形成了盆地主要的常规油气藏，其中构造因素是成藏的次要因素；本区由于页岩大量发育，不仅作为烃源岩和盖层，还大量发育“自生自储”的非常规页岩页岩气藏。

1.烃源岩

阿巴拉契亚的烃源岩主要分布在古生界地层，包括中上奥陶统的Utica页岩和Trenton灰岩、泥盆系页岩，以及密西西比系的Sunbury页岩。

泥盆系烃源岩是阿巴拉契亚盆地的主力烃源岩之一，有机质以陆源为主，含量丰富，有机碳一般在1.8%以上，范围为0.4%～4.7%，平均2.7%。盆地有机质成熟度呈现东高西低的趋势，R_o范围介于0.5%到4.0%之间，产气区的弗吉尼亚州和肯塔基州的成熟度变化范围为0.6%～1.5%，在宾夕法尼亚州西部成熟度可达2.0%，西弗吉尼亚州南部成熟度可达4.0%。可能是由于东部地区域构造运动强烈，地下热流较高，从而引起局部成熟度偏高。此外烃源岩的排烃的过程中势必会有大量的油气残留，因此就在泥盆系地层形成了自生自储的页岩气藏。与盆地西部浅层页岩气相比，位于盆地中、东部较深部位的页岩（如Marcellus页岩），因埋深大，热成熟度较高，已进入裂解成气阶段，黑色页岩比例、有机碳含量和页岩储层产气能力较早期的Ohio页岩好得多。著名的Big Sandy气田位于肯塔基和西弗吉尼亚西南部，目的层为上泥盆统的Ohio页岩Huron段，对阿巴拉契亚盆地页岩气产量的贡献巨大。

寒武系烃源岩主要位于Rome组地层的上部以及Conasauga组地层，其岩性为灰黑色-黑色泥页岩及泥质灰岩。泥页岩地层较薄，但是其具有多层性，累计可达数十英尺，而泥灰岩层序可厚达150～200ft。寒武系烃源岩TOC为0.05%～0.59%，平均TOC为0.27%。由于埋藏较深，成熟度较高，据少量CAI和Tmax数据可知，西弗吉尼亚州北部和宾夕法尼亚州的Rome地槽内的有机质为过成熟阶段，而西弗吉尼亚州中部和南部以及肯塔基州东部的有机质为生油气窗，有机质类型为热成因气。

上奥陶统Utica页岩、与其同层的Antes页岩及其下伏Trenton灰岩也是阿巴拉契亚盆地内重要的烃源岩。奥陶系页岩厚度为150～350ft，在宾夕法尼亚州西南部和纽约州地区，厚度可达700ft。中上奥陶统黑色页岩、灰质泥岩及泥质灰岩的TOC含量为

1%～3%，平均为1%。其干酪根类型为Ⅱ型，烃源岩CAI指数说明，大部分地区的Utica页岩为生气阶段。西部Ohio州内，其CAI（牙形在色变指数）指数小于2，为生油阶段。

2.储层

根据WoodMac.数据库研究，按照商业发现的层位对Appalachian盆地内的储集层进行了划分，见表 4-1。Appalachian盆地共有9套重要的储集层，依据盆地位置、储层相对位置、岩性埋深、主要烃源类型等原则来命名，其中包括了常规砂岩油气储层和碳酸盐岩油气储层、非常规致密砂岩储层以及页岩油气储层。

表 4-1　Appalachian盆地主要储集层（据Wood Mac.）

储集层	地质年代	主要岩性	主要资源类型
Berea/Oriskany地层	上泥盆统	砂岩	致密砂岩气
Big Injun地层	下石炭统	砂岩	常规天然气
泥盆系页岩（未区分）	中上泥盆统	泥页岩	页岩气
Canadaway地层	上泥盆统	砂岩	石油
Clinton砂岩	下志留系	砂岩	致密砂岩气
Ohio Huron段页岩	上泥盆统	泥页岩	页岩气
Marcellus页岩	上泥盆统	泥页岩	页岩气
宾夕法尼亚系地层	上石炭统	煤	煤层气
Trenton/Black River地层	中奥陶统	灰岩/砂岩	常规天然气

上泥盆统Oriskany砂岩是一套钙质和硅质胶结的细粒-粗粒富石英砂岩。次生粒间孔隙以及次生裂缝大量发育，是储层的主要储集空间。Oriskany砂岩的孔隙度为6%～22%，平均为12%；渗透率为10～60mD，平均为27mD。Oriskany砂岩的产层厚度为6～150ft，埋深为6 000～9 000ft。

泥盆系Marcellus页岩分布于纽约南部、宾夕法尼亚州、俄亥俄州以及西弗吉尼亚州局部地区，总面积达138 240km^2，厚度约为15～60m，厚度变化较大，纽约和宾夕法尼亚州东北部的沉积厚度要大于宾夕法尼亚州西南部和西弗吉尼亚的沉积厚度。作为储层，Marcellus页岩脆性矿物含量较高，次生溶蚀孔隙和裂缝较发育，平均孔隙度6%，西部具有较高的有机质含量，但是埋深较浅，厚度较薄，东部相对较深较厚，有机质含量较低，平均TOC在2%～10%之间，北部地层超压，而南部欠压实。储层深度1 500～2 550m，保守估计原始天然气资源量在70～150bcf/section之间。

泥盆系Huron段页岩是盆地内最重要的一套页岩之一，在俄亥俄州东南部、西弗吉尼亚州和肯塔基州东北部埋藏深度在1 050～1 650m之间。Huron段页岩是Ohio页岩的一部分，地层欠压实，一般使用空气钻井开发。Huron页岩平均孔隙度4%，TOC平均为3.5%，厚度45～60m，估计原始天然气资源量在10～15bcf/section之间。

下伏Trenton/Black River灰岩是纽约州中部和俄亥俄州中-东部重要的天然气储层，其岩性为泥晶灰岩，部分白云岩化，在局部转换带上与上伏Utica黑色页岩互层。区域储层受到断裂的控制，由于在断裂区大量发育粗粒泥晶白云石矿物，溶蚀孔隙和晶间孔隙大大提高了储层质量。

3.盖层

阿巴拉契亚盆地发育的盖层类型主要为寒武系、奥陶系、泥盆系、密西西比系、宾夕法尼亚系的页岩及其他致密岩层。

寒武系的Rome组粉砂岩和Conasauga页岩作为盖层，封闭了Rome地槽中的油气聚集。

中上奥陶统的Utica页岩不仅是烃源岩，而且是重要的区域盖层，寒武系和奥陶系的油气聚集大多都被Utica页岩封闭而成藏。

上泥盆统的多套页岩则是泥盆系油气藏的主要盖层，在盆地内其储层主要是砂岩和灰岩，如Oriskany砂岩和Onodaga灰岩。

泥盆系页岩作为烃源岩，其排出的烃类向上运移，主要被密西西比系Sunbury页岩所遮挡。Sunbury页岩是密西西比系重要的区域改成及气源岩。

阿巴拉契亚盆地不仅发育页岩盖层，还发育膏岩盖层。

上志留统的Salina组岩层以及Lockport白云岩层中的盐床和泥晶白云岩也是有效的区域层，为志留系的砂岩油气藏提供了封闭条件。

区域盖层的特点是，上古生界的页岩不仅作为烃源岩和非常规产层，还作为区域盖层封闭下伏砂岩/碳酸盐岩储层中油气的向上运移。在盆地内主要构成了寒武系-奥陶系、志留系、泥盆系和密西西比系的油气生储盖组合。

4.圈闭

阿巴拉契亚油气藏圈闭的类型主要为构造圈闭，其中包括背斜圈闭、断层圈闭。阿巴拉契亚逆冲褶皱带控制的阿巴拉契亚前陆盆地，褶皱、断裂大量发育，为形成构造圈闭提供了必要条件；区域盖层的发育使得构造高点能够圈闭成藏。古生界地层的断层圈闭主要是页岩地层的滑脱断裂形成的低角度封闭油气圈闭以及高角度断裂形成的断块油气圈闭。寒武系、奥陶系的区域盖层主要是Utica页岩，泥盆系的区域盖层主要为上泥盆统Ohio页岩，密西西比系的Sunbury页岩也是良好的区域封闭盖层。

盆地内还发育地层圈闭，奥陶系、石炭系和密西西比系砂岩尖灭形成岩性圈闭；寒武系地层还受到Knox不整合控制形成不整合圈闭，Rose Run油气藏的古潜山分布面积可以超过0.32km^2，甚至达到0.8km^2。

4.1.4 典型油气藏（田）解剖

1.俄亥俄州奥陶系Utica Ohio项目区

（1）区块概况。Utica Ohio项目区位于俄亥俄州阿巴拉契亚盆地，距哥伦布市80km，净权益面积453km^2，1 000余个土地合同，平均合同期4年，46%土地面积已有井生产，46%土地合同可延期，大多数土地合同为5+5年期，原油工作权益86%，净权益73%，天然气工作权益63%，净权益51%，开发深度限制在Utica页岩层。净风险前油气资源量207MMBO。

Devon公司在该项目区内已钻一口直井Harstine Trust 2-3591井，并取芯。区块内及周边有多年油气生产历史，井控程度高，生产及利用设施完善，有丰富的水资源，目标区东部的上倾部位有大量的Utica水平井测试项目，由于储层埋深较浅，钻/完井成本较低。已证实的烃源岩，位于历史生产层之上，储层位于湿气和油窗范围内，位于东部的2口井（Chesapeake公司的MANGUM 8井、北美能源的COAL BUELL 1H井）测试为富气和原油。

（2）成藏条件。

1）勘探现状。Devon在Utica Ohio项目目标区的南部钻了一口直井Harstine Trust 2-3591井，完成取芯和研究工作。区域内钻井水平段长一般为4 000m，压裂段数为10～12。

2）周边油气发现情况。Utica Ohio项目区域周边有多年油气生产历史，井控程度高，生产及利用设施完善，有丰富的水资源，目标区东部的上倾部位有大量的Utica水平井测试项目，位于东部的2口井，Chesapeake公司的MANGUM 8井和北美煤业公司的BUELL 1H井测试为富气和原油；由于储层埋深较浅，钻完井成本较低。

3）油气成藏条件。Utica Ohio项目目标区埋深3 000～4 500ft，构造简单，陆架单斜构造，断层少。Utica Ohio项目目标区储层由灰岩和泥岩组成，是盆地内已证实的烃源岩，位于历史生产层之上，储层位于湿气和油窗范围内，TOC最高约4%，可能有裂缝发育，具上、下隔层，无含水层，潜力层为剖面上的裂缝性Trenton/Black River地层。

Utica Ohio项目区块内Ro值为0.8～1.4，Ⅱ型干酪根，Utica组TOC含量为0.95%～1.5%，Point Pleasant组TOC含量为2%～4%。

目标区内的Point Pleasant组（相当于下Utica段）是本项目的主力层，属低幅构造，总厚度100～140ft，层段厚度稳定，多井钻遇。地层层序为生物礁建造，见苔藓虫、海百合及双壳类化石夹层及富有机质泥岩层序，碳酸盐岩储层脆性大且利于油气储存，微达西级渗透率，主要为凝析油和原油，储层上、下均无水层，对生产有利。平均孔隙度3.3%，平均含油饱和度84%，平均净厚度126ft，原油采收率10%。

2.Big Sandy上泥盆统页岩气田

（1）概况。Big Sandy气田位于阿巴拉契亚盆地内美国肯塔基州东部和西维吉尼亚州西南部，占地面积约6 075km^2，是盆地内最大的气田。气田最早发现于1914年，主要产出浅层低压的天然气。Big Sandy气田的原地天然气储量为20tcf，最终可采储量为3.4tcf，当今开采率为17%。

Big Sandy气田的主要产层为上泥盆统的多套页岩，其中包括Ohio组页岩的Huron段和Cleveland段以及West Fall组的Rhinestreet段页岩。天然气主要在断层圈闭或致密孔隙空间中连续富集。上泥盆统地层沉积于深水缺氧条件，构造上由于受到Acadian造山运动影响而处于突然沉降阶段。

Big Sandy气田在2006年以前几乎全部钻井都是直井，2006年以后，随着水平井技术的发展，气田的产量适中较高，100多年来已经有12 000多个钻孔，2006年至今已有12 00余口水平井完井。

（2）成藏条件。

1）构造条件。天然裂缝气藏在阿巴拉契亚盆地的泥盆系页岩地层中非常常见，其页岩露头主要分布于纽约州南部、宾夕法尼亚州北部和辛辛那提隆起的东部。Big Sandy气田的Ohio页岩气藏不是在区域构造圈闭中形成，而是在由基底断裂控制的局部构造鼻和圈闭中聚集形成。同时，大量的游离气聚集在地层裂缝与节理缝中，并被连续的非裂缝性页岩所封闭；作为页岩气产区，页岩微孔隙和微裂缝也是有效的储集空间。Big Sandy气田区域的断层主要形成于Alleghenia造山运动，主要为受下伏前寒武系-中寒武统Rome地槽控制的一系列正断层。在肯塔基州和西维吉尼亚州的交界处，油田被平行的线状构造——走滑断层系统所切，同时形成了Kentucky River断裂带和Irvine-Paint Creek断裂带。

其页岩埋深最浅的部分位于肯塔基州东部，Big Sandy气田的西南部，约为650～1 350ft。上泥盆统页岩底部埋深最深在西维吉尼亚州可达4 400ft。

2）油气成藏条件。Big Sandy气田的主要产层——上泥盆统页岩主要由富有机质粉砂质黑色泥岩夹灰色页岩组成，其干酪根类型以I型和Ⅱ型为主，TOC含量为1%～27%（主要为2%～12%）。Big Sandy气田上泥盆统页岩的热成熟度自西向东随着埋深的增加而增加，镜质体反射率在Big Sandy气田内自西向东为0.6%～1.7%。西部的页岩刚刚成熟，主要为生物成因气；东部埋深较大，成熟度高，为热裂解干气。

3）勘探前景。据Woodmackie，2012年底统计数据，Big Sandy页岩带总面积为28 490 km^2，地质储量约为$7.8\times10^{12}m^3$。目前该页岩油气区带基本处在稳定生产阶段，按照年产凝析油4.8×10^4t、页岩气$47.5\times10^8m^3$估算，预计该页岩区带还可连续生产34年。

3.泥盆系Marcellus页岩气藏

（1）概况。Marcellus页岩为中泥盆世内陆浅海沉积，沉积相为河流三角洲，由东向西地层厚度逐渐变薄。阿巴拉契亚盆地泥盆系Marcellus页岩，因埋深大，热成熟度较高，已进入裂解成气阶段，黑色页岩比例、有机碳含量和页岩储层产气能力较早期的Ohio页岩好得多。

Marcellus页岩为中泥盆世内陆浅海沉积，沉积相为河流三角洲，由东向西地层厚度逐渐变薄。东部地区岩石组成主要为砂岩、粉砂岩和黑色页岩；西部地区主要为细粒、富有机质黑色页岩夹灰色页岩，其中黑色页岩最大厚度可274.32 m，平均厚度为15.24～60m。

阿巴拉契亚盆地Marcellus页岩的埋深为2 000～9 000ft。逆冲断裂带地区的深度最大，最深可达10 000ft。

（2）地层。Marcellus页岩由Ver Straeten和Brett修订，将其地层分为Oatka Creek段和尤尼斯普林斯段（见表 4-2），后者主要由Bakoven段黑色页岩构成，上覆伯恩段在盆地更近源的东部地区，自上而下渐变为Solsville段和Pecksport段贫有机质地层。

表 4-2　Marcellus页岩的地层命名

<table>
<tr><th>项目</th><th colspan="2">纽约中西部
及俄亥俄州东部</th><th colspan="2">纽约东部</th><th colspan="2">宾夕法尼亚州中西部</th></tr>
<tr><td rowspan="5">Marcellus
亚组</td><td rowspan="4">Oatka
小河地层</td><td rowspan="2">伯恩小层</td><td rowspan="4">马里昂
地层</td><td>Solsville和Pecksport小层</td><td rowspan="5">Marcellus
小层</td><td rowspan="2">达马尔提亚（费舍尔山脊）小层</td></tr>
<tr><td>伯恩小层</td></tr>
<tr><td>樱桃谷小层</td><td>樱桃谷小层</td><td rowspan="2">赛尔（土耳其山）小层</td></tr>
<tr><td>赫尔利小层</td><td>赫尔利小层</td></tr>
<tr><td>联盟泉
地层</td><td>Bakoven小层</td><td>联盟泉
地层</td><td>Bakoven小层</td><td>沙漠金小层</td></tr>
</table>

（3）有机地球化学。Marcellus页岩有机质丰度较高，页岩TOC为3%～11%，平均为4.0%，TOC含量自西向东增大，纽约州平均TOC为4.3%，宾夕法尼亚州TOC为3%～6%，西弗吉尼亚平均TOC为1.4%。页岩的有机碳含量是影响页岩吸附气体能力的主要因素之一，页岩的有机碳含量（TOC）越高，则页岩气的吸附能力就越大，这是因为干酪根中微孔隙发育，表面具亲油性，对气态烃有较强的吸附能力，同时气态烃在无定形和无结构基质沥青体中也会发生溶解。吸附气是预测页岩气藏产能的关键参数之一，也是其长期稳产的重要保障，由于Marcellus页岩较高的TOC，其吸附气含量占到页岩气总量的40%～60%。

Marcellus页岩干酪根为Ⅱ型，其R_o为1.5%～3%，自西向东增大，成熟度最高地区为宾夕法尼亚州东北部和纽约州东南部，有机质处于高成熟和过成熟阶段，生成的天然气为热成因气。

据Barnett页岩气开发经验表明，页岩有机质的高成熟度不是制约页岩气成藏的主要因素，而其成熟度越高反而越有利于页岩气成藏。成熟度不仅决定天然气的生成方式，同时还制约着气体的流动速度，研究表明，高成熟度页岩气藏比低成熟度页岩气藏的气体流动速度要高且页岩气体生成速度更快。另外，随着有机质成熟度的增高，页岩中有机质更多地转化为烃类，其硅质含量相对增高，页岩脆性也随之增高，更易形成裂缝，研究表明，Marcellus页岩R_o达到2.0%后，其孔隙度增加了4%。

（4）岩矿特征与储集空间。对西弗吉尼亚Marcellus页岩样品矿物成分进行分析，砂岩页岩互层的石英含量超过40%，表明其脆性较大。G.Wang等根据X射线衍射（XRD）分析，首先发现Marcellus页岩中含量最多的矿物是石英和伊利石，平均体积含量分别为35%和25%以上。绿泥石、黄铁矿、方解石、白云石和斜长石含量变化较大，也是含量较多的矿物，其次是钾长石、高岭石、蒙脱石和磷灰石。为了简化，将这些主要矿物分成三组：石英（石英与长石）、碳酸盐岩矿物（方解石与白云石）和黏土（所有黏土矿物）。大多样品的碳酸盐岩矿物含量都少于20%。

Marcellus样品的大孔隙和中孔隙有的平行于纹层排列，有的则是聚莓状黄铁矿颗粒内晶体之间的粒间孔隙）黄铁矿颗粒之间的这些粒间孔隙空间有的填充有黏土与干酪根，有的则形成粒间孔隙。与在Woodford观测到样品的情形相似，这里的大孔隙也显示了粗细喉道之间的孔隙连通。大孔隙和中孔隙均位于聚莓状黄铁矿颗粒内并平行于层理分布），与大孔隙一同发现了中孔隙网络。

宏观上，可在露头上观察到大量裂缝。Marcellus页岩发育北北西走向下侏罗统和东北东走向中侏罗统两组微裂缝，走向近垂直。315Ma时Gondwana大陆和Laurentia大陆斜向碰撞，并发生顺时针旋转，Alleghanian造山运动开始，受到右旋走滑断裂作用牵引，Marcellus页岩发育下侏罗统微裂缝，裂缝方向与走滑断裂近平行。290Ma时，Gondwana大陆和Laurentia大陆在现今纽约位置拼合，其走滑作用终止。在之后的15Ma期间，Gondwana大陆持续顺时针旋转，并向Laurentia大陆西南部会聚，Appalachia盆地中部和南部形成前陆冲断带，开始Allenghanian造山运动。受到大陆碰撞影响，Appalachia盆地内应力场转变为垂直大陆会聚边缘方向，此期间Marcellus页岩发育中侏罗统微裂缝。

国外页岩气研究表明，页岩气往往富集在具有丰富类型的微米级甚至纳米级孔隙的页岩内，据统计，有超过50%的页岩气存储在页岩基质孔隙中，岩石孔隙是确定游离气含量的关键参数。

Marcellus页岩微裂缝发育，孔渗较好。平均总孔隙度为5.5%～7.5%，基质渗透率较小，一般小于1μD，但是由于微裂缝广泛发育，考虑其裂隙性，其渗透率可达0.02mD。微观显示其孔隙空间较多，连通性较好。

Daniel J. Soeder根据波义耳定律进行的增压含气性实验，测得了Marcellus页岩样品的含气孔隙度，数据见表4-3（1psi=6.895kPa，1atm=101.325kPa）。

表4-3　Marcellus页岩增压含气性实验含气孔隙度数据表

增压范围 psi	平均气压 psi	平均气压 atm	波义耳定律含气孔隙度 %
25～35	20	2	54.62
35～50	43	3	50.67
50～70	60	4	42.40
70～100	85	6	36.95
100～150	125	8.5	30.83
150～250	200	13.5	23.89
250～350	300	20	18.73
350～450	400	27	15.25
450～550	500	34	13.54
650～750	700	48	11.11
900～1 000	950	65	9.05
1 150～1 250	1 200	82	8.02
1 400～1 500	1 450	100	7.13

4.1.5　油气富集规律与成藏主控因素

本区是典型的古生界油气田分布区，油气田普遍规模较小。油气田主要分布在山前坳陷的中部和西部，中部有大面积气田，盆地东部的逆掩断层带零星分布有油气田。

1.含油气系统

（1）上古生界泥盆系页岩含油气系统。选取阿巴拉契亚盆地区位于俄亥俄州Noble县的Amerada No. 1井为代表进行含油气系统分析。阿巴拉契亚盆地主要经历了三次隆起和侵蚀），第一次为中奥陶世开始的抬升运动，由于抬升运动不剧烈且持续时间短，所以地层剥蚀作用不明显；第二次抬升发生在晚密西西比世；最后一次大规模抬升剥蚀运动发生在三叠纪至今，所以盆地大部分地区三叠系、侏罗系、白垩系及古近系和新近系地层缺失。本区奥陶纪到泥盆纪时地层持续沉降，对泥盆系烃源岩的保存很有利。早二叠世开始本区泥盆系Marcellus页岩和Ohio页岩地化指标达到生油门限，开始产出石油和天然气。

泥盆系页岩具有范围广、厚度较大的特点，其厚度可达11 000ft。由于逆冲断裂带的作用，泥盆系页岩地层埋深较深，自西向东呈升高趋势，其页岩有机质成熟度在平面上也受到同样影响，自西向东镜质体反射率增大。

本区泥盆系页岩Marcellus页岩和Ohio页岩经过持续沉降之后，在晚宾夕法尼亚世烃源岩成熟度达到0.5%，达到生油门限，在早二叠世时开始生成石油，随着埋深的加大和古温度的升高，在早三叠纪时达到生气门限，主要储集在志留系、密西西比系和宾夕法尼亚系地层。

（2）下古生界奥陶系含油气系统。美国地质调查局（USGS）调查了上奥陶统的Utica页岩含油气系统（TPS）。Utica页岩主要分布于纽约、俄亥俄宾夕法尼亚和西维吉尼亚等州，其黑色页岩中，有机质为Ⅱ型干酪根，成熟度到达了生成石油和天然气的生烃门限。Utica页岩作为烃源岩，其产生的油气向邻近地层运移，同时它自身的基质孔隙和有机质孔隙中还存有大量的烃类物质。这些资源则可通过水平井和水利压裂技术开采出来。

Utica页岩作为Utica下古生界含油气系统的烃源岩主要分布于纽约、俄亥俄、宾夕法尼亚和西维吉尼亚。其黑色页岩岩相与宾夕法尼亚中部的Antares页岩和俄亥俄州与宾夕法尼亚州的Point Pleasure组地层相似。Utica页岩厚度一般为150～350ft，但在宾夕法尼亚和纽约的西南部，黑色页岩厚度可达700ft。

受到阿巴拉契亚逆冲带的影响，Utica页岩的埋深为2 000～15 000ft，在平面上自北西至南东，逐渐增大。

Utica页岩的岩性主要为灰质-富泥质页岩，TOC通常大于1%，贯穿北东-南西，有一个TOC较高（2%～3%）的区域，包含了宾夕法尼亚西部和东南部、俄亥俄东部、西维吉尼亚北部和纽约东南部。Utica页岩有机质干酪根类型以Ⅱ型为主。其CAI成熟度指数等值线图，说明了在大部分含油气系统的深部都存在了一部分成熟的Utica页岩。Utica页岩所在的CAI成熟度门限普遍大于2，其中CAI指数1～2为生油阶段，CAI指数大于2则为生气阶段。

有关Utica页岩孔隙度和渗透率的数据较少。然而，通过一家商业实验室分析少数Utica页岩样品，表明了这些岩石的致密性。仅有的4个岩心样本的孔隙度范围为3.7%～6.0%，渗透率的范围为0.000 080～0.0035 83mD。Utica页岩的致密性可以通过电子扫描显微图像观察到，偶尔有大颗粒的石英分布在黏土颗粒骨架上。结合Utica页岩样品吸附等温线分析和计算含气饱和度，结果显示在Utica页岩孔隙中大约有25%的气体。

2.油气分布特征

盆地的寒武系和志留-密西西比系岩层为碎屑岩夹碳酸盐岩，奥陶系为碳酸盐岩夹页岩，宾夕法尼亚系为碎屑岩夹石灰岩及每层。由于各时代的沉积主要向地槽家后，上古生界逐层向西转移，基底埋深向东部加大。在西弗吉尼亚州靠近紧密褶皱带约为6 000m。整个沉积剖面约占一半，以泥盆系中上部黑色页岩段最发育，超过240m，为主要的生油层。其次为上奥陶统下部的黑色页岩，下奥陶统的COnoheagne灰岩也有一定的生油条件。油气储层很多，从寒武—宾夕法尼亚系均产油气，共约60层。泥盆系砂岩产油气最多，约30多层，而且主要集中在上统，占盆地油气可采储量的52%，密西西比系占27.7%，志留系13.8%。

（1）寒武系和奥陶系。从寒武系至中奥陶统，除下寒武统主要为碎屑沉积外，均为碳酸盐岩沉积，厚30～2 500m。上奥陶统厚760～1 025m，下部黑色页岩为生油层，向上过渡为紫红色页岩、砂岩及泥岩互层，盆地内几乎一般的沉积地层是寒武系和奥陶系。油气主要产自Post-Knox不整合及以上的奥陶系及不整合之下的寒武系。

（2）志留系。下志留统为Tuscarora砂岩，厚55～365m，是区域性含气层，在油气区的西部主要产油。中、上志留统，由砂岩、页岩、石灰岩及蒸发岩组成，厚380～520m，裂缝发育，是储气层之一。志留系产的油约占盆地累计产油量的10%，产的气约占盆地累计产气量的15%。志留系的油气主要分布在盆地两侧和北侧的各种圈闭类型中。

（3）泥盆系。下泥盆统，下部为石灰岩、页岩及含燧石砂岩，上部为Oriskany山岩，厚50～60m，是主要产气层；中、上泥盆统，厚1 100～2 800m，下部为黑色页岩，厚300m，是主要生油层，上部发育后曾三角洲砂岩，是这一地区主要的储层。泥盆系页岩遍布于阿巴拉契亚盆地。自20世纪初，沿盆地西部边缘一直在开采泥盆系页岩中的天然气。泥盆系页岩中的天然气资源量极为丰富，产区主要分布在盆地的南部，泥盆系产的油大约占盆地累计产油量的41%，产的气大约占盆地累计产气量的46%。

（4）密西西比系。下部底层在油气区的中部，油气产自河道沉积和三角洲沉积的地层中，中部底层在油气区的中南部，油气产自与不整合相关的地层圈闭中。上部地层在油气区的南部，储层由鲕粒状碳酸盐岩组成，主要产气。而在油气区的中南部，储层岩性为白云岩、砂质白云岩和砂岩。密西西比系地层含大量的、复杂的底层圈闭储层。密西西比系产的油大约占盆地累计产油量的15%，产的气大约占盆地累积产气量的32%。

（5）宾夕法尼亚系。其为页岩、粉砂岩夹煤层，以陆相沉积为主。产层岩性主要是砂岩，以地层圈闭为主。在油气区的南部，宾夕法尼亚系在密西西比纪晚期的不整合面上，主要为河道沉积，在这些地区主要产油。在油气区的东南部，主要从底层圈闭中产气。宾夕法尼亚系产的油占盆地累计产油量的30%，产的气占盆地累计产气量的6%。

3.成藏主控因素

阿巴拉契亚盆地的储集岩可分为四类：层状砂岩、不规则砂岩体、碳酸盐岩和裂缝型页岩。油、气藏主要受岩性的控制，构造影响其次。

阿巴拉契亚盆地油气分布特点为：

（1）受生储组合的控制，生、储油层相邻处即为油气分布区，尤其是不规则页岩，如上泥盆统向东过渡为红色陆相沉积，而向西为海相暗色页岩，期间砂、页岩互层，即油气有利地带。

（2）背斜带中，在晚奥陶世的西北向构造和中—晚泥盆世北东向构造交汇处形成的穹窿较为有利。

（3）西侧辛辛那提隆起多次相对上升活动，使油气从东向西运移，在盆地中、西部油气大量聚集在砂岩沿上倾尖灭的全比重。同时在斜坡带上，受不整合面溶蚀淋滤和白云石化作用的泥盆—中密西西比系和奥陶系碳酸盐岩也形成良好的孔隙层，为油气的有利聚集带。

4.1.6　勘探潜力与有利区预测

1.盆地资源潜力

阿巴拉契亚盆地是美国本土油气生产历史最长的盆地，是美国油气工业的发源地，早在1821年就发现了第一个油田，过去的10年间，由于非常规油气资源的开发，该盆地页岩气、致密气和煤层气的勘探开发非常活跃。

阿巴拉契亚盆地2P原油剩余可采储量521MMbo，天然气72761bcf，资源类型以页岩气为主，占盆地总剩余可采资源的89%，其他油气资源所占比重很低。盆地最有潜力的层系为Marcellus页岩，（阿巴拉契亚盆地2P剩余可采储量见表 4-4）。

表 4-4　阿巴拉契亚盆地2P剩余可采储量

储集层	液态烃/MMbbl	天然气/bcf	合计/bcf
Berea/Oriskany地层	14.61	633	716
Big Injun地层	22.02	833	958
泥盆系页岩（未区分）	—	15	15
Canadaway地层	1.29	2	9
Clinton砂岩	5.41	573	604
Ohio Huron段页岩	37.71	1 374	1 588
Marcellus页岩	440.44	66 256	68 758
宾夕法尼亚系地层	—	2 392	2 392
Trenton/Black River地层	—	172	172
总计	521.48	72 761	75 723

注：MMbbl：百万桶（1桶≈0.14吨）。

2.有利区预测

天然气是阿巴拉契亚盆地所产的主要油气资源，而页岩气在天然气产量中的比重最大，下文将根据美国USGS的资料以及项目收集的其他资料针对阿巴拉契亚盆地的两套潜力较高的页岩层系——泥盆系Marcellus页岩和奥陶系Utica页岩分别进行有利区预测。

（1）Marcellus页岩气有利区预测。Marcellus页岩是美国东部阿巴拉契亚盆地内泥盆系页岩上古生界含油气系统中的一套重要的烃源岩，同时也是重要的页岩气储层。

2011年，美国地质勘查局USGS对Marcellus页岩进行了油气潜力的评价，将Marcellus页岩分为三个评价单元：西部边缘评价单元、页岩中部评价单元、褶皱带评价单元。西部边缘评价单元位于阿拉巴契亚构造前部（ASF），包含了页岩厚度小于50ft、埋深为小于2 000ft至大于9 000ft，成熟度未到生油窗或已经过成熟并超过干气窗的Marcellus页岩。页岩中部评价单元包含了厚度大于50ft、埋深为小于20 00ft至大于10 000ft，成熟度处于生油窗至超过干气窗的Marcellus页岩。褶皱带评价单元位于阿巴拉契亚逆冲褶皱带，包含了页岩厚度为0～350ft，其页岩有些在露头可见，有些埋深可达超过11 000ft，其成熟度处于干气窗至超过干气窗。

USGS对Marcellus页岩资源潜力的评价结果可见表 4-5，其待发现天然气储量为8.4198 × $10^{13}ft^3$bcf，待发现液态烃类3 379MMbl。

表 4-5　Marcellus页岩资源量评价结果（USGS，2011）

评价单元	天然气待发现资源量/bcf				液态烃类待发现资源量/MMbl			
	F95	F50	F5	平均	F95	F50	F5	平均
西部边缘	345	698	1 410	765	0	0	0	0
页岩中部	41 607	76 078	139 106	81 374	1 497	2 982	5 938	3 255
褶皱带	1 002	1 097	3 629	2 059	57	113	224	124
总计	42 954	78 683	144 145	84 198	1 554	3 095	6 162	3 379

参考了USGS的评价结果，根据已经收集的页岩厚度、埋深、地化等资料，用多因素叠加、综合地质评价等方法，对阿巴拉契亚盆地Marcellus页岩选定有利区分类标准（见表 4-6）。

表 4-6　Marcellus页岩有利区分类

主要参数	变化范围		
	一类区	二类区	三类区
页岩厚度	不小于100ft	不小于50ft	不小于50ft
埋深	2 000～9 000ft	2 000～9 000ft	2 000～9 000ft
TOC	不小于2.0%	不小于2.0%	不小于2.0%
Ro	不小于1.2%	不小于1.1%	不小于0.7%
地表条件	地形高差较小，如平原、丘陵、低山等	地形高差较小，如平原、丘陵、低山等	地形高差较小，如平原、丘陵、低山等
保存条件	好	较好	中等

根据有利区分类表，得出阿巴拉契亚盆地Marcellus页岩有利区，其中一类有利区面积为20 0354.2km^2，二类有利区面积为43 046.5km^2，三类有利区面积为72 286.5km^2。

（2）Utica页岩气有利区预测。USGS在2012年发布了阿巴拉契亚盆地奥陶系Utica页岩的评价报告，对Utica页岩及其邻近岩层进行了油气资源潜力评价。Utica页岩是

Utica页岩下古生界含油气系统的主要烃源岩，Utica的岩性为黑色页岩，包含了周边同层的宾夕法尼亚州中部的Antes页岩、俄亥俄州和宾夕法尼亚州的Point Pleasant组页岩。

USGS的Utica勘探区面积约1 500万亩（1亩=0.0667公顷），其CAI成熟度指数普遍大于2，其中一部分边界由TOC大于1%来限定。其评价结果为：石油待发现资源量为940MMO，天然气待发现资源量为38.2tcf，液态烃类待发现资源量为208MMbl。同时，USGS还优选出了Utica页岩的油气甜点区。

Utica页岩甜点区，定义为包含下伏Point Pleasant组黑色页岩的，TOC大于2%，现今钻井技术下天然气产大于两千万立方英尺的Utica页岩区域。

根据USGS的评价结果，结合Utica页岩的空间分布，在初步掌握了页岩沉积相特点、页岩地化指标等参数基础上，依据页岩发育规律、空间分布等关键参数优选出有利区域。再基于页岩分布及地化特征等研究，采用多因素叠加、综合地质评价等方法，开展页岩有利区优选，并划分出一类区、二类区和三类区（见表 4-7）。

表 4-7　Utica页岩有利区分类

主要参数	变化范围		
	一类区	二类区	三类区
页岩厚度	不小于100ft	不小于100ft	不小于100ft
埋深	2 000～13 000ft	2 000～14 000ft	2 000～14 000ft
TOC	不小于2.0%	不小于1.5%	不小于0.5%
CAI	不小于2	不小于1	不小于1
地表条件	地形高差较小，如平原、丘陵、低山等	地形高差较小，如平原、丘陵、低山等	地形高差较小，如平原、丘陵、低山等
保存条件	好	较好	中等

根据有利区分类表，得出阿巴拉契亚盆地Utica页岩有利区，其中一类有利区面积为132 663.7km^2，二类有利区面积为149 476.4km^2，三类有利区面积为164 077.3km^2。

4.2　墨西哥湾盆地

4.2.1　概况

墨西哥湾盆地是美国南部的一个裂谷盆地，是北美与非洲-南美板块分离的产物，地理位置大约为北纬26°～34°；西径82°～100°，盆地中央为洋壳，周围是陆壳，二者之间为过渡型地壳。盆地的西北缘为沃希托（Ouachita）褶皱带，该带形成于宾西法尼亚纪，由于板块碰撞使地槽内深海相沉积强烈变形，并向西北方向逆掩在陆棚沉积和滨海沉积之上；东北缘为阿巴拉契亚（Appalachian）褶皱带，形成时代较沃希托褶皱带新，上述两个褶皱带在密西西比东部相交；盆地南部为锡格斯比陡坡（Sigsbee）。盆地面积约为1.1×10^6km^2，油气勘探相对比较成熟。

美国墨西哥湾盆地是世界上勘探、开发石油最早的地区之一。1865年即发现第一个小型油田并开始生产原油，至19世纪末年产油量仅1MMbbl；1901年钻获一口万吨油井后，开始大规模勘探、开发，使产油量快速增长，很快成为全美及世界最大的产油区；1930年发现第一个海上油田，全区产油量增至478.21MMbbl，其后海陆并举使该区石油产量及储量大幅度增长，1963年产油量达1000MMbbl、产气量达7.51tcf；1972年油气产量达到顶峰，分别达1528.57MMbbl及12.50tcf。据美国能源署最新数据显示，2010年美国石油产量为3907.14MMbbl，墨西哥湾地区石油产量达1107.14MMbbl；2011年美国石油产量为4042.86MMbbl，墨西哥湾地区石油产量为942.86MMbbl。与2010年相比，2011年墨西哥湾地区石油产量石油产量构成类似，浅水区天然气产量呈下降趋势，而深水区产量逐步走高。

美国地质调查局在2013年对墨西哥湾盆地的待发现油气资源进行了评估（见表4-8）：

（1）待发现油为3.18bbo，其中，待发现常规油为1.45bbo；待发现非常规油为1.73bbo，主要产层为Austin giddings-pearsal area oil （8.79bbo）、Eagle ford shale oil（8.53bbo）。

（2）待发现天然气为284.66tcf，其中待发现常规气为152.68tcf，非常规气为131.98tcf，在非常规气中页岩气资源量为124.896tcf，主要产层为Haynesville sabine platform shale gas（60.734tcf）、Mid-bossier sabine platform shale gas（5.126tcf）、Maverick basin pearsall shale gas （8.817tcf）、Eagle ford shale gas （50.219tcf）。

（3）待发现天然气凝液为7.37bbo，其中常规天然气凝液为5.17bbo，非常规天然气凝液为2.195bbo。

表4-8　墨西哥湾盆地待发现油气资源量

	油/bbo	气/tcf	天然气凝液/bbo
总计	3.18	284.66	7.37
常规	1.45	152.68	5.17
非常规	1.732	131.98	2.195

截至2013年1月1日，主要目的层剩余可采储量为28 649MMboe，其中页岩油8 960MMbbl，页岩气94 932bcf，其他原油剩余可采为1 177MMbbl，天然气剩余可采储量为16 140bcf。

4.2.2　盆地构造沉积演化

1.构造特征

（1）构造区划分。墨西哥湾盆地自北向南主要构造单元包括：边缘断裂带、盐盆地和隆起区、同生断层带、湾岸小型盐盆地以及得克萨斯-路易斯安那陆坡盐盆地。

1）边缘断裂带：该带西起得克萨斯州中南部，向东平行盆地边缘延伸到佛罗里达州西北部。其包括三个不同成因的构造体系：①近海岸平原的前中生代断裂体系：形成于三叠纪和早侏罗世，断裂切割至古生界及前寒武系，其性质有正断层、逆断层和平移断层；②与Louann盐层上倾边界相一致的地堑体系，主要为一系列正断层，形成于晚侏罗世至中新世；③拉诺隆起东南雁行式断裂体系：由巴尔康和芦林等断裂带组成，形成于晚白垩世至第三纪。

2）盐盆地和隆起区：表现为盐盆和隆起的相间出现，由西向东依次为：圣马尔科斯隆起、东得克萨盐盆地、萨宾隆起、北路易斯安娜盐盆地、门罗隆起、密西西比盐盆地和韦金斯隆起。其中，圣马尔科斯隆起为一宽缓并向东南方向倾斜的鼻状隆起，在隆起上有正断层形成的油气圈闭；东得克萨盐盆地、北路易斯安娜盐盆地、密西西比盐盆地为三个近长条形盆地，盆地中均有较厚的盐层，三个盆地是在同一时期相似条件下发展起来的连续单元，其间为萨宾和门罗两个隆起分隔；萨宾和门罗隆起是由古生代晚期和中生代，特别是白垩纪末期的基底抬升而造成的隆起；韦金斯隆起为一不规则、低幅度的隆起，隆起仅接受了晚侏罗世沉积（无盐）及部分薄层白垩纪沉积，始新世至中新世上升为高地。

3）同生断层带：该带位于白垩统礁带以南，与现代海岸线基本平行。其由西向东包括以下断裂体系：得克萨斯州南部的威尔科克斯、维克斯堡、弗瑞奥体系，东得克萨斯和西路易斯安那的本克洛夫体系，南路易斯安那的麻磨、雅瑟湖、格朗奇尼夫、桑德湖、哈奇沪、金草场等体系。

4）湾岸小型盐盆地：盆地位于同生断层带以南，盐盆地中发育小型或大型孤立的刺穿盐丘及深盐丘。

5）得克萨斯-路易斯安那陆坡盐盆地：盆地内盐丘极为发育，北部为半连续的刺穿盐丘，南部为近于连续的大面积盐块和盐舌。

（2）构造演化。墨西哥湾盆地是一个中—新生代的裂谷盆地，形成于北美克拉通南部边缘，沿北东-南西向的扩张中心展布。当北美板块和南美板块分开的时候，作为侏罗纪时期联合古陆分离的一个结果，演化出了该盆地的基本构造格局。蒸发盐主要形成于中侏罗世裂谷作用时期，接着是晚侏罗世海底扩张期。这一时期在早先连续的北芦安盐和南部坎佩切盐省之间嵌入一个洋壳带。盆地在白垩纪变冷并且下沉，形成碳酸盐岩台地，提供了古新世碎屑沉积的空间。

根据墨西哥湾盆地构造特点将墨西哥湾盆地构造演化分为5个阶段：

第一阶段（A）：该阶段代表晚三叠世到早侏罗世时期。由晚三叠世到早侏罗世在脆性地壳范围内沿着狭长地带形成裂谷，并伴随着同裂谷期的非海相沉积和半地堑内的火山活动。

第二阶段（B）：时代为中侏罗世。以裂谷和地壳衰减为特征，并形成了过渡壳和构成基本建造的高、低起伏的伴生基底。盆地的外围区域经历了中等拉张，地壳仍然保持一定的厚度，形成了一些宽阔的穹隆和盆地。盆地中心部分遭受了相当大的拉张和下沉，形成了一个大面积的薄过渡壳地区。在此之上，堆积了厚厚的盐类。非海相的陆源沉积物不断地堆积在周围的地堑中。

第三阶段（C）：时代为晚侏罗世，由地壳上涌时洋壳就位组成。这一上涌区集中在沿大致东-西走向的地壳薄弱部位。当下伏于盆地的地壳开始冷却时，下沉引起了海平面的相对上升。盆地边缘形成了宽阔的由浅到深的陆架海洋环境，伴随厚的碳酸盐岩层序沉积。局部地区有厚的陆源碎屑棱柱体进积到盆地之中。潜在的和已知的储层出现在这一阶段的碳酸盐岩和碎屑岩沉积体系中。在晚侏罗世最大海侵期内，盆地深部呈非补偿沉积形态，厚的、富含有机质的页岩堆积在缺氧环境中。

第四阶段（D）：时代为早白垩世，以广阔的碳酸盐岩台地为特征。这些台地被生物礁建造环绕，沿着在薄、厚地壳之间差异下沉的边界所确立的边缘分布。细的颗粒碳酸盐岩沉积在附近的深盆地，陆源碎屑不断地注入沿北部边缘的局部地区。已知和潜在的储层出现在这些早白垩世的碳酸盐岩和碎屑岩沉积体系中。

第五阶段（E）：这一阶段始于晚白垩世的中赛诺曼期。在长期上升的大旋回背景下伴随着海平面的迅速升降，定期地淹没碳酸盐台地的外边缘，引起边缘向陆地迁移。广泛的海底侵蚀形成了一个显著的中白垩世不整合。接下来的沉积由陆源物质占主导地位，因为大量的碎屑棱柱体在晚白垩世到新生代早期首先从西部和北部进积，然后在晚新生代时期内，从北部（密西西比河流域）进积。大多数近海和许多陆上储层出现在晚白垩世和新生代硅质碎屑沉积物之中。硅质碎屑沉积物的进积棱柱体差异负载于下伏盐类之上，结果通过盐类的流动和下降盘朝向盆地一侧的生长断层沿陆架斜坡崩塌而产生变形。

2.地层及沉积特征

墨西哥湾盆地内主要发育上三叠统至全新统地层，其中中生代地层主要发育于盆地的内陆带，向沿海带、洋盆带地层尖灭；新生代各时代地层由北部和西北部不断向海湾方向前积增厚。

（1）中生代沉积特征。

墨西哥湾盆地和周围地区最古老的中生代岩层的时代为晚三叠世，沉积了一套非海相的层系，充填了以河流、冲积相及淡水浅湖相为主的红色沉积，该套地层主要由红色、淡紫红色、淡绿—灰色或杂色页岩、泥岩、粉砂岩及少量的砂岩和砾岩组成。

侏罗纪时期，盆地内广泛发育岩盐沉积；晚侏罗世至白垩纪，盆地发育河流相、三角洲相及水下浊流扇相，盆地周缘广泛发育滩坝和生物礁滩相；下白垩统礁带以南，巨厚的新生代陆源沉积物沉积在盐盆地中。

（2）新生代沉积特征。

白垩纪末海平面的下降导致墨西哥湾海岸线向海湾方向发生了大距离的迁移，古新世早期，陆源碎屑的供应量大幅度减少，因此盆地的大部分地区，古新统下部主要由页岩组成。古新世晚期和始新世早期，大量的粗粒陆源碎屑沿着两条主要路径搬运至了墨西哥湾盆地的内陆带，一条位于密西西比州西部、阿肯色州东南部和路易斯安那州东北部，另一条位于得克萨斯州东北部并沿着休斯顿凹槽轴线展布。中-晚始新世期间，高建设性的宽广河流—三角洲沉积系统仍分布于得克萨斯州的东北部，并有时延伸至路易斯安那州的北部、阿肯色州的南部和密西西比州。在河流-三角洲沉积系统西南边的得克萨斯中南部，沉积环境为海岸平原和障壁岛系统，沉积物为沿走向展布的砂岩，其物源为东北边的三角洲复合体，由沿岸流搬运至此。向盆地方向，三角洲和海岸平原-障壁岛沉积物过渡为海相沉积物。中—上始新统层系反映出一系列的旋回性的海进和海退事件，结果是巨厚的富砂前积三角洲或海岸平原层系与薄的沉积于陆架环境的海进泥质层系交替出现。

渐新世晚期陆源碎屑供应量显著增大，形成了新生代最大的前积楔状体，此时沉积的楔状体从墨西哥东北部到密西西比一带都有分布。渐新世晚期的陆源碎屑聚集地依然是南得克萨斯州的里约格兰德坳槽地区，发育有两个大型三角洲沉积体系，较大的一个位于里约格兰德坳槽，另一个位于休斯顿坳槽。渐新世末期—中新世初期，在墨西哥湾盆地的北部发生了一次广泛的海侵，中新世期间，新生界的主要沉积中心又发生了迁移，中心从渐新世时的得克萨斯海岸区移至了东北方向的南路易斯安那。到了中新世晚期，最厚的沉积层系（＞6 000m）沉积在了现今的密西西比三角洲，沉积物的供应通道为当时的密西西比河。由密西西比河搬运的沉积物供应量的增大源自落基山、科罗拉多高原和阿巴拉契亚山再次隆升。中新世期间发育有生长断层、滚动背斜以及复杂的反倾向断层，这些构造主要集中于三角洲沉积系统盆地一侧的边缘地带和沉积中心的周缘地区。

上新统的主要沉积中心位于得克萨斯州东南—路易斯安那州西南的外陆架上，并且靠近现今的陆架边缘，沉积中心厚达3 800m的更新统在不到2Ma就沉积了下来。这套巨厚层系的堆积伴有生长断裂活动，并且导致了下伏中侏罗统盐岩的活动，岩盐的变形又影响了陆源碎屑的分配和沉积，在更不稳定的地区，特别是陆棚地区和陆架内盆地的周缘地区，沉积物的重力滑塌和海底峡谷的下切也很常见。

非常年轻的底辟盐岩变形、生长断裂和重力滑塌在墨西哥湾外陆架和墨西哥湾的北部斜坡地区，现今依然十分活跃。在第四纪时活动的异地盐丘和盐脊之间，形成了众多的次级小盆地，这些次级小盆地和盐脊的存在使得墨西哥湾北斜坡带的地貌异常复杂。

4.2.3　石油地质

1.烃源岩

墨西哥湾盆地从侏罗纪到新近纪都有烃源岩发育，在横向上，从盆地边缘到盆地中心烃源岩潜力逐渐变好；在纵向上，向盆地方向相互叠置成厚度较大的高潜力烃源岩。

盆地内油气运移方向既有侧向运移也有垂向运移，大量研究表明新生代油气运移主要通过生长断层以及与断层有关的盐构造等路径垂向运移到储集层中。

主要的生烃层位分别是：①上侏罗统提塘阶棉谷群黑色钙质页岩和牛津阶斯马可夫组灰岩及藻类泥灰岩；②上白垩统土仑阶、赛诺曼阶的鹰滩群和杜斯卡洛萨群的暗色页岩及沥青质页岩；③古—始新统威尔科克斯群及中始新统斯帕尔他组和上始新统的杰克逊群页岩；④渐新统维克斯堡组及弗瑞奥组的海进页岩；⑤新近系的三角洲前缘相、前三角洲相沉积页岩。以上生烃层位均为海相沉积。此外，下白垩统在局部地区也发育了薄层烃源岩。

在这5套烃源岩中，最主要的是①和③这两套烃源岩，它们是墨西哥湾盆地从侏罗纪到新近纪大部分储层的主力源岩。

（1）上侏罗统烃源岩。上侏罗统烃源岩生烃潜力大，据Medrano等的研究，墨西哥湾南部上侏罗统烃源岩3个层段的有机质类型为Ⅰ型和Ⅱ干酪根，其有机质丰度较高，氢指数在550～700mgHC/g，其中：牛津阶（Oxfordian）斯马可夫组（smackover）下段纹层状藻类灰质泥岩属于缺氧的碳酸盐沉积环境，有利于有机质的保存，纹层灰质泥岩有机碳含量为1%～2%，最大可达10%，整个斯马可夫组（smackover）下段（包括非烃源岩）的平均有机碳含量为0.5%，排烃时间为晚白垩世科尼亚克世，该组烃源岩主要有机质类型是源自藻类的无定形生油型干酪根，干酪根以Ⅰ、Ⅱ型为主，热解分析证实是富氢的油源岩；基末利阶烃源岩，TOC在0.5%～2%之间（平均0.8%），S_2值为2～6mgHC/g rock（平均3mgHC/g rock），具较好到好的潜力；提塘阶烃源岩，TOC在0.5%～16%之间（平均3%），S_2值为2～85mgHC/g rock（平均14mgHC/grock），具有很好的潜力。

（2）白垩系烃源岩。墨西哥湾盆地的下白垩统是一个主要油气产层，但在该层系内尚未发现任何主要源岩。

目前认为超过14×10^8t油当量的探明储量源自鹰滩群和杜斯卡洛萨群（Tuscaloosa）内富含有机质的页岩，其中鹰滩群以深灰色富含有机质的钙质页岩为主要烃源岩，形成于深海或斜坡相环境中，有机碳含量2%～7%，平均为4.5%，有机质类型为I和Ⅱ型，生油时间为始新世，生气时间为渐新世，杜斯卡洛萨群（Tuscaloosa）和鹰滩群属于同一层位的地层，鹰滩位于德克萨斯州，杜斯卡洛萨位于路易斯安那州，杜斯卡洛萨上部为深灰色富含有机质的页岩，下部为一套富含天然气的砂岩层，同时鹰滩群和杜斯卡洛萨群也是页岩气产层，杜斯卡洛萨以Ⅲ型干酪根为主，主要以产气为主。

（3）古近系烃源岩。古近系的潜在烃源岩有：古—始新统威尔科克斯群（Wilcox）、中始新统克莱依包恩群（Claiborne）的斯帕尔他组、上始新统杰克逊群（Jackson）和渐新统维克斯堡群（Vicksburg）及弗瑞奥组（Frio）的页岩。对位于路易斯安那州南部主要中新统油气区带上倾方向的古—始新统页岩的分析表明，这些页岩TOC较高，有机质为Ⅱ型和Ⅲ型干酪根的混合物，因此可以生成原油和天然气。

墨西哥湾盆地西北和北部的威尔科克斯群和更年轻储层中的原油与源自白垩系和侏罗系的原油在成分上有着很大的差异，表明这些原油来源于古近系源岩。威尔科克斯群页岩有机质丰富，已成熟，因此储集于威尔科克斯群的油气可能就来自自身的源岩，威尔科克斯群页岩也是上覆始新统克莱依包恩群（Claiborne）和杰克逊群（Jackson）油气藏的源岩之一，威尔科克斯群的有机物质类型为Ⅱ、Ⅲ型，有机碳含量为0.52%～4.6%，平均为1.62%。

斯帕尔他组属克莱依包恩群，富含有机质的斯帕尔他组页岩是克莱依包恩和杰克逊群油气藏的源岩之一，斯帕尔他组有机碳平均含量为2.19%，有机质类型以Ⅱ型为主。

（4）新近系烃源岩。对新近系的生烃潜力一直有异议。Dow等认为中中新统和下上新统页岩是新生界最上部储层内原油的源岩。这些页岩埋深足够大，已经成熟。依据生物标记化合物分析，Walters和Cassa认为路易斯安那州东部近海地区的上新统和更新统的原油可能源自下伏中新统的中下部，而储于路易斯安那陆架西部相同层系的原油可能源自下上新统。

墨西哥湾北部海底地形很复杂，在陆架及陆坡上有一些小的封闭盆地，在这些封闭盆地中有机碳含量最高，而且海洋有机质比例也增多。由此推断，新近系的生烃潜力也会由陆架向陆坡及深海变好，成为新近系的主要生烃区。

2.储集层

墨西哥湾岸盆地的储层在侏罗系、白垩系、古近系、新近系及更新统均有分布。不同时代储层的分布范围、岩性及物性各有差别。墨西哥湾岸盆地储层类型有2类：砂岩储层和碳酸盐岩储层。

（1）储集类型。

1）砂岩储层。砂岩储层为本区的主要储层类型，各时代均有分布。砂岩孔隙包括原生粒间孔隙及次生晶内孔隙。原生粒间孔隙在古近系和新近系较发育，而且时代越新越占优势；次生晶内孔隙在中生代储层中为主要孔隙类型。上侏罗统砂岩储层主要包括下牛津阶诺尔弗莱特组（Norphlet）、Haynesville组砂岩、棉谷群（Cotton Valley）砂岩；上白垩统砂岩成分以石英为主，含量为58%～73%，为细-粉砂岩，此外还有海绿石砂岩；古近系为长石砂岩及岩屑砂岩；新近系以石英砂岩为主。

2）碳酸盐岩储层。碳酸盐岩储层包括：上侏罗统的斯马可夫组（Smackover）及下白垩统的斯利高组（Sligo）的鲕状灰岩及粗晶白云岩，孔隙类型有淋滤作用造成的鲕穴状孔隙、粒间孔隙和印模孔隙；下白垩统爱德华（Edwards）组礁灰岩及上白垩统奥斯汀组（Austin）灰岩，裂隙发育，均为良好储层；上侏罗统基末利阶（Kimmeridgian）石灰岩和白云岩、圣安德列斯段的灰岩、Gilmer灰岩段；下白垩统生物礁灰岩。

（2）储层物性。

1）上侏罗统储层。上侏罗统是墨西哥湾盆地内最老的产油层。自下而上有四套储层：①下牛津阶诺尔弗莱特组（Norphlet）砂岩（天然气储层）；②上牛津阶斯马可夫组（Smackover）碳酸盐岩（油气储层）；③基末利阶（Kimmeridgian）Haynesville组的砂岩和Gilmer灰岩（油气储层）；④提塘阶棉谷群砂岩（Cotton Valley）（主要产天然气）。

上侏罗统储层以上牛津阶斯马可夫组的鲕状灰岩为代表，具有较好的储层物性，在得克萨斯州的东部，储层埋深一般为2 700～4 000m，厚度为5～60m，孔隙度为8%～20%，渗透率为5～150mD，较浅处的储层物性较好；棉谷群砂岩储层的物性因地区的不同而变化巨大，储层由河流、三角洲、障壁坝和滨海平原砂岩所构成，储层埋深范围从上倾地区的2 000m至密西西比州南部的6 000m以上，砂岩孔隙度为16%～20%，渗透率为100～1 000mD。

2）下白垩统储层。下白垩统是墨西哥湾盆地中生界最重要的油气储层，油气资源高度富集于盆地的南部。墨西哥湾盆地西部和北部的下白垩统可细分为多套储层。下白垩统储层类型主要有两种：①鲕状骨骼粒状灰岩，如阿肯色州的Kerlin油田的斯利高组；②生物礁灰岩，如得克萨斯州Kawitt油田，生物礁总厚达304 m。

3）上白垩统储层。上白垩统自下而上有四套储层：杜斯卡洛萨群粉砂岩及粉砂质砂岩和海绿石砂岩，还有与此层相当的伍德宾群砂岩、鹰滩群砂岩、奥斯汀灰岩、泰勒（Taylor）群Sanmigue细粒砂岩。

在墨西哥湾盆地的西部和北部，伍德宾群-杜斯卡洛萨群砂岩储层是占统治地位的油气产层，储集性能十分优越。在东得克萨斯亚盆地，伍德宾群储层的埋深为850～1 800m，厚度为5～40m，孔隙度为20%～30%，渗透率为100～3 000mD。在得克萨斯东南部的下倾区带，伍德宾群储层的埋深为2 400～4 600m，厚度为5～15m，孔隙度为15%～20%，渗透率为5～200mD。

4）古近系储层。古新统-始新统的威尔科克斯群砂岩单层厚0.9～21m，平均厚8.8m，孔隙度12%～29%，平均孔隙度19%，渗透率5～4 000mD，平均渗透率为5～100mD。

渐新统有四套砂岩储层，自下而上为：维克斯堡组砂岩，得克萨斯州南部和伯高斯亚盆地的维克斯堡组储层沉积于三角洲环境，储层埋深为1 250～4 200m，厚度为1～150m，较厚的储层发现于维克斯堡组的下倾方向，这里的储层物性变化巨大，孔隙度介于13%～28%之间，渗透率介于0.1～1500mD之间；弗瑞奥组砂岩，Frio组在墨西哥湾盆地不同地区有四个主要区带，得克萨斯州南部和伯高斯亚盆地的Frio组分布广，储层的埋深从小于100m到超过4 150m，厚度一般中等，介于1～50m之间，个别厚度可超过200m，储层埋深和成岩作用的差异造成了储层物性的巨大变化，孔隙度介于15%～36%之间，渗透率介于1～2 000mD之间；哈克勃瑞组砂岩，为中粒长石及岩屑砂岩，平均厚度1.8m；阿那豪克组，路易斯安那南部的Anahuac组与下覆的Frio组类似，储层多为三角洲相砂岩，储层埋深介于1 200～4 875m之间，砂岩净厚度为3～200m，孔隙度为25%～35%，渗透率变化大，介于10～2 000mD之间。

5）新近系：中新统是墨西哥湾盆地最重要的产层，大部分中新统砂岩储层为三角洲砂岩。一般中新统储层的物性达到了良好以上。

在路易斯安那州南部的下中新统区带内，储层埋深多介于1 000～4 650m之间，不过有些储层可浅至450m或深至5 400m。储层厚度多介于5～80m之间，受控于埋深和沉积环境，储层物性从良好到极好。中中新统石英砂岩以次生孔隙为主，路易斯安那州南部的中中新统储层的埋深范围大，介于1 000～5 200m之间，储层厚度多为5～100m，不过有些油气藏的砂岩储层累计净厚度达200m。上中新统砂岩单层厚3.4～14.3m，路易斯安那州南部的上中新统储层的分布范围很大，介于300～5 400m之间，厚度一般为5～100m，在个别油气藏内，储层的累计净厚度可达500m以上。

在墨西哥湾盆地北部，上新统储层的物性一般为良好到极好。最高产的储层为三角洲相和海底扇砂岩。上新统陆架区带的砂岩储层埋深介于300～5 750m之间，而大部分油气藏的储层埋深为900～3 950m。储层厚度为5～135m，但是绝大多数储层的厚度介于5～60m之间。上新统大陆斜坡区带的储层的埋深介于750～5 150m之间，但是绝大部分油气藏的储层埋深为1 500～3 950m。储层厚度为5～100m，但是绝大多数储层的厚度介于5～50m之间。

更新统储层的物性一般为良好至极好，最好的储层沉积于海退期间的外大陆架和上大陆斜坡。储层的最常见的沉积相包括河道充填、三角洲前缘席状砂和海底扇。陆架地区的储层埋深介于600～4 650m之间，储层净厚度为5～80m，不过大多介于5～50m之间。大陆斜坡地区的储层埋深为1 000～3 000m，厚度为5～90m。

从以上资料可看出，墨西哥湾岸盆地中、新生界储层以上新统—更新统砂岩储层物性最好，其次为中新统砂岩及上白垩统杜斯卡洛萨群石英砂岩及海绿石砂岩，再次为渐新统储层。侏罗系斯马可夫组鲕状灰岩孔隙度变化较大。

3.盖层

墨西哥湾盆地盖层类型主要包括：页岩、泥质灰岩、盐岩和非渗透性砂岩。

（1）页岩：页岩是墨西哥湾盆地的主要盖层，各时代均有分布。

（2）泥质灰岩：泥质灰岩也可作为盖层，得克萨斯州南部和中南部的Edwards组盖层为年轻的Gorgetown组灰岩、Taylor组页岩和爱德华组内的致密碳酸盐岩。致密的斯马可夫组碳酸盐岩在某些油气中也可以作为盖层。

（3）盐岩：盐可作为良好的盖层，由于盐岩是非渗透层，故可作为下伏油气藏的理想盖层。除非有明显的断层作用或在因盐运动使盐层变得很薄的情况下，盐层可起到很好的封闭作用。在路易斯安那州，大陆架盐岩因盐运动变薄加厚很普遍，盐层既可起盖层作用，油气又可在变薄处或通过断层垂向运移到上覆储层形成多种圈闭。

硬石膏封闭性非常好，通常可作为良好的盖层。墨西哥湾盆地北部的上阿普第—下阿尔比阶Rodessa-James组主要区带内油气田的主要盖层为Rodessa组顶部的Ferry Lake硬石膏段，其他的盖层为Rodessa组内的各种硬石膏和页岩层。上侏罗统斯马可夫组油气田的主要盖层是巴克那（Buckner）硬石膏段。

（4）非渗透性砂岩：密西西比州的棉谷群油气田盖层为棉谷群自身的致密胶结的非渗透砂岩。

4.圈闭

墨西哥湾岸盆地的油气藏圈闭类型大致可分为构造、地层、复合型和其他三大类型。

（1）构造圈闭：构造圈闭是由于褶皱、断裂、盐岩和泥岩的构造作用及受基底或古地形影响形成的圈闭，是盆地内主要油气藏圈闭类型。

（2）地层圈闭：地层圈闭是指碎屑岩及碳酸盐岩由于原生或次生原因造成地层形态、岩性及物性的变化而形成的圈闭。

（3）复合型圈闭：一个油气田往往不仅由一种油气藏类型组成，而常由两种或更多种类型组成复合型油气藏，尤其是新生界油气田的构造圈闭中地层圈闭对油气聚集起着明显的控制作用。如得克萨斯州东部萨宾隆起上的卡西奇大气田，为一向西南下倾的鼻状构造，顶部有30m的圈闭，主要产层下白垩统彼提特组鲕状灰岩向上倾（东北）方向尖灭，形成了构造与地层复合型圈闭。尤金岛330区块气田也属构造与地层复合型圈闭。

（4）其他：除上述的构造、地层及复合型三大圈闭类型外，还有裂缝型圈闭，包括碳酸盐岩、火成岩及页岩等裂缝，如芦林断裂带上白垩统奥斯汀群白垩灰岩的裂缝油气田、利顿泉油气田蛇纹岩侵入体的裂缝性储集层。

4.2.4 典型油气藏（田）解剖

1.墨西哥湾浅水区尤金岛330区块油田（Eugene Island 330）

（1）概况。尤金岛330区块油田是美国外陆架在联邦领海内三个最大油田之一，发现于1971年，是1974末到1980年期间最大的油田。该油田位于路易斯安那州新奥尔良西南约272km的墨西哥湾，水深210～266ft，该油田于1970年租借，1971年被发现，其范围包括7个区块。宾斯（Pennzoil）公司在1970年以2 828万美元租借到330区块。租借前的储量估计为139.44 × 10^4t凝析油，278.88 × 10^8m^{3}非伴生气，然而，到1986年的累计产量为：原油3 795 × 10^4t，天然气356.5 × 10^8m^3。最终可采储量油3 945 × 10^4t，天然气467 × 10^8m^3。

该油田产层位于海底之下1 311～3 658m之间，由25个以上的砂岩储集层组成。油田储量大，储层时代新。最高单井日产原油408.10t，天然气60.99 × 10^4m^3。储层（特别是LF储层）为更新统分流河口沙坝，属于三角洲前缘相沉积。

在尤金岛330油田，更新统储层由前三角洲到三角洲平原沉积物组成，尤金岛330油田之下的盐岩已被挤出。同生断层一方面为沉积物提供可容空间，另一方面为滚动背斜构成圈闭提供了条件。

在尤金岛330油田，地化分析结果表明，石油是由比更新统储层埋深大、温度高的侏罗系—下白垩统泥灰岩生成的。石油生成于埋深12 192～13 716m，然后沿着控盆的生长断层垂向运移到未熟的浅部储层中，并在晚更新世开始充注于圈闭内。天然气碳同位数表明，油气组分有三种：侏罗纪裂解油、上侏罗统—第三系的硅质碎屑烃源岩生成的气以及生物气。在更浅的储层中，原油已降解，特征与生物气非常相似。

在墨西哥湾盆地北部外大陆架和坡折处，裂谷晚期和漂移早期沉积的上侏罗—下白垩统烃源岩，其生产的油气主要储集在中新—更新统地层中。尤金岛330油田主要产层为沉积在陆架上的更新统三角洲前缘砂。

（2）构造和圈闭类型。尤金岛330油田位于墨西哥湾盆地北部的路易斯安那近海陆架南部，邻近陆架坡折带。该区以孤立的盐底辟、生长断层和底辟断裂构造以及盐挤出小盆地为主。尤金岛330构造由南部的两个滚动背斜和北部的铲式生长断层上盘（断层A）构成。油气圈闭主要是背斜，局部有断层。在330区块的西南部，由于几个产油带侧向尖灭于低渗的前三角洲，因而存在少数地层圈闭。

东边的滚动背斜因其圈闭幅度大于548m而非常容易确认，但是西边的滚动背斜因其圈闭幅度小于150m而很不明显。东边背斜顶部位于海平面之下1 273m处，即最浅砂岩产层（GA储层）顶部，大部分砂岩储层被断层分隔，不同部位流体接触界面不同。

（3）地层和沉积相。尤金岛330区块油田位于以更新统为沉积中心的三角洲前缘相中。

尤金岛330油田的主要储集层是更新世，分布在Angulogerina B， Trimosina B和

Trimosina A三个地层中。上上新统单套砂岩层Lenticulina 1也是产层（见表 4-9）。更新统储集层为一简单的进积三角洲砂体，表现为从前三角洲、三角洲前缘、三角洲平原到河流相的变迁特征。该三角洲沉积序列包括13个向上变粗的砂层，每个砂层之上覆盖了一套海进泥岩。整个进积层序与下伏的上上新统浊积岩呈整合接触，与上覆的上更新统河流沉积呈不整合接触。最高的产层为中—上更新统GA砂岩，最低的产层为下更新统OI砂岩。最重要的产油层是LF和OI砂岩，最重要的产气层是JD和OI砂岩。

尤金岛330小盆地是通过三角洲的不断进积排出下部外来盐而形成的，盐岩的排出和生长断层的产生为沉积物提供了可容空间，在倾向SW的断层的SW段，生长断层下降盘叠置了很厚的砂岩。在三角洲沉积的下部，断层生长速率达到最大值，因此下降盘的砂岩与上升盘的前三角洲泥岩相接。GA砂岩沉积时，盐岩已被挤出，盆地已被砂岩填充，以河流—三角洲沉积为主。后期的砂岩厚并且侧向连续，但缺乏封闭而没有产层。

尤金岛330小盆地是通过三角洲的不断进积排出下部外来盐而形成的，盐岩的排出和生长断层的产生为沉积物提供了可容空间，在倾向SW的断层的SW段，生长断层下降盘叠置了很厚的砂岩。在三角洲沉积的下部，断层生长速率达到最大值，因此下降盘的砂岩与上升盘的前三角洲泥岩相接。GA砂岩沉积时，盐岩已被挤出，盆地已被砂岩填充，以河流—三角洲沉积为主。后期的砂岩厚并且侧向连续，但缺乏封闭而没有产层。

（4）储层结构。尤金岛330油田由多个垂向叠置的前三角洲—陆架泥岩分隔的储层组成，储层结构受砂岩单元和储层位置控制，深部储层三角洲前缘砂由倾向SW的千层饼状的斜坡地形组成，中部储层分流河道和河口坝砂岩侧向和垂向以锯齿状拼接，最浅部储层（GA砂岩）由河流相构成，在NE方向呈锯齿状拼接到迷宫状结构，在SW方向呈锯齿状拼接与进积三角洲朵叶体交织，最上面的GA砂岩，在水进刚开始时沉积，表现为千层饼状结构。整个储层段总厚度（包括多于25个砂岩储层）为1 981m，平均净储层厚度是165m （最大335m），砂岩层占整个储层段厚度比为0.1～0.35。单个储层厚度为19.81～60.96m，泥岩分隔层的厚度为50～165m。砂岩储层中产油层平均厚度为8～17m。砂岩储层横向分布广，尽管SW方向进积三角洲朵叶体尖灭于海相泥岩中，但是，大部分油田区域多有储层分布。

断层对储层侧向连续性起重要控制作用。浅部储层没有深部储层断开严重，最顶部储层（GA砂岩）被断层错断，最深部主要储层（OI砂岩）被大量东西向断层错断，这些断层将油气分隔为不同高度，不同高度的油气藏具有差异很大的油气比。在泥岩与砂岩储层对接处断层通常是封闭的，但是在砂岩与砂岩对接处断层既可以是封闭的，也可以是不封闭的。

（5）储层性质。尤金岛330油田的油气产于10个砂层单元中，其中，8个砂层单元产油（例如GA、LF），1个砂层单元产气（JD），1个砂层单元油气同产（OI）。砂层单元大多被断层切割而分割成若干储集层。砂层单元总厚度为16.8～122m，平均产油层厚度为8.2～17.1m，平均孔隙度为30%，渗透率变化较大，从1mD到大于6mD（见表4-10）。

表 4-10 尤金岛330区块主要生产层段的储集层特征

特性	GA	HB	KE	LF	MG	OI油	JD产气	OI气
平均深度/m	1 311	1 479	2 079	2 165	2 287	2 195	1 969	2 317
面积/英亩	776	1 029	745	633	230	327	2 244	485
总厚度/m	122	46	37	17	50	109	46	37
产油层平均厚度	8	10	13	15	15	13	21	17
平均孔隙度/（%）	31	28	29	31	30	30	29	29
平均渗透率/mD	1 328	1 270	792	925	332	1 292	720	1 290
最高渗透率/mD	4 100	5 000	4 500	3 500	4 200	6 250	4 100	
含水饱和度	36	33	39	40	34	20	35	25
原始油气储量★	25.2	36.5	31.6	30.4	18.2	64.4	155	148
生产速度◆	3 161	2 834	2 530	3 915	887	6 738	43	20
采收率/%	40	37	48	47	45	35	75	65
地层压力▲	2 095	2 400	3 764	4 027	4 327	5 652	3 784	5 312
API	23	25	35	34	36	32		
饱和压力▲	2 147	2 420	3 796	4 036	4 355	5 692		

注：★—百万桶，10亿立方ft；◆—桶/日，百万立方ft/日；▲—磅/英寸^2，即PSi

尤金岛330储层由未固结到弱固结、很细粒-中粒石英砂岩到长石砂岩以及玄武岩组成。粗砂岩在该区分流河道-河道相发育。砂岩成分变化大，一些储层（比如GA和OI砂岩）分选好和富含石英，但是其他储层（比如LF砂岩）骨架颗粒的30%由长石，岩石碎屑和燧石构成。在一些层段，碎屑泥岩和黏土数量达9%。自生胶结作用主要是石英加大和白云岩化，其次是黄铁矿和黏土，黏土含蒙脱石和绿泥石，以及少量的伊利石和高岭石。最主要的孔隙类型是粒间孔，含长石以后，伴有少量颗粒溶解的次生孔隙。一些无效的微孔生成于碎屑和自生黏土中。前三角洲和陆架泥岩与砂岩储层互层，含低阻泥质和粉砂质砂岩层，孔隙度18%～25%，但渗透率＜10mD。

（6）烃源岩。地球化学分析表明，尤金岛330区块油田更新统砂岩中的成熟石油并非来自更新统页岩，因此，推测石油很可能来自埋藏很深的烃源岩，根据晚侏罗世的沉积古地理分布，主力烃源岩更可能是侏罗系，尤金岛330区块的烃源岩可能为侏罗系—下白垩统的泥灰岩。

2.墨西哥盆地湾岸区Eagle Ford页岩区带

（1）概要。Eagle Ford页岩区带位于南得克萨斯的Rio Grande Embayment和Maverick盆地，地壳伸展和第三系沉积物向盆地方向的下滑造成了向盆地方向的Balcones和Wilcox正断层带，Eagle Ford页岩带被大量平行于这两个断层系统的正断层切割。截至2010年，页岩带面积为28 500km^2，其中合同区面积为20 250km^2。根据Woodmac统计数据，干气区目前GⅡP为248tcfe，商业储量为3.7 tcfe，油区的天然气GⅡP为20tcf，商业储量为0.47tcf；油区的液态烃（原油和凝析油）OGIP为16 200MMbbl，商业储量为175MMbbl。凝析油区天然气GⅡP为1 039tcf，商业储量为19.6tcf；凝析油区液态烃OGIP为247bbbl，商业储量为4 040MMbbl。

（2）页岩发育状况。Eagle Ford页岩位于上白垩统（森诺曼阶和土仑阶），上覆于Buda灰岩，下伏于Austin Chalk，Eagle Ford页岩带可以划分为三个区：油区、湿气-凝析油区、干气区。整套页岩被分为上下两部分，中间被浓缩层分隔，下部页岩有机质含量高；上部为混合的碳酸盐和硅质碎屑岩层，有机质较下部低（Condon and Dyman，2006），在露头区，该套页岩叫法不同，Eagle Ford页岩沉积于晚白垩世海平面上升期，其中下部页岩包含一个海进体系域，顶部为浓缩层，上部页岩为海退层序，沉积于高水位体系域中。

Eagle Ford 页岩埋深1 300～4 000m，主要毛厚度30～100m，在Maverick 盆地最大厚度超过200m，在San Marcos arch 脊部厚度小于15m。根据Petrohaw报告，在Hawkvile、Black Hawk 和Red Hawk 地区，净厚度为15～100m。目前的生产段状况表明TOC为2%～14%，平均为4.5%，Ro为0.6%～2.5%，Ⅱ型干酪根。

埋藏史表明Eagle Ford页岩在始新世进入生油窗，在渐新世进入生气。Eagle Ford层属上白垩统深海外陆架或陆坡沉积，在Rio Grande Embayment 和Maverick盆地区该层被致密层分为下部有机质富集页岩层和上部有机质较少碳酸盐岩和硅质碎屑岩混层。下Eagle Ford层属于覆盖在区域不整合面之上的海侵域，其上部为最大海泛面对应的凝缩层，岩性为黑灰色层状富有机质钙质泥岩与薄层灰岩互层，上覆凝缩层包含富含有机质的黄铁矿、磷酸盐和膨土矿物，并且在Eagle Ford层有最高的TOC值，上Eagle Ford层主要为高频旋回中薄层泥岩，灰岩和钙质泥岩沉积。

下Eagle Ford页岩段由深灰色、富含有机质的钙质泥岩组成，泥岩中粉砂含量约为10%，TOC为4%～7%，具有较高的伽马值（90%135API），缺少深海生物，干酪根类型为I、Ⅱ型。

上Eagle Ford页岩段由混合岩层组成，岩性为泥岩，灰质和钙质粉砂岩。TOC较低，2%～5%，与下页岩段相比，具有较低的伽马值（45～60API），干酪根类型以Ⅲ型为主。

在Hawkvile油田，Eagle ford基质孔隙度为5%～15%（下Eagle ford7%～15%，上Eagle Ford7%～12%），有效含气孔隙度8%～10%，基质渗透率1 000～1 500nd含水饱和度10%～15%，含气饱和度大于80%。在下Eagle Ford层富含有机质的页岩实际上是一种钙质泥岩，方解石含量40%～70%，整体泥质含量5%～45%（平均20%～25%），黏土成分包括50%的混层蒙脱石和10%～40%伊利石，少量绿泥石和高岭石，黄铁矿含量可达10%，脆性的增加提高了脆性，使之更有利于压裂。

（3）油气分布特征。Eagle Ford页岩油气区为一个自生自储的油气区，烃源岩为Eagle Ford页岩，储层也是该套页岩顶部的泥岩段，Eagle Ford页岩油气区在平面上可以划分为3个不同的区域：油区、湿气区、干气区。根据露头样品及岩心分析得出，Eagle Ford页岩TOC为2%～7%，平均为4.5%，镜质体反射率R_o为1%～1.27%，埋藏史图显示出Eagle Ford页岩在始新世进入生油窗，渐新世进入生气窗，其中大量的油气排除进入新近系储层中。

（4）开发现状。Eagle Ford页岩区带资源类型包括干气、湿气、凝析油和挥发油，具体组分随着位置的不同而不同，随着埋深自北向南逐渐增大，油藏温度、油藏压力和流体物性有所变化，北部为常压油藏，南部干气区为超压气藏。在Hawkville油田，干气产自下倾区域，至上倾区域由凝析气逐渐变为反凝析气，其凝析油含量为0～200bc/MMcfg，其中干气区和湿气—凝析油区边界处凝析油含量为0，而油田中部凝析油含量超过200bc/MMcfg。油田内部天然气重度自干气区的0.62增加到湿气/凝析油区的0.78。Black Hawk油田完全位于湿气—凝析油区，凝析油和NGL平均含量分别为385bc/MMcfg和100bc/MMcfg。Eagle Ford有利区带的气井生产在生产早期主要靠气驱，在自由气生产枯竭、气藏压力下降后，解吸气占主导地位，油井主要靠溶解气驱生产。

随着Hawkville油田的发现，Eagle Ford区带正式投入开发。该油田发现井为RockSTS-1H，于2008年10月完井，初期页岩气产量为7.6，凝析油产量251bcpd，截至2011年第一季度，Eagle Ford区带已经发现了20个油气田，已钻井或获得许可钻井超过2 063口，完井250口，所有钻井均为水平井，采用多段清水或混合水利压裂，有利区带内Hawkville油田井距为80acre，其他地区的井距范围为40～640acre，截至2011年第一季度，Eagle Ford平均日产气311MMcfgpd，日产油15 217bopd，凝析油26 542bcpd，累积产量分别为页岩气131bcfg，页岩油5.4 MMbo，凝析油7.9MMbc。Eagle Ford页岩区带干气区目前生产井共有1000多口，由于近年来天然气价的持续低迷，开发重点逐渐向凝析油区或者油区转移。根据Woodmac统计数据，干气区目前产量为236MMcfed，累产0.1tcfe，GⅡP为248tcfe，商业储量为3.7 tcfe。具体详见表 4-11。

表 4-11　Eagle Ford 页岩带干气区开发现状统计表

GIIP tcfe	目前产量 MMcfed	累产 tcfe	商业储量 tcfe	剩余资源潜力 tcfe	预期采收率 %	典型井距 acre	开发阶段
248	236	0.1	3.7	14.6	25	90	初期

Eagle Ford凝析油区目前尚处于开发早期，目前产量为页岩气224 6MMcfd，致密油558 000b/d，是美国致密油重要产区之一，页岩气累积产量为1tcf，致密油累积产量200MMbbl。具体见表 4-12。

表 4-12　Eagle Ford 页岩带凝析油区开发现状统计表

	页岩气	致密油
GIIP/OIIP	1 039 tcf	247 388 MMbbl
目前产量	2 246 MMcfd	558 000 b/d
累产	1.0 tcf	200 MMbbl
商业储量	19.6 tcf	4 040 MMbbl
剩余资源潜力	40.6 tcf	10 312 MMbbl
预期采收率	7.8 %	7.8 %

备注：GIIP包括气相的气和NGL，OIIP包括原油和凝析油。

Eagle Ford油区目前尚处于开发早期，目前井距为320acre，其页岩气产量为0.13MMcfd，致密油27 000b/d，页岩气累积产量为0.01tcf，致密油累积产量9.5MMbbl。具体详见表 4-13。

表 4-13　Eagle Ford页岩带油区开发潜力统计表

	页岩气	致密油
GIIP/OIIP	20 tcf	16 200 MMbbl
目前产量	0.13 MMcfd	27 000 b/d
累产	0.01 tcf	9.5 MMbbl
商业储量	0.47 tcf	175 MMbbl
剩余资源潜力	0.16 tcf	55 MMbbl
预期采收率	8.0 %	3.7 %

备注：GIIP包括气相的气和NGL,OIIP包括原油和凝析油。

3. Haynesville-Middle Bossier 页岩区

（1）概要。上侏罗统Haynesvile组页岩目前被认为是美国陆上潜力较大的新兴页岩气区带之一，这个页岩区带分布在得克萨斯州东部和路易斯安那州西部的边界附近，跨越了16个以上的县。区带面积约为23 500km^2，主要以天然气为主，2007年开始发一口水平井（Chesapeake SLRT #2， Caddo Parish， LA），单井最大日产量为30.7MMcf（Devon Kardell #1H， San Augustine Co.， Texas），累计产量1697bcfg（2010年），剩余储量249.3tcfg（2010年）。

岩性为一套富有机质且富碳酸盐的泥岩，沉积环境是局部缺氧的静海深海盆地，沉积时期是启末里支阶到早提通期，与导致全球性富有机质黑色页岩沉积的二级海侵事件有关。Haynesvile页岩区的北面和西面分别是smackover和haynesvile lime louark层序的碳酸盐岩陆架，多条河流分别从西北面、北面和东北面向该区输送砂质和泥质沉积物，haynesvile泥岩由多种岩相组成，haynesvile页岩气储层的特点是超压，天然气主要储存在裂缝和孔隙中。

（2）区域地质特征。Haynesvile页岩属于晚侏罗世，其下伏地层是Louark群，该群是一套以碳酸盐岩为主的地层，由Smackover、Buckner和海因斯韦尔组或Gilmer组灰岩（又称卡顿瓦利灰岩）构成，浅水Louark相在墨西哥湾的西部和北部边缘形成了碳酸盐岩缓坡和台地，向海逐渐转变为深水碳酸盐岩和黑色页岩，向上变浅的碳酸盐岩建隆首先向盆地进积（Smackover），然后向陆地发展（Haynesvile灰岩），与其在盆地中的同位页岩地层（Haynesvile页岩）一样，它们都是一次相对海平面上升的结果，Haynesvile页岩的顶面代表着二级海进旋回沉积在陆地的最大分布范围，因此与陆架的最大海泛面和碳酸盐岩退积一致。Bossier页岩和孤立的砂岩是进积的卡顿瓦利群（提通阶-贝利亚斯阶）河流三角洲沉积体系的远端同位地层。

Haynesvile页岩分布在得克萨斯州东部和路易斯安那州西北部的两个沉积中心，这两个沉积中心被盆间隆起分隔开来。西部的沉积中心位于得克萨斯州东部盐盆内，而东部的沉积中心延伸穿过萨宾隆起的一部分并进入北路易斯安那盐盆内。Haynesvile页岩向南延伸到了墨西哥湾深水区，但在这里这套页岩的现今埋深超过6 000m。在东部的沉积中心，Haynesvile页岩的埋深在北部为3 300m，而到南部增加到了5 000m。在西部沉积中心，在得克萨斯州东部盐盆的轴线一带，海因斯维尔页岩的埋深在5 300m以上，而在得克萨斯州东部盐盆边缘，其埋深介于4 300～5 300m之间。海因斯维尔页岩埋深的局部变化可归因于和盐运动有关的后沉积隆起作用或者沉降作用。

Haynesville页岩富含有机质，碳酸盐含量高而黏土含量低，Haynesville页岩的测井响应大都不同于上覆的Bossier页岩和下伏的Haynesville灰岩。Haynesville页岩的电阻率一般要高于Bossier页岩，但要低于海因斯维尔灰岩，其原因是Bossier页岩中泥质含量比较多。

Haynesville页岩的组分在研究区变化明显，这主要取决于注入沉积盆地的沉积物中碳酸盐和硅质碎屑含量的相对变化，在区带的北部和东部，硅质碎屑沉积体系占主导，而在南部和西部，碳酸盐沉积物占主导。根据样品分析和电缆测井计算结果，在南部和西南部地区，Haynesville页岩偏钙质，而在北部和东北部偏硅质。然而，现有的岩性资料仅局限于核心生产区，因而在西部沉积中心或塔礁分布区，Haynesville页岩的组分目前还不太清楚。

在研究区的大部分区域，Haynesville页岩的下伏地层都是Haynesville灰岩。但Haynesville灰岩往南逐渐尖灭，而Bossier页岩则直接上覆在Smackover碳酸盐岩之上。在盆地方向（向南），退积的Haynesville灰岩和进积的Smackover碳酸盐岩都渐变为盆地相页岩和深水碳酸盐岩，但前者向南延伸的距离不如后者远。此外，在主要的沉积中心，Haynesville页岩和下伏Haynesville灰岩之间的界面一般具有渐变的性质，而在其他区域则具有突变的性质，这里浅水台地相碳酸盐岩的上覆地层是页岩。从这些地层接触关系可以看出，Haynesville页岩的沉积中心是长期存在的深水区，而其周边是较浅水区域，主要沉积了碳酸盐岩，这主要归因于先存的古地貌特征，例如基底隆起和盐核隆起。在浅水区，要么是Haynesville页岩缺失的缓坡顶部，要么是Haynesville页岩缺失的台地间碳酸盐岩建隆，Haynesville灰岩和下伏的Smackover中都有比较发育的多孔颗粒灰岩。

（3）区带成藏特征。Haynesville-Bossier页岩属于侏罗系，油气带面积23 500km^2，截至2011年2月，有9 260km^{2}属于合同区，横跨北路易斯安那州、东得克萨斯州和萨宾隆起。

Haynesville页岩深度3 200～4 400m，在路易斯安那州西北部毛厚度90～120m，Haynesvile区域倾角0.8° SE，在北路易斯安那盐盆和东得克萨斯盐盆深部和构造翼部，有盐运动造成盐枕和盐刺穿，这些盐构造对于页岩厚度会有影响。

Haynesville页岩是气源岩，Ⅲ–Ⅳ干酪根，TOC为0.3%～8%（平均3%），镜质体反射率Ro为0.9%～2.6%，埋藏史表明Haynesvile页岩在早白垩世进入生油窗，在晚白垩世至古近世进入生气窗，该层的游离气含量非常高，占整个气量的80%。Bossier页岩埋深范围在3 000～4 000m，厚度300～700m，Bossier层也是气源，包含Ⅲ–Ⅳ型干酪根，TOC含量0.5%～2%，镜质体反射率0.9%～2.6%，埋藏史表明Bossier层在早白垩世进入生油窗，在始新世进入生气窗。

Haynesvile页岩带岩性为富含有机质的钙质和硅质泥岩互层，沉积环境主要为外陆架、陆坡和盆地范围内，硅质泥岩沉积于海平面上升期间的静水环境，随着海平面稳定和回落，层状和生物扰动钙质泥岩沉积于富氧的浅海环境，整体上，有机质从盆缘运移至盆地或者是从上层水体落至水底形成目前这种富含有机质的Haynesvile层，中 - 上Bossier页岩沉积于三角洲前缘斜坡和盆地深部。

Haynesvile页岩岩心孔隙度为8%～9%，测井解释孔隙度为9%～15%。渗透率小于500～7 000mD，多数地区为500～1 000mD。含水饱和度20%～35%，次生孔隙的增加提高了Haynesvile层游离气的比例，进而增加气产量。

Haynesvile页岩层根据其岩相特征，可以分为三种岩相：①非层状硅质泥岩相，含有石英和软体动物，这类泥岩TOC含量最高，可达4%～8%；②层状钙质泥岩相，包括碳酸盐岩碎屑、贝壳碎屑，有机质纹层等，TOC含量2%～5%；③生物扰动钙质泥岩相，含有丰富的贝壳碎片，碳酸盐岩碎屑，球粒，碎屑方解石和有机物质，这种岩石相发生在每个三级旋回的顶部，TOC含量为2%～5%。区域的矿物成分变化在这三种岩相中都有表现，并且受控于碎屑岩和碳酸盐岩的物源供给。在东得克萨斯盐盆西侧泥岩含有大量的碳酸盐岩碎屑，沉积环境为碳酸盐岩浅滩，在北路易斯安那盐盆北部和东部，硅质碎屑岩为主。

在Haynesvile发育一些垂直微裂缝。在西北路易斯安娜州发育裂缝东 - 北东向裂缝，垂向裂缝开放，裂缝的垂向连续性差。闭合缝承压较基质围岩小，所以在压裂过程中，闭合缝也很容易开启。

（4）区带勘探开发历程。区带分布在得克萨斯州东部和路易斯安那州西部的边界附近，跨越了16个以上的县。2004年，KCS Energy在Bossier钻了一口直井，见到大量页岩气显示，从而激发了人们对Haynesvile非常规页岩油气有利区带的勘探兴趣。2006年Encana在Haynesvile钻了#1 Adcock井，该井在Haynesvile全段取芯，并且做了详细的取芯及岩石矿物学研究以评价该地区的勘探潜力，评价认为该页岩好于Barnett页岩。经过若干年的直井钻探与测试，2008年3月第一口水平井（Chesapeake SLRT #2H号井）开发生产标志着Haynesville页岩气藏开始了商业开采。2008年5月，Penn Virginia宣布在得克萨斯州哈里森县的Fogle #5 - H井成功完井，该井初产为8.0mmcfd，并由此证明了东得克萨斯州的Haynesville页岩气区带的潜力。

对Bossier页岩气区带的勘探开发始于2006年。2006年，Chesapeake公司开始研究Bossier页岩，2009年EnCana公司宣布，根据测试资料研究认为Bossier页岩油气区带面积与Haynesville页岩气区带面积大致相同。2009年Chesapeake公司对在路易斯安那州DeSoto的Bossier页岩油气区带的第一口井（Blackstone 26 H-1）进行了测试，测试日产量为9.4MMcfed。此外EOG公司在得克萨斯州Nacogdoches县完钻的Hassell GU #2H井测试产量为19.5MMcfd，这是该公司在Bossier页岩气区带最高产的井。2010年EnCana公司钻了两口水平井（Walker和Jimmy Brown），其测试产量达20MMcfd，2011年EnCana公司宣布将加强Bossier页岩气区带的开发。

4.2.5 油气富集规律与成藏主控因素

1.含油气系统

（1）侏罗纪内陆盆地油气系统。该含油气系统是一个已知的含油气系统，划分出了7个评价单元，主要的烃源岩是上侏罗统Smackover组的碳酸盐岩和钙质页岩以及下白垩统Cotton Valley群富含有机质的页岩；主要的储集层有Cotton Valley群砂岩、Hosston组、Travis peak组；圈闭类型为构造或复合圈闭，主要与Louann Salt构造有关，早期发现的圈闭主要以与盐构造有关的背斜圈闭为主，随后又发现了许多复杂的隐蔽圈闭；区域性盖层为泻湖相的Hico页岩；半区域性及局部盖层为沼泽和泻湖相页岩。

根据资料显示（见表 4-14）：墨西哥湾盆地北部湾岸平原地区上侏罗统smackover组烃源岩生油时间是在80Ma左右，终止时间为40Ma左右，据此smackover组烃源岩生油时间正好早于Sabine隆起和Monroe隆起形成的时间，有利于油气的聚集；储集层中的天然气主要来自于smackover原油的裂解，生成时间是在30Ma左右。

表 4-14 Assessment results in the Jurassic Smackover Interior Salt Basins TPS

the Jurassic Smackover Interior Salt Basins Total Petroleum System												
评价单元或成藏组合（PLSY）	油/MMboe				天然气/bcf				天然气液/MMbNGL			
	P95	P50	P5	Pmean	P95	P50	P5	Pmean	P95	P50	P5	Pmean
Cotton Valley Blanket Sandstone Gas AU	0	0	0	0	144.03	538.69	1279.03	605.03	4.28	16.44	42.36	19
Cotton Valley Massive Sandstone Gas AU	0	0	0	0	127.4	487.62	1157.23	547.25	3.58	14.22	36.65	16.42
Cotton Valley Updip Oil And Gas AU	9.2	24.42	51.44	26.7	12.09	35.21	80.9	39.45	0.48	1.45	3.57	1.66
Cotton Valley Hypothetical	0	2.39	9.7	3.11	0	1.98	9.05	2.8	0	0.09	0.47	0.14
Travis Peak-Hosston Gas and Oil AU	1.25	3.77	9.09	4.28	404.69	1 036.47	1 930.96	1 085.35	6.76	18.32	38.83	19.78
Travis Peak-Hosston Updip Oil AU	6.18	19.74	39.49	20.97	13.5	41.64	97.25	46.72	0.42	1.4	3.51	1.61
Travis Peak-Hosston Hypothetical Oil AU	0	3.13	9.72	3.66	0	3.01	10.14	3.66	0.	0.12	0.42	0.15
总计	16.63	53.45	119.44	58.72	701.71	2 144.62	4 564.56	2 330.26	15.52	52.04	124.81	58.76

（2）上白垩统Austin-Eagle Ford含油气系统。该含油气系统也是一个已知的含油气系统，主要的烃源岩是上白垩统的Eagle Ford页岩，厚度变化范围很大，Dawson 将Eagle Ford页岩分为上、下两个地层单元，下层页岩主要形成于缺氧的海相环境中，易于生油，上层页岩沉积于高能环境中，易于生气。

储集层主要为上白垩统的Navarro和Taylor组，具有低孔低渗的特征，油气主要储存于构造裂隙中。圈闭类型多样，如背斜圈闭、滚动背斜圈闭、地层尖灭引起的圈闭、同生断层圈闭，圈闭形成的时间主要为中新统早期，而Eagle Ford页岩产生油气的时间在这个时间之前，所以有利于油气的聚集，产生的油气垂向运移到上覆储集层中。

根据资料显示：根据地理位置不同，上白垩统含油气系统中的主要烃源岩（Eagle Ford）生油时间在42～26Ma之间，停止时间为31Ma至现今；生气时间为28～14Ma，停止时间为22Ma至现今，排烃时间为30Ma左右（见表4-15）。

表4-15　Assessment results in Smackover - Austin - Eagle Ford Composite TPS（据USGS，2003）

Smackover–Austin–Eagle Ford Composite Total Petroleum System												
评价单元或成藏组合（PLSY）	油（MMboe）				天然气（bcf）				天然气液（MMbNGL）			
	P95	P50	P5	Pmean	P95	P50	P5	Pmean	P95	P50	P5	Pmean
Travis Volcanic Mounds Oil Assessment Unit	1.25	2.73	4.81	2.85	0.28	0.66	1.3	0.71	0.01	0.03	0.07	0.04
Uvalde Volcanic Mounds Gas and Oil Assessment Unit	1.27	2.41	3.97	2.48	15.62	38.23	66.91	39.35	0.25	0.65	1.28	0.69
Navarro-Taylor Updip Oil and Gas Assessment Unit	6.78	19.41	40.58	21.02	70.38	196.23	406.78	212.14	1.27	3.76	8.6	4.2
Navarro-Taylor Downdip Gas and Oil Assessment Unit	1.91	5.95	15.06	6.88	175.88	484.14	905.84	505.63	3.44	9.96	21.2	10.82
Navarro-Taylor Slope-Basin Gas Assessment Unit	0	0	0	0	239.07	868.58	1 785.68	924.96	4.48	16.84	38.16	18.52

（3）上白垩Tuscaloosa-Woodbine含油气系统。该含油气系统划分了两个评价单元，主要以天然气为主，烃源岩主要为Tuscaloosa的黑色页岩，储集层为致密砂岩，该含油气系统南部边界为下白垩陆架边缘，北部边界一直到该组埋深25 000ft处。

储集层主要为三角洲相沉积，主要的圈闭类型为生长断层造成的构造圈闭，天然气垂直运移到储集层中，由上覆的低孔低渗页岩以及断层封闭（见表4-16）。

表4-16　Assessment results in upper cretaceous Tuscaloosa-Woodbine TPS（据USGS，2007）

Upper Cretaceous Tuscaloosa-Woodbine Total Petroleum System												
评价单元或成藏组合（PLSY）	油（MMboe）				天然气（bcf）				天然气液（MMbNGL）			
	P95	P50	P5	平均值	P95	P50	P5	平均值	P95	P50	P5	平均值
Tuscaloosa Downdip Gas AU	0	0	0	0	8117	15405	26659	16164	197	407	776	437
Woodbine Downdip Gas AU	0	0	0	0	1640	4261	8771	4622	54	149	336	166

（4）上侏罗统—白垩纪—第三纪复合含油气系统。该含油气系统是一个总的含油气系统，烃源岩主要包括上侏罗smackover组，上白垩Eagle Ford黑色页岩，古近系Wilcox黑色页岩。除了上述3个含油气系统外，其他的地层评价都划分到了这个含油气系统之中。美国地质调查局在2010年对侏罗-白垩系所有产层进行了评价，划分出了30个评价单元；在2007年对新生界产层进行了评价，划分出了28个评价单元（见表4-17

和表 4-18）。

表 4-17 Assessment results in Upper Jurassic-Cretaceous-Tertiary Composite TPS（据USGS，2010）

Upper Jurassic-Cretaceous-Tertiary Composite TPS（中生界）												
评价单元或成藏组合（PLSY）	油（MMboe）				天然气（bcf）				天然气液（MMbNGL）			
	P95	P50	P5	Pmean	P95	P50	P5	Pmean	P95	P50	P5	Pmean
Norphlet Salt Basins and Updip AU	13	48	106	53	379	1610	3782	1792	13	55	141	64
Norphlet Mobile Bay Deep Gas AU	0	0	0	0	208	1175	4029	1514	0	0	7	3
Norphlet South Texas Gas AU	0	0	0	0	0	153	748	233	0	5	27	8
Smackover Updip and Peripheral Fault Zone AU	27	76	136	78	75	236	473	250	6	22	47	23
Smackover Salt Basin AU	21	75	149	79	290	979	1 892	1 024	34	119	252	128
Smackover South Texas AU	6	22	51	25	210	724	1 481	772	20	70	156	76
Haynesville Western Shelf-Sabine Platform Carbonate Gas AU	0	0	0	0	143	541	1 180	587	2	8	19	9
Haynesville Shelf Carbonate and Sandstone Oil and Gas AU	7	27	64	30	18	64	170	75	1	4	12	5
Bossier East Texas Basin Sandstone Gas AU	0	0	0	0	590	2 412	5 806	2765	8	34	86	39
Bossier Louisiana-Mississippi Shelf Edge Sandstone Gas AU	0	0	0	0	211	945	2 368	1 072	3	13	35	15
Knowles-Calvin Gas AU	0	0	0	0	621	3 069	7 382	3 423	6	30	78	34
Sligo-James Carbonate Platform Gas and Oil AU	11	45	106	50	198	719	1 615	791	6	23	57	26
Sligo Sandstone Gas and OilAU	3	9	19	10	141	444	812	457	1	4	9	5
Greater Glen Rose Carbonate Shelf and Reef Gas and Oil AU	23	71	153	78	330	980	2 082	1 068	11	35	82	40
Albian Clastic AU	11	35	69	37	48	147	274	152	1	4	9	4
Updip Albian Clastic AU	0	1	3	1	0	3	18	5	0	0	0	
Fredericksburg-Buda Carbonate Platform-Reef Gas and Oil AU	10	37	83	40	146	566	1 287	622	3	13	32	14
Eagle Ford Updip Sandstone Oil and Gas AU	41	136	253	141	139	473	952	502	4	15	32	16
Austin-Tokio-Eutaw Updip Oil and Gas AU	6	19	34	20	18	50	98	53	0	1	2	1
Austin-Eutaw Middip Oil and Gas AU	10	41	95	45	137	595	1 492	677	12	56	151	66
Austin Downdip Gas AU	3	11	32	13	416	1 472	3 143	1 595	47	171	399	190

表 4-18　Assessment results in Upper Jurassic-Createaceous-Tertiary

Upper Jurassic-Cretaceous-Tertiary Composite TPS（新生界）												
评价单元或成藏组合（PLSY）	油（MMboe）				天然气（bcf）				天然气液（MMbNGL）			
	P95	P50	P5	Pmean	P95	P50	P5	Pmean	P95	P50	P5	Pmean
wilcox stable shelf oil and gas AU	12	49	111	54	125	436	929	472	4	14	33	15
wilcox expanded fault zone gas and oil AU	18	49	95	52	788	2329	4758	2498	22	67	150	75
wilcox slope and basin floor gas AU	0	0	0	0	5 173	23 629	56 486	26 398	78	366	959	423
wilcox lobo slide block gas AU	1	4	9	4	1 549	6 823	15 780	7 521	24	109	277	126
Lower Claiborne Stable Shelf Gas and Oil AU	3	7	12	7	28	82	164	88	0	2	4	2
Lower Claiborne Expanded Fault Zone Gas AU	1	3	8	4	357	958	1 810	1 006	13	38	79	40
Lower Claiborne Slope and Basin Floor Gas,Au	0	0	0	0	573	3 195	8 044	3 620	21	124	338	145
Upper Claiborne Stable Shelf Gas and Oil,AU	4	12	23	13	109	393	936	442	3	11	27	12
Upper Claiborne Expanded Fault Zone Gas,AU	8	26	53	28	1 456	4 514	9 383	4 882	98	316	719	351
Upper Claiborne Slope and Basin Floor Gas,AU	0	0	0	0	1 706	8 147	19 632	9 107	116	569	1 489	655
jackson stable shelf oil and gas AU	2	4	10	5	9	22	48	24	0	0	1	1
jackson expanded fault zone gas and oil AU	5	17	40	19	117	475	1 102	252	4	17	42	19
jackson slope and basin floor gas au	0	0	0	0	94	393	929	438	3	15	39	18
vicksburg stable shelf oil and gas au	5	16	35	17	57	175	365	199	1	4	9	5
vicksburg expanded fault zone gas and oil au	6	19	41	21	2 074	8 656	20 013	9 576	69	298	754	339
vicksburg slope and basin floor gas au	0	0	0	0	1 607	6 920	15 840	7621	61	269	668	305
Frio Stable Shelf Oil and Gas,AU	2	5	11	5	95	249	489	266	2	5	12	6
Frio Expanded Fault Zone Oil and Gas,AU	4	14	30	16	533	1 347	2 478	1 411	14	36	73	38
Frio Slope and Basin Floor Gas,AU	28	102	220	110	1 355	5 149	11 153	5 589	83	331	781	369
Anahuac Oil and Gas,AU	3	13	39	16	70	273	681	311	2	8	19	9
Hackberry Oil and Gas,	6	22	52	25	556	1 701	3 365	1 807	34	111	239	120
ower miocene shelf oil and gas au	4	15	40	17	91	335	740	366	1	5	12	6
lower miocene slope and basin gas au	5	16	37	18	5 806	17 656	37 508	19 200	138	447	1 033	499
middle miocene shelf oil and gas au	5	21	56	25	694	3 092	7 303	3 431	12	56	146	64
middle miocene slope and basin gas au	25	115	315	135	352	1 600	4 121	1 837	9	38	107	45
upper miocene shelf oil and gas au	7	28	70	32	110	481	1 185	545	3	14	34	16
upper miocene slope and basin gas au	8	33	88	38	81	312	803	361	3	13	36	15
plio-pleistocene shelf oil and gas au	7	26	62	29	30	107	249	120	1	4	11	6

2.油气分布特征

（1）新生界油气分布。新生界的主要产油气层系为：始新统、渐新统、中新统、上新统和更新统。

始新统的主要产油气层系为Wilcox阶和Claiborne阶。Wilcox阶的油气田带平行于海岸线从南得克萨斯延伸至南路易斯安那。它在得克萨斯以产气为主；在南路易斯安那以产油为主。Claiborne阶油气田带的分布位置和形态与Wilcox阶相似。

渐新统的主要产层为frio组，其油气田带平行于海岸线从南得克萨斯至密西西比河口，长1 100km，宽64km。Vicksburg组的油气田带与frio组相似，但其油田的数量远少于后者，与始新统的相比，渐新统油气田带的位置已经向海移动了一定距离。

从下中新统开始，油气田带已开始向东移动。下中新统的油气田主要分布在南路易斯安那及其海上。与下中新统相比，上中新统油气田带明显向东和向南移动，从整个中新统来看，西部以产气为主，东部以产油为主。上新统的油气田主要分布在路易斯安那州的陆棚地区，其油和气的产量大致相等，与上中新统相比，上新统油气田带向南移动了一定的距离。更新统以产气为主，其油气田往往与盐构造，页岩底辟构造和生长断层带相伴生，在挠曲带发现了许多油田，与上新统相比，更新统的油气田带又向南移动了一定的距离。

综上所述，新生代油气田带的分布具有以下特征：①油气田带大多呈与现在海岸线（或陆棚边缘）平行的带状。②随着地层时代的变新，油气田带的位置向海洋方向移动。③从下中新统开始，油气田带逐步向东然后又向南移动。

（2）中生界油气分布。下白垩统的油气田分布在南得克萨斯—东得克萨斯—北路易斯安那—南密西西比—西南亚拉巴马一带，并向海上延伸，产油气层系有：Hosston组（碎屑岩）、Sligo组（碳酸盐岩）、Pearsall组（页岩带中的砂岩和石灰岩），Rodessa组（钙质砂岩和鲕状灰岩）、Rusk组（砂岩和礁）等。

上白垩统的油气田分布在南得克萨斯—东得克萨斯—南阿肯色—北路易斯安那—南密西西比—西南亚拉巴马一带。主要的产油气层系为Woodbine群（在sabine隆起以东称为Tuscaloosa群砂岩），其次为Navarro群（砂岩和白垩岩）、Taylor群、Austin群和Eagle ford群。

从纵向上看，白恶系几乎所有的组都产油气。但下白垩统和上白垩统都表现出油气藏的数量和分布范围从下向上减少的趋势。下白垩统以Trinify阶油气数量最多，分布最广，上白垩统以下部的Woodbine-Tuscaloosa群油气藏最多，分布范围最广。

从平面上看，白垩系基本上是区域性产油气，在整个下白垩统碳酸盐陆棚范围内几乎都有白垩系油气藏的分布。但是，油气田的分布密度并不平衡，各组在平面上的分布范围也有较大差别，其中以Woodbine-Tuscaloosa群分布最广，并已在下白垩统碳酸盐陆棚边缘以南的上陆坡地区发现了大量气田。

上侏罗统产油气层系有：Norphlet组的风成砂岩、Smackover组多种类型的碳酸盐岩和砂岩、Haynesville组的河流三角洲相砂岩和潮下碳酸盐岩、Cotton alley群的鲕状灰岩和块状砂岩。上侏罗统的油气田分布于Cotton alley群尖灭带大致平行的一个弧形带内。

其分布特征主要有：上侏罗统油气田带的北缘基本上与区域边缘断层带平行，整个油气田带大致呈一向北凸出的弧形带。从纵向上看，Smackover组分布范围最大，Haynesville组最小，Cotton Valley群和Norphlet组介于二者之间，圈闭类型主要为与盐运动有关的构造圈闭，其次为地层圈闭。

3.成藏主控因素

（1）长期稳定的构造环境。从晚侏罗世到现在，稳定的构造环境导致了稳定的沉积环境，为广泛分布的烃源岩提供了空间。随着中央海盆的持续沉降，墨西哥湾经历了一次最大范围的海侵，沉积了“世界顶级”的上侏罗统烃源岩（主要为提塘阶）。另外，从侏罗纪开始直至现在，整个地层持续下降，上侏罗统烃源岩生、排烃时间晚，这为油气的聚集成藏创造了良好的条件。

（2）生储盖组合匹配良好。墨西哥湾盆地的构造演化和钻探结果表明，墨西哥湾盆地从侏罗系到新近系都有烃源岩发育，其中最重要的是上侏罗统海相钙质页岩烃源岩，它是墨西哥湾盆地从侏罗系到新近系大部分储层的主力源岩。上侏罗统烃源岩（特别是提塘阶烃源岩）分布范围很广，几乎遍及整个墨西哥湾。另外墨西哥湾南部的牛津阶、基末利阶和提塘阶烃源岩厚度很大，总厚度超过1 000m。在横向上，从盆地边缘到盆地中心烃源岩潜力逐渐变好，其中，提塘阶具有更高的烃源岩潜力；在纵向上，向盆地方向牛津阶、基末利阶和提塘阶相互叠置成厚度较大的连续的高潜力烃源岩，因此，墨西哥湾南部盆地可能有几十米到几百米、质量中等到很好的分布很广的上侏罗统烃源岩。

中生界上侏罗统海相黑色钙质页岩、泥灰岩和上白垩统暗色页岩为主要烃源岩，白垩系下部的碳酸盐岩、礁灰岩以及上部的三角洲砂岩为主要储层，盖层为上侏罗统致密钙质页岩、白垩系泥岩、页岩、硬石膏。墨西哥湾油气藏的生、储、盖在时间上都匹配得很好，储层主要为古近系和新近系碎屑岩。

（3）沉积中心的移动控制着油气的分布。墨西哥湾岸盆地各时代的沉积中心及陆架边缘呈有规律的变迁，这是由新生代以来沉积速度大于沉降速度而引起的一系列海退，以及中新世以后主要河流水系的变迁所致。自白垩纪以来，陆架边缘由北向南推进了402km，各时代的陆架边缘大致与现代的海岸线平行，但从中新世开始，路易斯安那州向南推进得更快，造成陆架边缘由向北凸出转变为向南凸出。由此可见，各时代油气田分布受控于不同时代，由陆架边缘及沉降中心移动而造成沉降环境的变迁。

（4）沉积相的影响。晚中侏罗世—早晚侏罗世期间，广泛发育了盐岩沉积，晚侏罗世到白垩世期间盆地上倾方向发育河流和三角洲相，盆地周缘发育广泛的滩坝及生物礁，下倾方向发育水下浊流扇。新生代沉积时陆源碎屑发育，在陆棚处沉积了巨厚的河流-三角洲沉积物。白垩纪分布广而稳定的碳酸盐岩台地边缘相地层成为墨西哥湾最好的储层，而中侏罗世分布广、厚度大的盐岩对烃源岩的成熟和油气聚集保存起到特殊作用。

新生代的沉积（沉积速度大于沉降速度而引起一系列海退）使其北部陆架边缘呈有规律的向南迁移，自白垩纪以来，陆架边缘由北向南推进了402 km，河流-三角洲沉积体系成为重要的沉积环境。其中，中新世三角洲体系最为发育，也是油气最富集的层系。

总的来说，中生界油气藏受碳酸盐岩台地的浅滩相带及高能相带的控制，新生界油气藏受三角洲前缘和前三角洲相的控制，碎屑岩油气藏受海岸相及河流三角洲相带的控制。

碳酸盐岩台地边缘水动力条件较强，是生物骨架灰岩和颗粒灰岩发育的有利地区，而且油源丰富，海水稍有进退即能形成盖层。因此，碳酸盐岩台地的浅滩相带及高能相带能够控制中生界油气富集。

三角洲沉积中心的移动控制了油气田的分布，特别是新生代拉腊米构造运动造成了大量碎屑物通过河流搬运到盆地内，沉积速度大于沉降速度，海岸线不断向海迁移，河流-三角洲沉积体系成为重要的沉积环境。因此，三角洲（包括河流）相控制了新生代的油气富集。深水河道砂体、浊积扇砂体等是油气富集的重要相带。作为储层的河道砂体主要发育在年轻的地层中，形态有3种：①伴有堤坝的河道砂体；②横向连片的河道砂体；③横向和纵向连片的河道砂体。3种河道砂体在连通性以及储集性上存在很大差异，横向和纵向连片的河道砂体的连通性以及储集性最好，横向连片的次之，伴有堤坝的河道砂体最差。

（5）盐岩在油气藏形成中起到重要作用。盐层影响烃源岩的成熟过程。墨西哥湾盆地盐岩分布广、厚度大，对该区烃源岩的成熟过程有着明显的影响。盐岩层的存在将延缓盐下烃源岩的成熟过程，影响程度取决于盐岩层的厚度。另外，盐的高热导率又起着“散热器”的作用，它可以提高盐层以上的地层温度，加速盐上烃源岩的成熟过程。盐岩层有利于改善盐下储层的物性。据张朝军的研究，盐岩层有利于改善盐下储层的物性，特别是盐下储层的孔隙度，其原因在于：①盐岩密度稳定，使盐下地层经受的压力相对较小，压实程度也低，砂岩中的大孔隙得以保留；②盐岩热导率高，隔热性差，盐下层热量容易散逸，其成岩演化作用的速度显著降低，因而使砂岩中的高孔隙率得以保持；异常高压形成大量裂缝。塑性膏泥盐岩在喜山运动中晚期强烈挤压下形成异常高压，导致大量的裂缝发育。

4.2.6 勘探潜力与有利区预测

（1）勘探潜力。美国地质调查局在2013年对墨西哥湾盆地区的待发现油气资源进行了评估：待发现油为3.18bbo，其中，待发现常规油为1.45bbo；待发现连续油为1.73bbo，主要产层为Austin giddings-pearsal area oil 8.79bbo、Eagle ford shale oil 8.53bbo；待发现天然气为284.66tcf，其中待发现常规气为152.68tcf，连续气为131.98tcf，在连续气中页岩气资源量为124.896tcf，主要产层为Haynesville sabine platform shale gas 60.734tcf、Mid-bossier sabine platform shale gas 5.126tcf、Maverick basin pearsall shale gas 8.817tcf、Eagle ford shale gsa 50.219tcf；待发现天然气凝液为7.37bbo，其中常规天然气凝液为5.17bbo，连续天然气凝液为2.195bbo。

截至2013年1月1日，主要目的层剩余可采储量为28 649MMboe，其中页岩油8 960MMbbl，页岩气94 932bcf，其他原油剩余可采为1 177MMbbl，天然气剩余可采储量为1 6140bcf。

从最新数据可以看出，墨西哥湾盆地剩余资源量和待发现资源量都很大，勘探开发潜力较大，从盆地油气成藏地质条件来看，盆地内发育多套烃源岩，特别是上侏罗统发育优质烃源岩，烃源岩成熟时间晚，盆地整体构造相对稳定，从晚侏罗世开始盆地一直接受沉积，并且生储配置关系良好，有利于油气的生成和保存。

墨西哥湾盆地是裂谷作用的产物，盆地基本特点就是从盆地边缘往盆地方向地层逐渐变厚，呈现出一个从盆地边缘向盆地方向地层增厚的楔形体，另外，同生断层带较发育，早期烃源岩生成的油气有利于沿断层向上运移到新近系储层中。

从美国地质调查局对墨西哥湾盆地油气资源评价结果可以得出，新生界待发现油气资源量比中生界待发现储层油气资源量要多。

从上述内容可以看出，天然气主要储存在新生界储存中，并且时代从老到新，油气储量也越来越多，这也主要与盆地构造特征以及烃源岩发育情况有关，其中，新近系的Wilcox组和claiborne油气储量较高，也是未来勘探的重点对象。

（2）有利区预测。Eagle Ford页岩油气区资源量丰富，从北向南，埋深增大，根据埋深以及成熟度将区带划分为油区，湿气区，干气区。其中油区位于北部，埋深范围在5 000～8 500ft；湿气区居中，埋深在8 500～128 00ft；干气区在最南侧，埋深在10 000～13 000ft。

根据现有资料，在区带北部TOC，Ro等资料较全，所以区带北部根据TOC，R_o等资料在油区内预选了一个有利区域（TOC大于4），在湿气区和干气区，利用厚度等值线，考虑到EDWARDS和SLIGO 礁带的影响，划分出了2个有利区域（总厚度大于100）。

4.3　威利斯顿盆地

4.3.1　概况

威利斯顿盆地位于北纬43°～50°，西经96°～108°范围内。该盆地横贯美国与加拿大两国，包括美国三个州（蒙大拿州、北达科他州和南达科他州）和加拿大的两个省份（萨斯喀彻温省和马尼托巴省），面积4.6×10^5km²，其中在美国境内面积大约3.2×10^5km²，是落基山东缘大型克拉通背景下沉积形成的盆地。由于前寒武系沉积中心位于北达科他州的威利斯顿市，盆地因此而得名。

威利斯顿盆地早在1887年就开始钻探，但由于未掌握盆地的地质情况，又限于当时的勘探技术条件，威利斯顿盆地的第一个商业油田盆地直到1951年才被发现，即在位于马尼托巴省南部的Daly油田的Madison组中发现油气。1952年，由扎克布鲁克斯公司负责钻探的一个随机野猫井钻井在Madison群Charles组的碳酸盐岩中发现石油。就在同一年，在Nesson背斜附近的Madison群中发现了第二个油田，这一发现引发了该盆地的勘探热潮。到了20世纪60年代中叶，通过局部穿越密西西比系不整合面而造成的储层截断造就了Madison群区带。密西西比系的碳酸盐岩成为最成功的储层目标层位。与此同时，在钻探过程中还在更加古老的古生代储层中有巨大发现。到1955年底，已探明石油储量超过1000MMbbl。

1959—1974年由于地球物理方法比较落后，勘探成功率低，加上当时油价低，油气勘探处于低潮期。之后由于油价上涨，加上地震分辨率的提高，探井总数逐步增加，仅1980年就有探井175口，产油41.14MMbbl。到20世纪80年代初，在奥陶系Red River组、石炭系和密西西比系均发现不同类型的油气藏，整个盆地的原油产量也逐年上升，达到了最高峰，预测可采储量达2071.43MMbbl，其中约50%储于地层圈闭中，主要分布在密西西比系的碳酸盐岩层系中。

进入20世纪80年代，随着测井技术和地震技术提高，人们能够更加准确地解释碳酸盐岩的复杂岩性油气藏，勘探区域转向边缘地区和新的目的层。虽然勘探成功率提高了，但是由于新发现的油田一般规模较小，原油产量逐年减少。威利斯顿盆地于1985年达到产量的高峰，之后石油产量处于缓慢下降的趋势。

2000年以来，随着盆地西南部Montana州Bakken区带Elm Coulee油田的发现与开发，钻井和开发进入新一轮热潮，盆地的原油产量也逐年上升。Elm Coulee油田的成功唤起了人们对这个区带的勘探热情，随后在Bakken区带又发现了一系列油田（如Parshall，Sanish等），使该区带的原油产量进一步增加。到2008年底，埃尔姆古力油田已经累计产油$7\ 840 \times 10^4$bbl，产气52.97bcf。水平井钻井和压裂增产处理新技术在这个油田的开发中发挥了重要的作用。Bakken 致密油产量约占美国石油产量的10%。该区带目前尚处于开发早期，目前产量为页岩气379MMcfd，致密油575 000 b/d，累积生产页岩气0.34tcf，累计生产致密油511MMbbl。

总的说来，威利斯顿盆地的常规油气勘探与开发已经相当成熟，大多数常规油田都处在产量下降阶段，已经很难获得产量突破。而盆地的非常规油气的勘探开发还处在早期阶段，具有相当大的资源潜力。威利斯顿盆地目前累计产油量已达3 860MMbbl，累积产气量为0.46tcf，是美国目前炙手可热的油气勘探地区之一，其中Bakken页岩油已经成为现今最主要的油气增长点，受到了很大的关注。根据WoodMac.数据库资料统计，截至2012年12月，Williston盆地剩余石油可采储量21 730MMbbl，剩余天然气可采储量20.1tcf，剩余储量以页岩油气为主，其中页岩油储量21 167MMbbl，页岩气储量19.6tcf。石油产量75 000b/d，天然气产量0.66bcfd。

4.3.2 盆地构造沉积演化

可能早在元古代，就由几个小型岩石圈板块组合形成了现今威利斯顿盆地之下的地壳，Stewart推测在前寒武纪晚期因裂陷活动而产生的地壳分离产生了一些主断层复合体，包括两套主要断裂系统，一套与克拉通边缘近于垂直，另一套位于克拉通边缘，由左旋的北东走向的走滑断层组成。

Gerhard等、Baars和Stevenson都认为这些断裂系统起源于落基山南部及中部构造，Gerhard等认为左旋体系对威利斯顿盆地基底断裂的产生起着主要作用。克拉通边缘左旋剪切所产生的扭断层运动在几何学上与盆地构造的线性方向是一致的，基底断裂面实际上就是控制大多数盆地构造要素后来发育的脆弱带。因此，虽然盆地构造可能起源于左旋剪切，但沿着这些机械脆弱面的整个运动随着应力场方位的变化也将改变。很少有证据表明在显生宙时期沿着控制威利斯顿盆地发育的两套主要剪切系统的任何左旋运动，相反，垂向隆起倒是影响着大多数构造要素的运动。反转运动在大多数主要构造中都较常见。

如果盆地构造扭断层成因模式是正确的，则有可能圈出已知构造要素，预测构造交叉点的位置，指出有利油气聚集带，预测原始孔隙及成岩孔隙发育的有利背景，然后再外推其他构造要素。这个模式的建立虽不严格，但在石油勘探中增加对含油圈闭成因及其发育位置的了解是非常有用的。

这个模型对建立威利斯顿盆地成因原理也很有用，虽然Ahern和Mrkvicka将其作为威利斯顿盆地形成的一种机制提了出来，但缺少足够的有力证据来支持盆地以及地壳、地幔密度的其他解释，然而，扭断层模式允许与早期南西走向的古生代海相通。这种以左旋剪切为边界的坳陷，构成了一个规模巨大的下坳区块，这在构造上与威利斯顿盆地及落基山中段是一致的，Gerhard等认为威利斯顿盆地是在这一区块中所产生的“拉分”裂谷，这对于威利斯顿坳陷的对称性还是一种可行的解释。另一个值得注意的概念模型就是转换边界断层的延展，一直进入克拉通边缘，从北向南断距逐渐增大，这种伸展可以解释威利斯顿、粉河、大绿河盆地的发育。

威利斯顿盆地的后期变形主要是一些剥蚀事件，这些事件看来与主要构造事件是一致的，主要发生在克拉通边缘。

1.构造特征

威利斯顿盆地是一个在克拉通地壳之上发育起来的典型盆地，没有发生多期强烈褶皱。虽然盆地中也发育如Nesson、Cedar Creek、Billings和Little Knife等背斜构造，但这些变形构造多为显生宙时期断层位移及随后的沉积披覆。盆地范围内是一个大致平坦的沉积区域，没有大幅度的地势起伏。东部和东南部以加拿大地质和Sioux 隆起为界，西部和西南部边界则是Black Hills隆起、迈尔斯城背斜、Porcupine隆起和鲍登（Bowdoin）隆起，盆地的西北边界包括SweetGrass、BowIsland陡崖。

（1）Nesson背斜。两个大型断块背斜——Nesson背斜和Cedar Creek背斜，产出了盆地内绝大多数石油。它们在宏观上具有相似的发展史，但由于盆地边界的位置不同，在一些重要特征上有明显差异。在北达科他州Nesson背斜上首次发现的石油是1951年4月4日在志留系Interlake组中。目前，在该背斜上已发现49个油气田产自11套地层单元。地面构造于1918年沿着密苏里河的露头首次作出来。

一般认为Nesson背斜是一个仅有一个分叉的相对简单的背斜，但详细的编图却发现其有几个线性单元及断裂带。这些断裂带及大多数线性单元具有独立的发展史，这就使得油气圈闭的预测复杂化，在主要生产单元内有孔隙度变化，反映了沉积及成岩作用的差异。Nesson背斜沿其长轴，在主背斜西边被包括主断层体系在内的断层所切割，这套断层体系从前寒武纪就开始出现、活动，沿着主断层的主要活动，主要发生在层序边界及其他时期，该构造的主要暴露期是在前寒武纪后和更新世之前。

（2）Cedar Creek背斜。威利斯顿盆地最早产出的油气是1915年在Cedar Creek背斜西北端找到的，Cedar Creek背斜也是通过地面资料作图，很轻松地发现的一个构造。Roehl通过对该背斜中志留统Interlake组进行研究，认为潮上及潮缘环境的发育范围已超出了构造范围。同Nesson背斜一样，沿Cedar Creek背斜至少经历了一幕断层的反转。

（3）其他构造。在盆地的北达科他州还有两个受基底断裂影响的大型背斜：Billings背斜及小刀（Little Knife）背斜，这两个背斜形成于下Kaskaskia层序沉积之前，两者都是主要的含油构造，可采储量在1亿桶以上，产层主要为密西西比系，两个背斜中杜佩洛层（泥盆系）也产油。在Billings背斜中它还是一个十分重要的含油层位。在Billings背斜和小刀背斜密西西比系岩层中最初产量日产油1 000桶以上，在Billings背斜泥盆系岩层中可达到相近的产率。

在较浅的盆地边缘含油层位中（主要是密西西比期），分布广但幅度小的褶皱体系似乎对石油的分布起着控制作用，这在盆地东北部北达科他及萨斯喀彻温显得尤为突出。断层对盆地内石油产量有着重要的影响，裂缝性碳酸盐岩储集层与基底断裂走向一致（如蒙大拿州威尔顿油田、蒙大拿及北达科塔州的蒙大克油田等），同时也与同断裂走向有联系的盐溶褶皱构造一致（如蒙大拿州红岸油田）。

2.地层及沉积特征

威利斯顿盆地是一个大型克拉通内沉积盆地，盆地最初可能起源于克拉通边缘，在科迪勒拉造山作用过程中演化成为一个克拉通内盆地。在显生宙（寒武纪到第四纪）的大部分时间都有沉积作用，沉积地层的厚度大约为4 880m。

盆地早古生代的底部地层单元是进积的硅质砂岩，随后连续沉积了细粒硅质碎屑岩，之后常出现泥质和海绿石质碳酸盐岩。尽管较年轻地层缺乏上古生界地层所富有的海绿石和碎屑沉积，但基本的层序沉积类型仍保留了该盆地显生宙特征。中—下古生界地层绝大部分由碳酸盐岩和蒸发岩组成。由于古落基山的构造形变，上古生界的岩石由细粒碎屑组成，但其中也有碳酸盐岩和蒸发岩。在古生代的沉积期间丰富的蒸发岩与碳酸盐岩共生反映盆地具有低的沉降速率、低至中纬度和受限制的循环水体。

中、新生代的沉积通常出现在整个大平原的北部。在威利斯顿盆地中，许多以硅质碎屑岩为主的地层单元向东突然变薄。白垩纪后的隆起和进积作用终止了该盆地的海相沉积，最晚的海相岩石是古新世的Cannonball组。此后所有的地层单元都具有陆相成因，包括最年轻的碳酸盐岩地层单元也是如此。冰川沉积当时覆盖着盆地的绝大部分。在盆地的主体部位，暴露的最古老的岩石是上白垩统。下古生代的岩石在加拿大地质边缘即马尼托巴省、南达科他州的Black Hills有出露。

具有大多数克拉通地层组合的威利斯顿盆地的岩石能够容易地划分为：代表相对海平面上升的陆架沉积段、继承性的沉积段和海平面下降沉积以及随之而伴生的不整合。上述成因的层段被Sloss称为“层序”，这里引用“层序”这一术语，其目的主要在于我们可以根据几个区域性的不整合面将威利斯顿盆地的地层大致划分为7个层序。

（1）Sauk层序。威利斯顿盆地Sauk层序由晚寒武世和早奥陶世的Deadwood组组成。岩性主要为石英岩和砾岩，上部为扁平状砾石（flat-pebble）海绿石灰岩层。Sauk层序的海进进入早期科迪勒拉陆架在威利斯顿盆地位置处的朝东坳陷内。该陆架直到Sauk层序沉积结束时，尚未形成一个构造单元。显而易见，Deadwood组被冲填在前寒武地形起伏很大的残余地貌上。仅在Nesson背斜区，Deadwood组就减薄了几百英尺。在北达科他州的东部地区，该组下部减薄了许多。在盆地许多地方覆盖在推断基底上的年轻地层也减薄了，特别是北达科他州的Bowman县，减薄尤为明显，该处在奥陶系Red River组在基底控制的构造上有油气产出。

钻穿Deadwood组的井很少，所以关于它的构造和结构的详细资料也很少。Deadwood组的最大厚度不会超过1 000ft（300m）。

Deadwood组的剥蚀发生在Sauk和Tippecanoe层序之间，基本上与北美东部的塔康造山期一致。塔康造山运动持续到奥陶系，正好是威利斯顿盆地变成构造拗陷的时期。

（2）Tippecanoe层序。中奥陶世至志留纪的岩石被称作Tippecanoe层序。在当时，威利斯顿盆地近乎圆形，在西南方向有一个开口，该开口穿越科罗拉多–怀俄明和Brockton Froid剪切断裂系之间的凹槽，向东南方向延伸。在北达科他州中南部，发育一些小型局部构造，其走向是北东向；Barleigh“构造高地”正好位于构造转折带东部并与之平行。Nesson背斜开始出现，等厚线图展示Bismark Williston线状构造正在活动，而Billings背斜已经发育完全。沿着Red River沉积盆地东缘，局部厚层的沉积充填了与主盆地连在一起的圆形拗陷。这类小型次盆地继续发育一直影响到密西西比系的沉积。在盆地北部Tippecanoe层序沉积期间，在加拿大Red River-Stony Mountain和更老一些地层的等厚图上，没有任何小的构造出现。同时，这里仍然无证据说明“Meadow Lake马头丘”的存在。Tippecanoe层序的沉积厚度超过760m。底部的海侵单元（Winnipeg组）是石英砂岩和页岩；下Winnipeg砂岩是许多油田的产层，如深盆地东部的Richarton/Taylor油田，北达科他州中、北部的Newporte油田，Nesson背斜上的Beaver Lodge油田。推测优质储层的质量是当时古构造高地上沉积物的筛选结果。上Winnipeg组主要是页岩和粉砂岩，长期以来被认为是下古生界产油层的主要生油岩，同时也被认为是威利斯顿盆地向碳酸盐岩主要沉积阶段的过渡。

碳酸盐沉积开始于Red River组，该组是该盆地主要的常规油气产层，具有威利斯顿盆地大多数中古生界地层的特征。Red River组下部是灰岩，灰岩中包含有机质和泥质混合物。Carroll描述这些岩石是富含有机质，与部分富含化石的灰岩和生物掘穴泥岩呈周期性的重复出现。Red River组上部由浅海至萨布哈的旋回沉积组成。向盆地中心进积的蒸发岩相被上覆的页岩和年轻的Stong Mountain和Stonewall组沉积的周期性碳酸盐岩所接替。志留系的Interlake组与下伏的Stonewall组呈整合接触。LoBue解释Interlake组内的两个沉积旋回，即周期性的潮汐和浅海环境，其顶部为广泛的地表风化和剥蚀岩组所覆盖。Interlake组是主要产油层。它的孔隙度显然与上部地层的风化和溶蚀有关。

Red River沉积以后地层单元的沉积轴线向北西方向迁移，特别是在盆地的加拿大部分尤为明显。Red River组等厚图说明，志留纪是限定威利斯顿盆地主要构造和（或）沉积特征的时代。Interlake组沉积在广阔的陆架上，在北达科他州以西，伴随有快速的盆地中部的下沉，形成了“牛眼状”的沉降中心。在北达科他州内，等厚图的几何形态和目前的结构图验证了上述观点，志留纪是盆地的主要构造和沉积定型时期。但盆地的最后定型是志留纪以后的剥蚀、沉积和构造形变。

到Tippecanoe层序沉积末期，盆地中所有的主要构造均已出现（关于它们的早期历史还不清楚，其原因是缺乏Tippecanoe以前的资料）。在Tippecanoe沉积结束时已出现的主要产油构造包括：Billings，Little Knife，Antelope和Nesson等背斜。Cedar Creek背斜已存在，但还不能通过等厚图准确地确定它的定型时期，部分原因是在最接近构造的地区的测井资料和地震测线有限，不能控制这个构造。Roehl和LoBue在Ledar Greek背斜上发现Interlake组上部有重要的剥蚀，因而进一步核实了构造的Tippecanoe层序史。

“Meadow Lake马头丘”位于萨斯喀彻温省，已被认为是早古生代盆地西北部具有重要意义的地貌和构造特征。该马头丘地形起伏约500ft，由西北向东南略有倾没。Porter和Fuller根据等厚图和古地质图分析，认为该马头丘是在Tippecanoe末期的隆起。在Tippecanoe层序沉积期间，几乎没有证据来证明它的存在，但在Porter和Fuller的盆地北部古地质图上可以看到沿马头丘（以及别的地方）有Tippecanoe层序被截削现象。这种截削现象表明马头丘原来是相对较高的正向地貌，遭受严重剥蚀，后来影响着前泥盆系（下Kaskaskia以前）隐伏露头模式。清楚表明沿马头丘加厚或接触水平断错的唯一岩层是泥盆系支持马头丘起源于Tippecanoe之后。Interlake组之后的剥蚀作用削截了威利斯顿盆地的大部分地区。岩层被削截之后，留下了在很多地方具有次生孔隙的喀斯特地表。在Kaskaskia地层单元以前受剥蚀的隐伏露头模式代表着盆地的几何形态。

（3）下Kaskaskia层序。Kaskaskia层序由下泥盆至密西西比系地层组成。在威利斯顿盆地中，Kaskaskia记录了两次区域性的海平面上升和一次至少部分发育的不整合。它能把泥盆系的老地层与泥盆系最上部的地层和年轻的Kaskaskia岩石单元分开。该不整合不仅在威利斯顿盆地具有重要意义，而且在整个美国西部都具有重要意义。Gerhard等人根据它的出现将Kaskaskia划分为上和下Kaskaskia两个亚层序。下Kaskaskia层序由上覆于Interlake或更老地层的岩石和位于美国威利斯顿盆地Bakken组之下，或者是位于加拿大威利斯顿盆地的Big Valley组之下的地层组成。这套层序中包括含有钾盐的Prairie组蒸发岩和生产石油的碳酸盐岩——Winnipegosis，Dawson Bay，Souris River，Duperow和Bird bear等层组，以及Three Forks组碎屑的Sanish砂层。层孔虫纲礁、滩和丰富的层孔虫纲各异的生物群落在这类岩石中分布非常普遍。白云化作用大大地提高了这些岩石的渗透率。到目前为止，Winnipegosis组是该盆地在加拿大地区最老的产层。

一方面，前Kaskaskia岩层沉积时，在盆地南缘横穿大陆拱曲的隆起改变了下Kaskaskia岩层的沉积背景。另一方面，Tippecanoe层序沉积在北达科他州西部最厚，而下Kaskaskia岩层向北加厚，一直到萨斯喀彻温省西北和阿尔伯达省以东的Elk Point盆地。随后，横穿大陆拱曲的反方向运动把盆地的沉积中心移回到了北达科他州和蒙大拿州。这些构造运动在Nesson背斜地带表现得尤为清楚。盆地向西北方向倾斜终断了当初与西南方向构造拗陷的海相联系，而与北和西两方向的海相连通。构造作用表现在各构造高点的水平移动和古构造控制着孔隙带的分布。当盆地开始从西北方向海侵的时候，初始的海侵横切过Interlake组的剥蚀面出现。海进最后结束在沉积Winnipegosis尖礁和与之相关相带的时期。Elk Point盆地的几何形态表明威利斯顿盆地的水体循环可能不是很好。蒸发岩沉积的时期，与Winnipegosis某些有机质礁增长期一致。在Winnipegosis礁的内部至少存在一个层内不整合。在盆地的中央部分沉积了较多的石盐、石膏（不是硬石膏）、钾碱等沉积物。虽然蒸发岩沉积具有经济价值，如钾碱，但它最重要的意义在于能圈闭住石油。在Prairie盐溶解地区，密西西比系岩层垮塌不仅形成了圈闭（Glenburn油田，位于北达科他州），而且盐溶地区上覆岩石的破裂（或者裂缝）也创造了孔隙度（Red Bank油田，位于蒙大拿州）。在盆地内，其他盐的溶解特征更为复杂。

位于Prairie组之上的地层主要是碳酸盐岩和细粒碎屑岩。在这些地层中，Duperow组和Nisku组（北达科他州为Bird bear组）是重要的石油生产层。在北达科他州Dowson Bay组也有重要发现，它可望成为重要的石油生产层。所有这些地层中均分布正常盐度的动物群和碳酸盐结构，而且范围很广。在一些局限的地区，均有硬石膏和潮缘带岩相分布。层孔虫纲沙洲可能将产油气区局限在盆地中部和南部的局部地区，产层为Duperow和Dawson Bay组。Nisku组的岩石在美国和加拿大的盆地均是产油层。Halabura对加拿大境内Nisku组的岩性作了很好的描述。Loeffler对北达科他州同期的Bird bear组的岩性进行过描述。根据这些地层单元的组构和化石特征，在沉积期间（不是区域性海平面上升）盆地向北和西发生更陡的区域性倾斜，显然，在沉积较深海相岩层时，达到顶点。在威利斯顿盆地北部在Elk Point盆地内，从Nisku组广泛发育生物礁系统中产油。在上Kaskaskia的下部沉积期间，盆地向西倾斜，并通过蒙大拿州中部的深槽与海相环境连通。在上Kaskaskia的底部（Bakken组）和下Kaskaskia的顶部（Three Forks组）存在着区域性的不整合关系，但在盆地的最深部分没有观察到。

（4）上Kaskaskia层序。在上Kaskaskia岩石中（密西西比系至泥盆系顶部）发现的石油占威利斯顿盆地油气田的大多数。这些岩石形成于快速的海侵、缓慢和幕式的进积作用所组成的沉积旋回。碳酸盐岩储层部分特征地为地表的成岩孔隙发育和裂缝。最近几年才对裂缝和地表的成岩作用对储层的发育有了深入的认识。

在上Kaskaskia沉积之前，Cedar Creek背斜遭受了强烈的剥蚀，削去了所有泥盆系（下Kaskaskia层序）的地层单元。在构造的顶部，密西西比系直接覆盖在志留系（Tippecanoe）的Interlake组之上。后来的海平面迅速上升，沉积了Bakken组至上Kaskaskia层序底部的地层单元；岩性为黑色页岩和粉砂岩，是该盆地的主要生油岩。Bakken组可与北美的其他缺氧岩石单元相对比，如Chattanooga，Exshaw，Woodford和New Albany页岩单元。上Kaskaskia海侵事件可与整个大陆的海平面上升相对比，这次海平面上升如果不是全球性的，也称得上是大规模的。Bakken组并没有覆盖整个盆地，仅局限于盆地中心。在盆地的边缘地区，Bottineau层段以及与其相对应的层（例如，与

Routledge页岩相比，Carrington页岩位于加拿大境内）作为上Kaskaskia层序的底。广泛分布的蒸发岩坪和潮上滩至少环绕着盆地的东部地区。蒸发岩向泥质碳酸盐岩盆地推进形成了上倾渗透性障壁，这些障壁阻挡住油气，是造成密西西比系地层中绝大部分油气产量的重要原因。

（5）Absaroka层序。在晚密西西比纪和宾夕法尼亚纪期间，通及整个北美的区域构造作用对威利斯顿盆地影响尤为显著，主要表现为：区域性的隆起和剥蚀、盆地的沉降速度较慢和沉积了来自盆地外的硅质碎屑沉积物。这和威利斯顿盆地沉积Tippecanoe和Kaskaskia层序的碳酸盐岩和蒸发岩沉积特征大不相同，Absaroka层序主要为碎屑物质充填，这些碎屑物质来源于古老的落基山脉隆起、Hartville隆起、加拿大地质。位于南达科他州的Sioux拱曲也有可能为充填盆地提供了碎屑物源。沉积环境是以陆源碎屑物质与边缘的海相和蒸发岩沉积物形成的指状交叉为特征。早期的Absaroka沉积是典型的海相和边缘海相环境，Absaroka的底部为浅海，河口湾和河流相（Tyler组），显然与海相连，沉积物搬运通过蒙大拿州的中心凹槽至科迪勒拉陆架。

Sturm在Tyler组中划分出下段的加积三角洲平原相，及随后的碍壁岛和沙坝体系。Tyler组的砂是性能很好的储层。河口湾相的黑色页岩看起来可以作为生油岩。与主要盆地构造有关的古地形隆起区好像为簸选砂提供了场所，这类砂通常是疏松的。在威利斯顿盆地，产自Tyler产油层的油多数储集在北科他州西南的河道（水下河道）和三角洲复合体中。覆盖于Tyler组之上的是一些岩性多变的较薄地层单元。这些沉积地层单元向盆地中心逐渐推进，含盐度也随之增加。在Broom Creek组沉积之后，和Opeche组沉积之间发生一幕剥蚀。在Opeche组和下伏地层单元之间的横切接触面记录了这一幕。引起这一不整合的构造倾斜好像可以与落基山地区构造变形作用相对比。在多盐的背景上，沉积了Absaroka层序的残留地层。Opeehe组和Pine段的盐层记录了这些沉积环境的大部分含盐度；Minnekahta组的碳酸盐岩代表着盐度减少的环境。三叠系的Spearfish组由细至中粒硅质碎屑岩组成，这些硅质碎屑岩充填着残留盆地。在盆地的东部边缘，Spearfish组与下伏密西西比系的碳酸盐岩是不整合接触。Spearfish硅质碎屑岩是储层，油源来自下伏被截削的密西西比系碳酸盐岩。在Spearfish组内的非渗透性障壁形成侧向封堵，而上覆页岩和致密的粉砂岩作为垂向盖层。

（6）Zuni层序。在中新生代（Zuni和Tejas层序），威利斯顿盆地的沉积作用继续发生，但这些岩石仅产出少量的油气。只在白垩系的Eagle砂岩和Judith Rivet砂岩（位于北达科他州和蒙大拿州）、Shannon砂岩（南达科他州）中发现了少量有经济价值的天然气。但上Zuni层序的边缘海相和陆相岩石中含有丰富的褐煤，已被广泛地用作发电。

早Zuni地层是在盆地缓慢下沉背景下沉积的细至中粒硅质碎屑岩、碳酸盐岩和盐岩。年轻的侏罗系岩石（中Piper组后）包含多孔但亲水的鲕粒碳酸盐堤。这些堤指示下伏地层可能存在深层的较老构造。Swift和Morrison组由粉砂岩、页岩和钙质砂岩组成，夹淡水（Morrison）和海相灰岩。在北达科他州，Morrison组还没有被识别出来。早白垩世时海进覆盖了InyanKara组（页岩、粉砂岩和砂岩）之下的不整合面。

Zuni层序的其他岩性与发生在北美西部内部地区著名的前拉腊米海平面旋回有关，并与年轻的同期造山运动相当。在盆地中，最后一个主要的海相地层单元是Pierre页岩，最后一个海相单元是Fort Union组的Cannoaball段。Zuni层序上部的沉积和威利斯顿盆地本身无关，虽然沿着基底断层发生了构造运动，但在沉积相带的形成方面没有起到控制作用，实际上已不再起一个构造单元的作用。白垩系的地层有些变厚，但与早期的地层相比，仍然很薄。

（7）Tejas层序。威利斯顿盆地的Tejas岩石分布非常局限。在Tejas层序沉积前，威利斯顿盆地的构造运动基本停止，仅沉积了一些陆源沉积物。冰川沉积和伴随的剥蚀改变了盆地的表面。在盆地的最南端靠近Black Hills地带，有一些第三系的小型侵入体。

4.3.3　石油地质

1.烃源岩

威利斯顿盆地的大部分原油都产自古生界，烃源岩主要是泥页岩和碳酸盐岩。经油源对比发现，威利斯顿盆地主要发育下奥陶统Winnipeg群页岩、中奥陶统Red River组富有机质碳酸盐岩、中泥盆统Winnipegosis组碳酸盐岩、上泥盆统Duperow组碳酸盐岩、上泥盆统至密西西比系下部的Bakken组页岩、Madison群碳酸盐岩、宾夕法尼亚系Tyler组页岩等7套烃源岩。

（1）下奥陶统Winnipeg群。下奥陶统Winnipeg群Icebox组烃源岩为形成于浅海陆棚环境的页岩，富含海相腐泥型有机质、Ⅱ型干酪根，有机碳含量为1%～11%，S_2为2～85 mg/g，氢指数（HI）为300～800，厚度小于一百米。

（2）中奥陶统Red River组。中奥陶统Red River组为厚层石灰岩和白云岩的旋回沉积，盆地中心最大厚度可达700ft，向盆地的东部和南部而逐渐变薄而最终尖灭在盆地边缘。该组的烃源岩主要为“D”段以下形成于半深海相、深海相的缺氧环境中的富有机质页岩，其TOC含量为5%～35%，平均为9.07%，S_2值平均为77.33，氢指数平均值为728，Ⅰ型干酪根，为海相腐殖泥或海藻。

（3）中泥盆统Winnipegosis组碳酸盐岩。中泥盆统Winnipegosis组的岩性也以碳酸盐岩为主，作为烃源岩的为该组下段形成于浅海台地中的富有机质的碳酸盐岩（泥质灰岩），岩层底部为富有机质泥岩和灰岩的互层，为Ⅰ型或Ⅱ型至Ⅲ型干酪根，腐殖、腐泥型；其TOC平均含量为0.59%；平均厚度65m。这套生油岩氢指数平均为120mgHC/g。这些数据表明中泥盆统烃源岩是很好的烃源岩。但由于Winnipegosis组烃源岩的地化和动态数据大多不详，因此该套烃源岩的热演化史还不太确定。

（4）Bakken组页岩。上泥盆统至密西西比系底部的Bakken组烃源岩为盆地的主力烃源岩，Bakken地层全部隐伏于地下。其上页岩段顶部埋藏深度从盆地东南部的1 600m到东部及西北部70m内变化，或按地下深度来说，分别从527～2 340m变化。Bakken地层主要位于威利斯顿盆地中北部地区，厚度一般在6.1～30.5m之间。

Bakken地层明显分为3段，上、下段为具放射性的、富含有机质的黑色页岩，中段为钙质灰色粉砂岩-砂岩。下段页岩厚度一般小于12m，有机碳含量大部分在10%～20%

之间；Bakken组上段页岩厚度一般小7m，总有机碳（TOC）含量平均为10%。

（5）Madison群碳酸盐岩。密西西比系Madison群沉积期为广阔的碳酸盐岩陆棚环境，因此沉积物以碳酸盐岩和蒸发岩的旋回沉积为主。Madison群可分为Lodgepole组、Misson Canyon组和Charles组，而这三个组都可以作为烃源岩。其中Lodgepole组是一套直接上覆于Bakken组页岩之上的海相碳酸盐岩，其TOC含量平均为5.49%，具有一定的生烃潜力；Misson Canyon组为密西西比纪的一套下倾斜坡上的碳酸盐岩沉积，富含Ⅱ型有机质；Charles组为浅海碳酸盐和蒸发岩沼相相互交替的沉积环境，其中沉积的Ratcliffe富有机质层，具有很大的生烃潜力，是Madison含油气系统的重要油源。

（6）宾夕法尼亚系Tyler组烃源岩。宾夕法尼亚系Tyler组烃源岩为形成于浅海陆棚环境的页岩，富含海相腐泥型有机质、Ⅱ型干酪根，其TOC含量为0.2%～9.1%。该组烃源岩在盆地中心沉积最厚，向盆地边缘逐渐变薄，氧化程度不断变大，TOC含量也逐渐变小。

2.储层

威利斯顿盆地古生界地层以碳酸盐岩为主，其中密西西比系储集岩主要是生物碎屑和鲕粒石灰岩，少数为砂岩，平均有效厚度1～20m，孔隙度9%～22%，渗透率0.1～266mD。上泥盆统储集岩主要是碳酸盐岩，厚3～15m，孔隙度7%～14%，渗透率0.1～200mD，奥陶系储集岩主要为白云岩和碎屑白云岩。盆地内地层中含油层系多，目前已知的产油层由老至新包括Deadwood组、Winnipeg群、Red River组、Stonewall组、Interlake组、Winnipegosis组、Dawson Bay组、Duperow组、Birdbear组、Three Forks组、Bakken组、Madison群、Kibbey组、Tyler组和Spearfish组。但来自中奥陶统Red River组、上泥盆统至密西西比系底部的Bakken组和密西西比系Madison群中的石油产量占盆地的绝大部分，是威利斯顿盆地主要油气储层，下面对这三套储层作一个详细的介绍。

（1）Red River组储层。Red River组已经得到了广泛的研究，Red River组为石灰岩和白云岩的交替沉积，盆地中心厚度超过700ft，而向盆地的东部和南部快速变薄，最终尖灭在盆地边缘。该组的下半部分主要为沉积在潮间带和潮下带环境中的灰岩，而在盆地边缘，随着陆棚水体的变浅，灰岩逐渐被白云化。形成的上半部分可以被划分为四个沉积旋回，可将其命名为D至A的升序层序。每一个沉积旋回又可分为三个部分：①沉积在潮下带环境中的灰质泥岩，②沉积在局限海潮间带至半碱水环境中的白云岩带，③沉积在局限海潮缘至半碱水环境但不是盐沼环境中的上硬石膏层。Red River组的主要储层发育在每个旋回的中间层段，主要为广阔的白云岩带或白云岩化灰岩带，这些储层的孔隙度为5%～20%不等，渗透率为1mD至超过400mD。

（2）Bakken组储层。Bakken组储层主要为由上、下Bakken页岩所夹的碳酸盐岩和粉砂岩。该储层十分致密，孔隙度平均在8%～12%之间，渗透率在0.05～0.5mD之间。但经测定，在油藏压力条件下，岩石基质孔隙度只有2%～3%，基质渗透率为0.02～0.05mD，其余的孔隙度与渗透率贡献可能来源于Bakken组中部砂岩、灰岩互层段发育的大量裂缝。过去广泛认为威利斯顿盆地Bakken页岩中天然裂缝的形成是大量生成的石油无法运移出去而产生高压的结果。Burrus等人通过他们的模拟实验发现，Bakken组在中始新世已经具有足够的压力，可以在短时间内通过这种方式产生裂缝，这与Bakken组主要的生油期相对应。因此很有可能在这个时期发育了密集的裂缝网络。但由于储层非均质性强，且裂缝连通性差，因此在对Bakken区带进行工业开采时需要水平钻井及进行水力压裂等处理。

（3）Madison群储层。密西西比系Madison群沉积期为广阔的碳酸盐岩陆棚环境，因此沉积物以碳酸盐岩和蒸发岩的旋回沉积为主。Madison群在威利斯顿盆地中沉积较厚（最大厚度超过2 500ft），沉积中心位于盆地中心至盆地西南部的中央蒙大拿海槽。Madison群沉积物中Charles组厚度将近占一半（最大厚度超过1 200ft）。Madison群可分为Lodgepole组、Misson Canyon组和Charles组，而这三个组都可以作为储层。

Lodgepole组碳酸盐岩本身很致密，不能作为储层，但在该组的底部局部发育的沃尔索特层岩隆（Waulsortian mounds）能够作为储层，该岩隆的形成可能与下伏古生代Prairie组蒸发岩的溶解有关。沃尔索特层岩隆实际是一个包括灰质泥岩、泥晶灰岩以及包含大量苔藓和海百合碎屑泥灰岩的碳酸盐岩建造。这种岩隆只局限地发育在北达科他州斯塔克（Stark）县境内，其孔隙度为2%～14%，渗透率变化很大，既有小于1mD的情况，在溶蚀孔隙和垂向裂缝发育并连通的时候，也会遇到渗透率高达200～2000md的情况。

Misson Canyon组和Charles组是威利斯顿盆地内最年轻的碳酸盐岩油气储层。这两大区带油气田的分布主要沿着盆地内的小构造单元，包括Little Knife背斜、Billings Nose背斜和Nesson背斜。

Misson Canyon组储层主要为Frobisher-Alida层，岩性为海相生物钻孔泥岩和粒泥状灰岩，平均孔隙度为16%，平均渗透率为30mD。

Charles组的储层主要为Ratcliffe段底部的Midale层，其为推进式碳酸盐岩斜坡沉积相，岩性为生物藻骨架，覆盖着颗粒状、豆状的浅滩相粒状灰岩。Midale层厚度为8.5～11.5m，该层平均渗透率为10mD，上部平均孔隙度10%，下部平均孔隙度15%。

Misson Canyon组和Charles组沉积期为浅海相和蒸发岩盐沼相相互交替的沉积环境，尤其是Charles组，因此还形成了大量的地层圈闭，有利于油气的保存。

威利斯顿盆地在演化过程中形成了多套成藏组合，烃源岩、储集层和盖层在盆地内均形成了多套，良好的匹配关系主要集中在古生界，这和油气藏的富集层位也相一致。油气藏主要分布在古生界，奥陶系、泥盆系和密西西比系，在白垩系也有油气藏的分布，但是规模相对较小。

3.盖层

威利斯顿盆地古生代沉积旋回内发育了多套沉积于潮上带——萨布哈环境的蒸发岩层。蒸发岩具有致密和低渗透率等特点，是封盖性能极好的盖层。盆地主要有上奥陶统Red River组、中泥盆统Prairie组、下石炭统Charies组和中二叠统Opeche组4套区域性蒸发岩盖层。这些蒸发岩主要分布在盆地中部，与下伏储层构成了优质的储、盖组合，阻隔了油气的垂向运移，有效控制了油气的层系和平面分布，大部分已发现的油气田都位于这些蒸发岩盖层之下。此外，泥盆纪沉积旋回内的其他蒸发岩层、泥页岩以及致密碳酸盐岩也为油气提供了局部的盖层条件。

4.圈闭

威利斯顿盆地中的油气聚集主要是由于落基山脉在形成时期发生了小规模岩层褶皱和断裂作用形成了构造圈闭。盆地发育的Nesson背斜，Billings背斜，Cedar Creek背斜和Little Knife背斜是盆地主要的产油气带。威利斯顿盆地的储集层岩性以碳酸盐岩为主。结合构造因素威利斯顿盆地的碳酸盐岩油气藏可划分为构造型、地层岩性型和复合型三大类。构造型包括：①背斜型；②断背斜型，如Cabin Creek油藏。地层岩性型包括：①岩溶风化壳型；②礁滩型，如Dickinson油藏。复合型包括：①构造-地层岩性复合型；②构造-岩性复合型，如Charlson油藏。

4.3.4 典型油气藏（田）解剖

1.Bakken区带油气田

2008年6月24日，美国地质勘探局（USGS）发表了一项官方研究报告，该研究报告指出预计在Bakken页岩蕴藏巨大的油气储量，待发现资源量可达3 650MMbbl。与1995年的预测结果比较，可采储量增长了25倍。同时，北达科他州也发布了一份报告，估计在其境内的Bakken油层有210MMbbl可采石油储量，这些数据包含常规（Bakken组中段）和非常规油气藏（Bakken组上、下段页岩油藏）。

2013年4月，美国地质勘探局（USGS）再次发表了一项关于威利斯顿盆地Bakken组资源评价的官方研究报告，指出Bakken区带待发现资源量为原油7 400MMbbl，天然气6.7tcf，天然气凝析油530MMbbl，其中原油资源量是2008年评价结果的2倍多（见图4-1）。

现今Bakken区带的主要大型油田有位于美国境内的Elm Coulee、Parshall、Bailey-San Demetrius油田和加拿大境内的Viewfield、Daly Sinclair油田。Bakken区带累积生产页岩气0.34tcf，累计生产致密油511MMbbl，目前产量为页岩气379 MMcfd，致密油575 000 b/d。

（1）烃源岩。Bakken地层明显可分为典型的3段，上、下段为具放射性的、富含有机质的黑色页岩；中段为钙质灰色粉砂岩—砂岩。上下两段页岩是在近海缺氧环境下，并受海洋洋流循环影响的沉积产物。推测有机质是随处可见的地表水中的浮游藻类衍生而成的。

2008年6月评价结果

含油气系统和评价单元	油田类型	总待发现资源量											
		油(MMBO)				天然气(BCFG)				液化天然气(MMBNGL)			
		F95	F50	F5	Mean	F95	F50	F5	Mean	F95	F50	F5	Mean
Bakken 非常规含油气系统													
Elm Coulee-Billings Nose致密油评价单元	油	374	410	450	410	118	198	332	208	8	16	29	17
Central Basin致密油评价单元	油	394	482	589	485	134	233	403	246	10	18	35	20
Nesson-Little Knife致密油评价单元	油	818	908	1,007	909	260	438	738	461	19	34	64	37
Eastern Transitional致密油评价单元	油	864	971	1,091	973	278	469	791	493	20	37	68	39
Northwest Transitional致密油评价单元	油	613	851	1,182	868	224	411	754	440	16	32	64	35
总非常规资源量					3,645				2,730				148
Bakken常规含油气系统													
中Bakken常规油气评价单元	油	1	4	8	4	0	1	3	2	0	0	0	0
	气					0	0	0	0	0	0	0	0
Lodgepole 常规油气评价单元	油	2	7	18	8	1	4	11	5	0	0	1	0
	气					0	0	0	0	0	0	0	0
总常规资源量					12				7				0

2013年4月评价结果

含油气系统和评价单元	油田类型	总待发现资源量											
		油(MMBO)				天然气(BCFG)				液化天然气(MMBNGL)			
		F95	F50	F5	Mean	F95	F50	F5	Mean	F95	F50	F5	Mean
Bakken 非常规含油气系统													
Elm Coulee-Billings Nose致密油评价单元	油	218	281	355	283	174	278	410	283	11	21	36	22
Central Basin致密油评价单元	油	892	1,113	1,379	1,122	699	1,103	1,604	1,122	46	85	139	88
Nesson-Little Knife致密油评价单元	油	907	1,139	1,423	1,149	714	1,130	1,648	1,149	47	87	144	90
Eastern Transitional致密油评价单元	油	706	876	1,082	883	275	435	629	441	18	33	55	35
Northwest Transitional致密油评价单元	油	90	197	357	207	57	134	268	145	4	10	22	11
Three Forks Continuous致密油评价单元	油	1,604	3,440	6,834	3,731	1,508	3,286	6,685	3,583	105	252	553	281
总非常规资源量					7,375				6,723				527
Bakken常规含油气系统													
中Bakken常规油气评价单元	油	1	4	10	5	0	2	4	2	0	0	0	0
	气					0	0	0	0	0	0	0	0
Three Forks常规油气评价单元	油	0	3	7	3	0	1	3	1	0	0	0	0
	气					0	0	0	0	0	0	0	0
总常规资源量		1	7	17	8	0	3	7	3	0	0	0	0
总待发现油气资源量					7,383				6,726				527

图 4–1　USGS最近两次对威利斯顿盆地Bakken区带待发现资源量的评价结果对比

1）Bakken组下页岩段。下段页岩厚度一般小于12m，由均匀、无钙、含炭—沥青、易破裂的厚层页岩组成，但有些地区则呈平行致密薄层状、蜡状、质硬、含黄铁矿、具放射性的暗棕—黑色页岩组合。页岩含丰富的有机质（有机碳平均含量12%），且在薄条状纹理中常富含丰富的黄铁矿。

下Bakken组页岩有机碳含量大部分在10%～20%之间，最大值分布在盆地中部的Nesson背斜的东部地区和Parshall地区，Bakken组页岩有机碳含量东西部各呈现一个高值区，向外逐渐减低。泥页岩干酪根类型以Ⅰ和Ⅱ型为主。岩石主要的矿物成分为石英、方解石、黄铁矿、白云石和方解石等。

裂缝产状一般近平行或近垂直于层理面，裂缝表面充填有白色方解石和浸染状黄铁矿。Christopher将这些裂缝解释为挤压式泥裂。在基底滞留沉积中含有黄铁矿化碎屑、化石碎屑、石英砂及粉砂和磷酸盐的颗粒。

2）Bakken组上段页岩层。Bakken组上段页岩以整合形式叠置于Bakken组的中段砂岩上，而位于Lodgepole组石灰岩下面。该段厚度一般小于7m，厚度分布较为稳定，Webster认为它与其下伏Bakken组中段呈整合接触。上段页岩地层与下段页岩层类似，说明其沉积条件一致，但沉积范围比下页岩段更广。Bakken组上段页岩总有机碳（TOC）含量平均为10%，具备了成为极好烃源岩的条件。可以看出，在内森（Nesson）背斜以东，上Bakken组沉积中心附近，烃源岩的有机碳含量最高且厚度也最大。这是一套薄层状黑色页岩，含有伊利石黏土矿物、石英、长石和碳酸盐等颗粒，还有较多的黄铁矿。

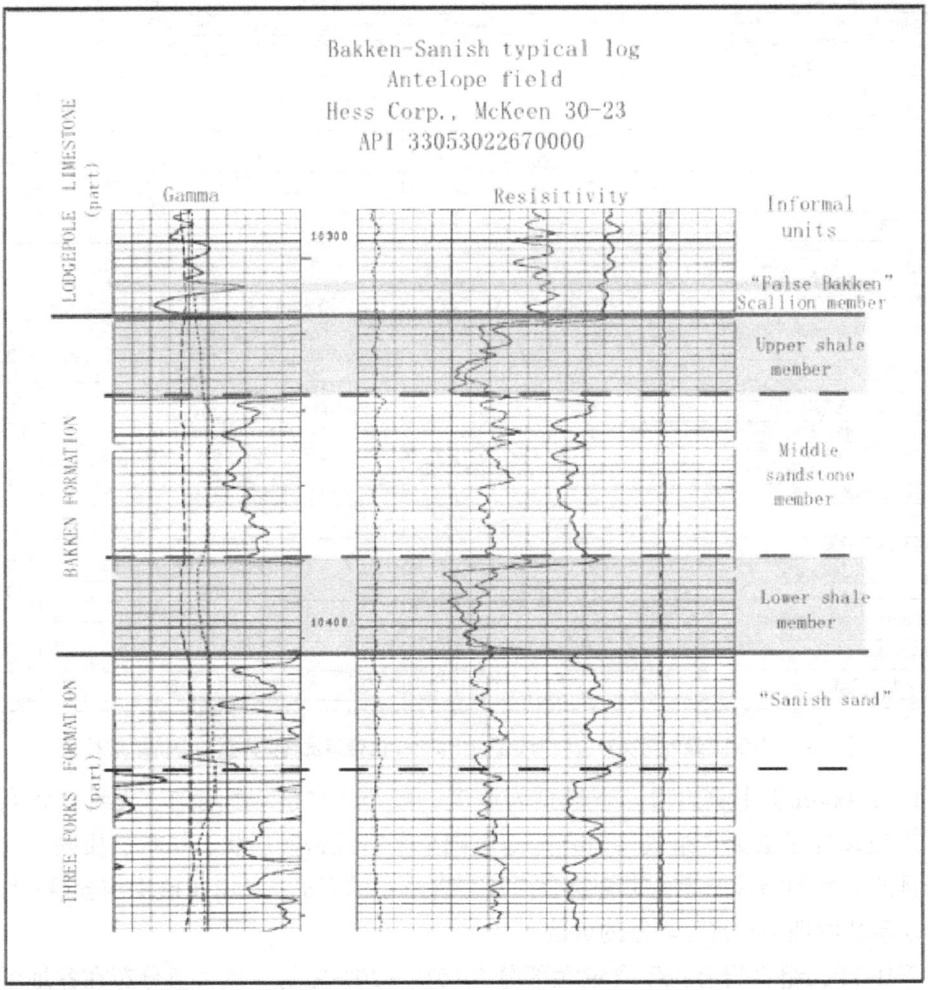

图 4-2　典型的自然伽马（左）和电阻率（右）测井曲线显示Bakken组地层可以划分为明显的三段（据C & C Field Evaluation Report，2011）

热演化成熟度和埋深以及该地区的地温梯度有关，由于Bakken组页岩埋深较浅，加上威利斯顿盆地低温梯度不高，故Bakken组页岩热演化程度整体较低，盆地最深处页岩的Ro值不超过1.0%，因此Bakken页岩主体上处于低成熟到成熟阶段，R_o范围为0.5%～1.0%的页岩正处于生烃的高峰中，生成的大量原油保证了Madison以及Bakken组地层中油气藏的形成，但仍有大片的页岩处于不成熟阶段。

（2）储层。Bakken区带的储层由下至上主要包括：①Three Forks组顶部的碎屑层段——Sanish砂，②Bakken组下页岩段，③Bakken组中砂岩段，④Bakken组上页岩段。其中Bakken组中砂岩段的地位最为重要。

Bakken组中段砂岩层与下伏Bakken组下段页岩层为区域不整合。其底部存在砾石和风化面。而盆地边缘地区，下段页岩超覆于Three Forks（Torguay）组碳酸盐岩地层之上。

Bakken组中段砂岩层的厚分布度在盆地中变化较大，通常范围为0～15m，主要由含少量页岩和石灰岩的互层状粉砂岩和砂岩组成，其颜色主要是浅灰—中暗灰色，但在某些地区由于饱含油而使颜色模糊不清。该层中的页岩常是粉砂质的，呈绿灰色；石灰岩为砂屑石灰岩透镜体。该层中化石丰富，主要为腕足类，并含有少量痕迹化石。在埃尔姆古力油田，这段地层是一套白云石化的碳酸盐沙坝复合体，孔隙度为8% ～10%，渗透率为0.05mD。

Bakken组上、下页岩段的组成矿物以石英为主（占50%～90%）（见图4-3），主要原因是这些沉积物以陆源碎屑为主。中砂岩段石英含量相对较低（通常为30%～40%），但方解石含量（10%～80%）和白云石含量（5%～40%）较大。蒙大拿州Elm Coulee油田Bakken组中段白云石含量达50%～60%，泥状级别的石英含量为20%～30%。

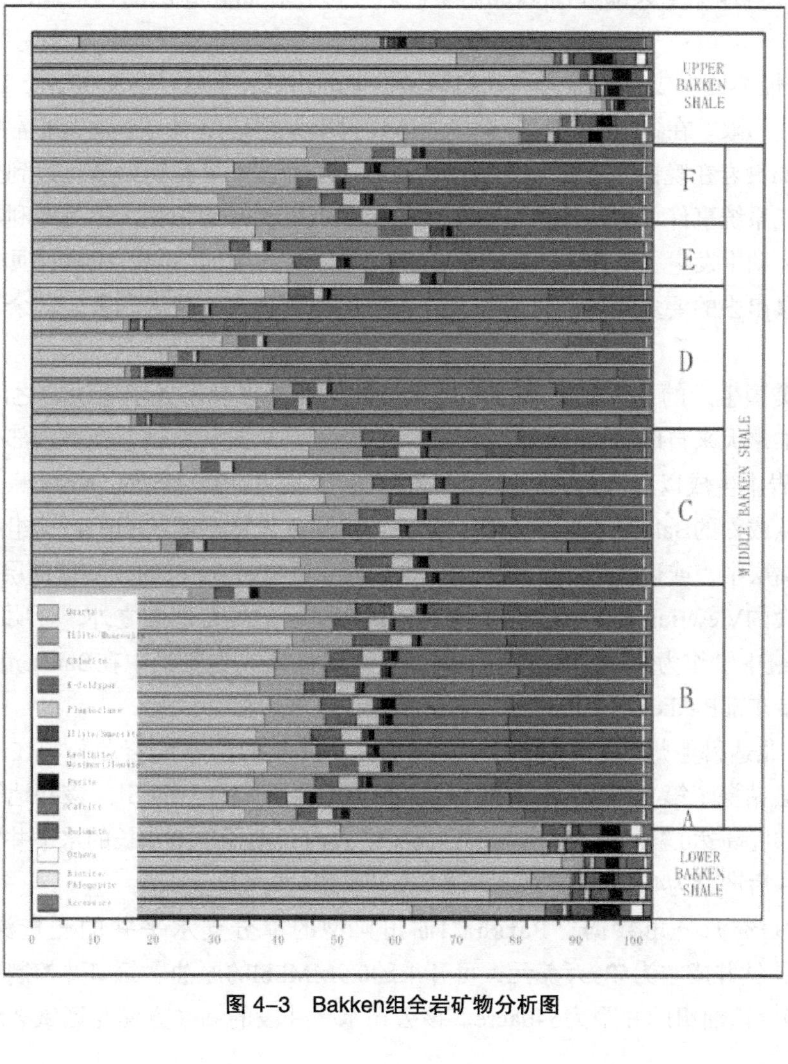

图 4–3　Bakken组全岩矿物分析图

Bakken组中段的岩性以硅质碎屑岩和云质泥粒灰岩为主。粉砂岩碎屑颗粒分选好，但被钙质和白云质很好地胶结，所以孔渗性差（岩样孔隙度为7.7%，渗透率为0.009 mD）。虽然粉砂岩和碳酸盐储层都很致密，但是发育的裂缝为流体提供了大量的渗流通道。碳酸盐岩中发育与层理相互平行的构造裂缝，粉砂岩中的裂缝甚至切割石英，裂缝已经被沥青充填。这些裂缝（包括构造缝和成岩缝）可以作为渗流通道，也能为储层带来一定量的次生溶蚀孔隙，但也有可能被后期的方解石所充填。

来自北达科他州不同油井的164块岩样的分析测试结果为Bakken组中段孔隙度为2%～10%，平均5.4%；渗透率范围为0.02～0.05mD。巴肯组的页岩具有双孔隙度系统，在油藏压力条件下，岩石基质孔隙度只有2%～3%，其中微裂缝占十分之一（裂缝孔隙度0.2%～0.3%）。巴肯页岩岩心样本显示，其基质渗透率为0.02～0.05mD，但是并没有说明这些渗透率是水平上的还是垂向上的。由于微裂缝的出现，巴肯页岩的有效渗透率大约是0.6mD。

尽管在威利斯顿盆地美国部分还没有发现Bakken组作为常规储层的例子，但是，在威利斯顿盆地加拿大部分Bakken组中砂岩段却存在高孔高渗的构造圈闭或地层尖灭圈闭。

（3）烃类的生成和运移。在威利斯顿盆地的边缘，埋深小于9 000ft，Bakken页岩未达到生油门限。在盆地中部，等效镜质体反射率大约是1.0%与生油窗非常接近。一般认为Bakken页岩在晚白垩世到早始新世已经开始生油，并且在晚始新世达到生油高峰，这一含油气系统事件可能与晚白垩世的拉拉米造山运动密切相关，因为威利斯顿盆地在这次造山运动中发生了整体下沉，导致Bakken页岩进入生油门限。Bakken页岩中生成的石油比运移出去的要多得多，这导致页岩层中出现很高的原油饱和度、剩余压力和发育的微裂缝。

尽管美国生产的几乎所有来自Bakken组的原油都来自于处于生油窗之内的Bakken组，但是加拿大来自Bakken组的原油产量大部分都是从威利斯顿盆地美国部分已成熟的Bakken页岩中生成以后再运移过去的。随后Osadetz等、Burrus等、Kreis等经过研究表明：原油从成熟的Bakken页岩中生成以后，或运移进入构造圈闭和Bakken组中砂岩段孔隙发育的储层中，或运移进入加拿大地区密西西比系Madison群的碳酸盐储层中。

加拿大的Viewfield等油田位于成熟的Bakken页岩的展布范围之外，证明了有可渗透的Bakken组中段作为原油运移的输导层，这一运移模式主要集中在Bakken区带的中北部，该区带东部Bakken组中段渗透性低，不存在这种运移。

（4）北达科他州Parshall油田开发实例。2006年初，EOG资源公司在北达科他州芒特雷尔县钻探了第一口Parshall井#1-36H井，发现了Parshall油田。该井地层压力异常高，压力梯度高达0.7psi/ft，致使在Bakken组中段内只钻了1 200ft长的水平井段就发生了井喷。完井后产量为463b/d。

据EOG资源公司数据，Parshall油田典型的单分支水平井的测量深度一般为1.5×10^4ft，钻井成本为525万美元，可开采约0.9MMbbl的原油。每口井控制原始地质储量9MMbbl，该油田的井距为640acre。该公司水平井段的钻井方向与区域裂缝走向带垂直，即北东—南西方向。同时还对水平井进行了多级压裂。

在北达科他州，Bakken组的埋深约为10 000ft，同时在西北部的沉积中心埋深达11 000ft。Bakken组上段约厚23ft，下段厚约50ft，上下段主要为黑色富含有机质的页岩；中段厚约85ft，分为5层，上、下两层均为粉砂岩，中层是砂岩，而两个过渡层是互层的暗灰色泥岩和米色粉砂质砂岩。总有机质含量可达30%。在北达科他州，过去人们普遍认为页岩是非渗透烃源岩，但精确的水平井钻井技术和多级、高压大排量压裂技术改变了人们的看法，这些技术使开发页岩油气资源成为可能。

北达科他州的井底温度比较高，而且压力梯度也较高，在0.5～0.58psi/ft之间。孔隙度一般为7%，少数地区达10%，渗透率为0.11mD。北达科他州的页岩稳定性差，因而不能采用裸眼完井，为了防止井壁坍塌，有些井需要下衬管。

北达科他州Bakken页岩油藏的巨大产能得益于超压，而超压是由Bakken页岩大量生烃所致。Bakken页岩既有在生油过程中形成的微裂缝，又有区域构造应力形成的裂缝，这也是高产的主要原因之一。截至2008年9月，在威利斯顿盆地开发最为成功的就是Parshall油田。该油田位于成熟和未成熟的Bakken页岩界面处，这里的油井产量非常惊人，有相当一部分水平井在不到一年的时间内就开采出了十多万桶石油。如此好的生产形势目前正吸引着许多石油公司继续加大投资Bakken页岩油藏的开发。

Parshall油田开发成功的经验给我们最大的启示是：精确的水平井钻井技术和多级、高压大排量压裂技术使开发页岩油气资源成为可能，这无疑拓宽了油田开发的领域，也是石油公司最大的经济增长点。

（5）Bakken区带油气生产史。从时间上来看，Bakken组的勘探开发历程可以分为三个阶段：第一阶段（1953～1987年）、第二阶段（1988～1999年）和第三阶段（2000年以后）。

第一阶段（1953～1987年）。在这个阶段，油田主要分布在Nesson背斜上，目的是利用直井开发裂缝内所含油气。1953年，在Antelope油田的Bakken页岩裂缝中获得最初的原油产量，该地区由于强褶皱作用，裂缝非常发育。1986年，在另一个构造带——Billings鼻状构造上获得油流，35个Bakken页岩油田产油2 930b/d，60%来自Billings鼻状构造的三个油田，即Buckhorn、Devils Pass和埃尔克霍恩兰奇油田。

截至1987年，在美国境内，Bakken页岩共有开发井194口，但从1953年起，累积产量只有19MMbbl。所以Bakken页岩一直作为次要目的层。由于直井一般很难遇到高角度裂缝，随后许多在Bakken高产井附近的新钻井没有成功。在埃尔克霍恩兰奇油田的Bakken页岩层钻井43次，只有22口井产油，平均初始产量为65b/d。

第二阶段（1988～1999年）。在这个阶段，投入开发的油田主要分布在Billings背斜的西翼，目的是利用水平井加直井开发裂缝内所含油气。

1987年9月在埃尔克霍恩兰奇油田钻了第一口水平井，显示了其经济上的优越性，其采收率是直井的2.5～3.0倍，钻井费用是直井的1.5～2.0倍。从1987年开始，约钻水平井135口，其中仅有15口干井。其中大多数新钻井位于长1.61×10^5m、宽4.83×10^4m的西北-东南向的一个相当狭窄的地带，该地带平行于Bakken页岩的尖灭线，并延伸至

Billings鼻状构造的西部。在古地质图上，在这个地区只有上部页岩段广泛出露，覆盖了下伏的地层单元：上部单元仅1.83～2.74m，但裂缝高度发育。

根据对Bakken组7个油田的21口水平井的评价，得出如下结论：典型的水平井一般具有609.6m长的水平段，控制（3.18～4.29）$\times 10^6 m^3$的地下原油，其中只有10%储存于裂缝中。水平井的可采储量一般为3.2×10^4～$4.0\times 10^4 m^3$，更好一些的可以达到6.4×10^4～$8.0\times 10^4 m^3$。而Bakken页岩层中直井平均开采量（统计119口直井）只有每口$1.7\times 10^4 m^3$。同时，Leibman报道了1987到1990年间，Meridian钻的50口水平井的数据，其中45口获得工业油流，发现了$1.6\times 10^6 m^3$的可采储量，每口井的可采储量约为$3.6\times 10^4 m^3$。

威利斯顿盆地中，Bakken页岩预计最终可采储量可达几亿桶的规模。需要考虑的问题是盆地中部深层Bakken页岩的潜力，这里的Bakken页岩较厚且处于超高压状态，但其天然裂缝并不发育。

第三阶段（2000年之后）。在这个阶段，投产油田主要分布在美国境内的Bakken组分布区，主要利用水平井开发基质和裂缝内所含油气。最近几年，特别是在2000年之后，由于艾尔姆古丽（Elm Coulee）和帕歇尔（Parshall）等一批油田的发现，再加上油价高涨和新的钻井及完井技术的应用，该区的原油产量迅速增长，到2005年原油月产量已经超过$2.0\times 10^6 m^3$。2005年以后，由于广泛应用水平井钻井新技术，并结合多级水力压裂技术，油层的生产真正实现了腾飞，将致密页岩油层原油开采推向了一个新的高度，使其成为美国历史上最大的原油开采区之一。

2. Red River区带Cabin Creek油田

Cabin Creek油田位于美国蒙大拿州，即威利斯顿盆地的西南翼。该油田发现于1953年。累计探明原地储量为原油224MMbbl桶，到目前已累计采出原油105MMbbl，采收率为47%。Cabin Creek油田所产原油主要来自于两个由Cabin Creek背斜占主导作用的断层封闭背斜油藏。约500ft厚的上奥陶统Red River组和约400ft厚的志留系Interlake组是油田的主要产层。储集空间包括白云化的向上水体变浅的潮上带碳酸盐岩旋回中的晶间、晶洞、裂隙和角砾孔隙。储层的净产层为40～70ft厚，分别为夹在Red River组致密石灰岩之间的白云石脉和Interlake组中的微晶白云岩。

层内储层的非均质性是由于白云岩化程度变异不一引起的。这就导致了Red River组的白云石脉有1%～25%的孔隙率和高达142mD的渗透率（平均8mD）及Interlake组中的微晶白云岩有约23%孔隙度和0.5～45mD（平均为5mD）的渗透率。潮上带沉积物的平均渗透率最高，这些沉积物是沿均一的晶间或多孔隙系统发生成岩转变而形成的白云石脉。轻质油（32°～33° API）是由溶解气驱而采出的，但是从1959年向主要储层中注水以来，储层压力大大增加，致使1962年原油产量达到每天14 000桶的高峰。到2002年，油田产量下降到了每天3 500桶，至此，Cabin Creek油田已累计生产原油104MMbbl。

4.3.5　油气富集规律与成藏主控因素

1.含油气系统

威利斯顿盆地是含油气系统分析的起源地，Dow应用油源对比的方法提出威利斯顿盆地存在3种类型的原油对应了3个“石油系统”。此后很多学者对含油气系统进行完善，现今含油气系统分析已广泛应用于油气勘探理论与实践，取得了非常好的勘探效果。含油气系统分析的思路是“从烃源岩到圈闭”，油源对比是含油气系统分析的关键。

威利斯顿盆地从盆地形成一直到白垩纪末都未发生大规模的抬升或下沉，而是几乎一直处于稳定的下沉过程中，直到白垩纪末期的拉腊米造山运动，盆地快速沉降，导致多套烃源岩进入生油门限，而后盆地又发生一次较大规模的抬升。

2009年美国地质调查局（USGS）将威利斯顿盆地的油气分为了包括Winnipeg-Deadwood、Red River、Winnipegosis、Duperow、Bakken-Lodgepole、Madison、Tyler、Cedar-Creek Paleozoic Composite、浅层煤层气和浅层生物气在内的10个含油气系统，其中Bakken-Lodgepole总含油气系统既包括常规油气部分，又包括连续型油气（非常规）部分。

这里提到的含油气系统包括：①烃源岩的分布、厚度、有机质丰度和成熟度、石油的生成及运移；②储层岩石类型、分布及其质量；③圈闭特点及圈闭相对于石油形成和运移的时间。

（1）Bakken-Lodgepole含油气系统。威利斯顿盆地上泥盆统至密西西比系下部的Bakken组上段和下段的富有机质海相页岩是该盆地最重要的烃源岩之一，其总有机碳含量（TOC）最高可达35%。Bakken-Lodgepole含油气系统定义为以Bakken组上、下页岩段为烃源岩，而在Three Forks组顶部的Sanish砂岩、Bakken组自身内部和Lodgepole组底部的Waulsortian mounds中形成油气聚集。2009年美国地质调查局的研究结果表明Bakken组的还未被发现的常规加非常规的总技术可采储量达36.5亿桶，因此Bakken-Lodgepole含油气系统在该盆地的地位显得非常重要。

Bakken-Lodgepole含油气系统的烃源岩和储层均形成于泥盆纪晚期至密西西比纪早期。构造圈闭主要形成于宾夕法尼亚纪的阿勒格尼造山运动和白垩纪晚期至古近纪早期的拉腊米造山运动。盆地中央和poplar岩丘的烃源岩于白垩纪晚期开始生烃，于古近纪早期结束生烃。

Bakken-Lodgepole含油气系统是以Bakken组富有机质海相页岩为源岩的地层的地质分布特征为依据进行划分的。该油气系统的储层既有常规的也有非常规的，连续型非常规储层是几个地层单元的复合体。常规的储层包括Bakken组中砂岩段和密西西比系Lodgepole组石灰岩底部的Waulsortian mounds（缺乏可识别有机质框架建造的富有机质碳酸盐岩隆）。

Bakken组连续型储层可以被叫做“Bakken连续储层组合体”，因为Bakken组连续型储层不仅仅包括整个Bakken组，还包括紧邻Bakken组的下覆Sanish砂体单元。这个

“Bakken连续储层组合体”被上覆的Lodgepole组和下覆的Three Forks组这两套厚层且几乎不具有渗透性的碳酸盐岩封闭了起来。

Lodgepole组石灰岩Waulsortian mounds直接上覆与Bakken异常厚的部位。Bakken组上页岩段异常厚的部分沿着该组的沉积边缘，这可能与其下部的中泥盆统Prairie组蒸发岩的溶解有关系。

（2）Winnipeg-Deadwood含油气系统。Winnipeg-Deadwood是一个自生自储的含油气系统，即油气从上寒武世沉积的Deadwood组和早奥陶统沉积的Winnipeg 群中生成以后并没有运移到其他的沉积单元。但不足的是该含油气系统的储层位于盆地的最深部位，从而给成功勘探增加了许多不确定因素。

在Deadwood 组和Winnipeg群的地层中储层通常是连续型的，因此很难发现单一的地层圈闭。Winnipeg-Deadwood含油气系统中的圈闭大多以构造—地层复合圈闭为主。

（3）Red River含油气系统。Red River含油气系统的烃源岩为Red River组的一套半深海相、深海相的缺氧环境中沉积的富有机质页岩，储层为Red River组中部呈薄板状的泥质白云岩、上奥陶统Stony Mountain组泥质碳酸盐岩、志留系Stonewall组和Interlake组碳酸盐岩。

尽管Horse Creek和Cedar Hills两大油田的圈闭类型为地层圈闭，但纵观整个Red River含油气系统来看，该含油气系统的圈闭以构造-点地层的复合圈闭为主。

（4）Winnipegosis含油气系统。Winnipegosis是一个自生自储的含油气系统。其烃源岩主要为Winnipegosis组中下部薄层的，富有机质的泥质灰岩。在盆地深处Winnipegosis组底部为灰质页岩层和泥质灰岩的互层，其实这种富有机质的灰质页岩层也可以作为该油气系统的烃源岩，尤其是盆地的加拿大部分。

Winnipegosis含油气系统地层圈闭的形成机理：相对较厚的并具有一定连续性的渗透性白云岩单元在横向和下倾方向孔隙度不断降低，最终导致该渗透单元的封闭。另外，虽然目前还没有发现珊瑚礁或丘的油气成藏，但生物礁建隆过程中可能也会形成地层圈闭。

（5）Duperow含油气系统。从地层序列来讲，Duperow含油气系统包括Souris River组、 Duperow组和 Birdbear组。其中上泥盆统Duperow组泥质灰岩既是烃源岩也是储层，而上覆的上泥盆统Birdbear组碳酸盐岩和下覆的中泥盆统Souris River组和Duperow组碳酸盐岩为该含油气系统的储层。

Duperow含油气系统的圈闭类型包括：①封闭的大型构造，如Nesson背斜；②盐溶解而形成的构造隆起；③构造鼻顶部的高孔隙度区域形成的地层圈闭，如Billings构造鼻，Billings背斜；④罕见的不整合地层圈闭。在Nesson背斜构造圈闭是威利斯顿盆地最好的石油生产基地，由于褶皱的存在，这为背斜油气藏的开发创造了条件。

（6）Tyler含油气系统。Tyler是一个自生自储的含油气系统。即烃源岩和储层都是宾夕法尼亚系的Tyler组。但Tyler组可以分为典型的三段：上砂岩段、中页岩段和下粉砂岩段。其中中页岩段富含有机质，其TOC值最高为9.1%，是Tyler含油气系统的主要烃源岩，而上、下碎屑岩段拥有较大孔隙度，可以作为储层。

Tyler含油气系统中储层砂岩多夹在致密的泥岩和页岩地层中而形成一系列的地层圈闭油气藏，也有一些受构造和岩性共同影响的构造–岩性复合油气藏。

（7）Madison含油气系统。该含油气系统的烃源岩为Madison群的Mission Canyon组和Charles组。但到20世纪80年代末，大家都还普遍认为Madison含油气系统的烃源岩为富有机质的Bakken组页岩，后来的研究才表明该含油气系统的原油为自生自储，即烃源岩也是Madison群的Mission Canyon组和Charles组。

Madison含油气系统的烃源岩形成于早密西西比纪。存在的构造圈闭主要形成于宾夕法尼亚纪的阿勒格尼造山运动和白垩纪晚期至古近纪早期的拉腊米造山运动。烃源岩从中侏罗世开始生烃，现今仍处于生烃阶段（见图4-4）。

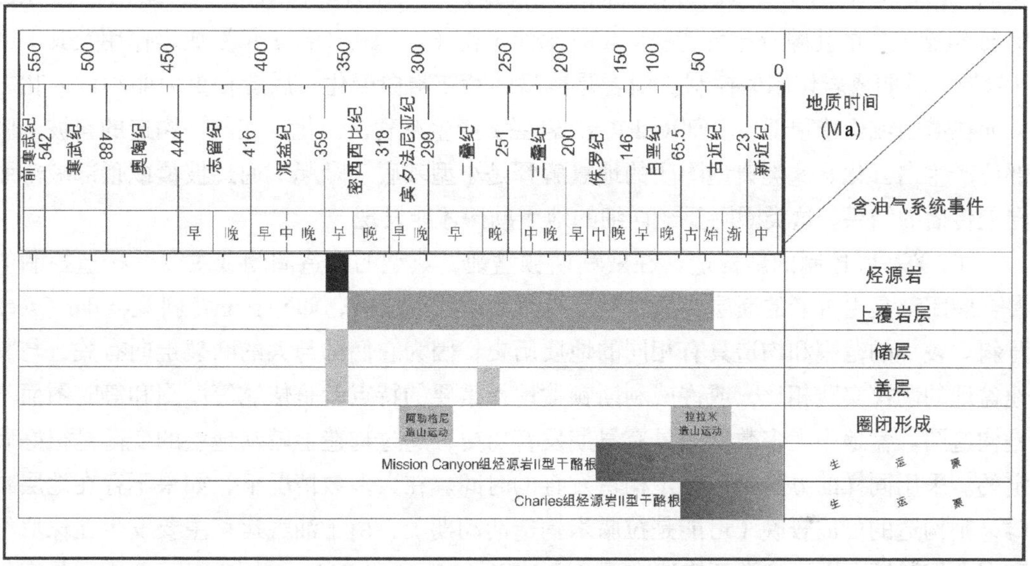

图4–4 威利斯顿盆地Madison含油气系统地质事件图（据USGS，2010）

2.油气分布特征

威利斯顿盆地在美国部分的石油资源丰富，产油层位很多。从前寒武系基岩到白垩系砂岩，其中仅侏罗系尚未见油。约90%以上的石油储量产自古生界，主要产层为密西西比系下部的Bakken页岩、密西西比系Mission Canyon组、志留系Interlake组、上泥盆统和奥陶系Red River组。

密西西比系储集岩主要是生物、碎屑和鲕粒石灰岩，少数为砂岩，平均有效厚度1～20m，孔隙度9%～22%，渗透率0.1～266mD。志留系Interlake储集岩主要是白云岩。上泥盆统储集岩主要是含藻碳酸盐岩，厚3～15m，孔隙度7%～14%，渗透率0.1～200mD。奥陶系储集岩主要为白云岩和碎屑石灰岩。

生油层主要是奥陶系下部的Winnipeg黑色页岩，中奥陶统Red River组烃源岩和密西西比系下部的Bakken页岩，还有宾夕法尼亚系下部的Tyler组页岩。主要盖层是各层系的蒸发岩。

盆地内目前已发现油气田有数百个，均为中小型，主要属背斜圈闭，成带分布，也有相当一部分为地层圈闭。地层圈闭集中分布在盆地北翼，主要为古生界和侏罗系不整合面下的潜山古地貌圈闭。另外，新发现油气田的圈闭类型有构造岩性圈闭、盐溶圈闭、硬石膏遮挡圈闭和地层不整合圈闭。

威利斯顿盆地可以根据地层或圈闭样式来对威利斯顿盆地的油气富集区带进行划分。威利斯顿盆地的油气富集区带可划分为：①与盆地古地貌及古构造（Red River组）有关的区带；②与受基底控制的较新构造有关的区带；③盐溶所形成的圈闭；④与沉积和成岩作用有关的构造控制圈闭的区带；⑤裂缝型Bakken组页岩。

（1）基底地貌区带——Red River组。减薄及相变证实萨克及下蒂佩卡罗岩层的沉积反映前寒武系地貌，埋深不大有利于识别Deadwood组和Winnipeg组，但对最下部主要含油层Red River组的大量研究使我们可以确定这些层位及类似岩层中的圈闭样式。Red River组储集层的孔隙分布可能受Red River组上部（A、B、C带）早期成岩作用及其下部（D带）后期成岩作用的控制。前者是典型的萨布哈白云化，后者是重力驱动白云化，从而在潜山或构造顶部（上部Red River岩层）产生有利白云化及在同一构造的斜坡上倾部位产生白云化。这类典型圈闭的地震解释是小型基底“隆起”通过披覆或顶部减薄而向上传播的结果。这类圈闭要经详细的地震勘探才能发现。

（2）基底控制的新构造。在威利斯顿盆地，典型的构造圈闭或主要受构造控制的混合圈闭都是由古老的断层或褶皱断层持续活动所形成的，如Nesson背斜及Cedar Creek背斜。较小的范围和构造具有相同的地质历史，因为它们都与大的断裂走向有关，与其他盆地的勘探实践相比，或许威利斯顿盆地最重要的特点就是依靠等厚图和等时图而不是构造图。盆地中大多数圈闭具有早期发育历史，通过构造上较新地层的变薄是很好确定的。采用同样的方法可以确定构造发育的时间。在大多数情况下，如果不存在地层减薄，则构造的形成较晚（可能是拉腊米构造活动期），由于油气运移主要发生在侏罗纪和白垩纪时期，因而这类新构造中不会含油气。Missouri Ridge油田就是一个圈闭具有长期发育史的例子，它包含上奥陶统至密西西比系的四套产层。

（3）盐溶形成圈闭的油气富集带。在古生代地层段内有许多以岩盐为主的蒸发岩，特别是泥盆系Prairie组蒸发岩，其中不仅含有大量的岩盐，而且含有钾碱（碳酸钾）层。从石油勘探的角度看，Prairie盐层具有两个重要意义。第一，盐层形成了有效的封盖层，阻止了油气的垂向运移，使Winnipeg岩层中的石油得以保存；第二，在Prairie组中发生了两期岩溶，形成了大量的含油构造，在许多油田都有这种圈闭类型。许多这类构造都具有复杂的溶解和沉积补偿历史，但大多数盐溶都被下伏构造特别是深切前寒武系基底的断层所控制。只要Prairie盐层与主断裂体系相连通就会发生盐溶。与盐溶有关的圈闭，既可由盐溶形成亦可由构造控制孔隙发育。将盐溶的影响同圈闭或储集层的起因区分开来是十分重要的，如蒙大拿州的红岸油田，盐溶是由断层控制的，而储集层发育则与隆起断块上的成岩作用有关。

（4）沉积及成岩区带。从石油产出量看，导致储集层及圈闭发育的沉积及成岩作用过程是控制区带的最重要的因素。

志留系Interlake组中的石油产于其上部的侵蚀面中，蒂佩卡罗后期区域性出露导致了这一剥蚀面的产生，孔隙度多为古风化壳角砾岩化作用所控制。在该层位中生产井的初始产量很高。原油中盐含量非常高，井中具有盐量增高的趋势，必须用淡水冲才能保证生产。

Winnipeg期生物礁及Duperow层孔虫滩是大家热衷的勘探目标，产量受沉积相和构造的双重控制，有些钻在Duperow层孔虫滩中的井，其初产每天超过2 000桶油。

Winnipeg期针孔礁可能是盆地中已知的最让人失望的储集层。虽然钻探了许多针孔礁，也遇到了高孔隙度和渗透率，然而直到前几年所有的钻井都无建树。1986年，萨斯喀彻温省的针孔礁开始产油。目前，有五或六口井在礁相（可能是一个礁复合体）中产油，产率变化不定，据说有的井日产超过100桶油。虽然这一发现令人鼓舞，但Winnipeg期礁相依然问题不少，遇到这种礁相的许多野猫井及开发井都无所作为。了解油源是勘探成功的关键所在；地震反射和重力测量是勘探礁的有效方法。

（5）裂缝型Bakken组页岩。威利斯顿盆地上泥盆统至密西西比系底部的Bakken组上段和下段的富有机质海相页岩是该盆地最重要的烃源岩之一，其总有机碳含量（TOC）最高可达35%。Bakken组的页岩具有双孔隙度系统，在油藏压力条件下，岩石基质孔隙度只有2%～3%，其中微裂缝占十分之一（裂缝孔隙度0.2%～0.3%）。Bakken页岩岩心样本显示，其基质渗透率为0.02～0.05mD，但是并没有说明这些渗透率是水平上的还是垂向上的。由于微裂缝的出现，Bakken页岩的有效渗透率大约是0.6mD。

2000年以来，由于页岩内油气逐渐受到石油部门的重视，从Bakken组页岩获得的油气储量不断增加。2008年，美国地质调查局对Bakken含油气系统重新进行资源评估，在威利斯顿盆地Bakken组总平均技术可采资源量（可采资源的50%）为$5.8\times10^{8}m^{3}$石油，这个结果与1995年的预测结果比较，可采储量增长了25倍。

威利斯顿盆地是一个具有多区带多含油层的盆地，从奥陶纪开始发育，沿着元古界断裂系统下沉。古生界的沉积主要为碳酸盐岩和蒸发岩，但从宾夕法尼亚纪及其后期变为碎屑沉积，中生界及新生界沉积以硅质碎屑岩为主。石油生成于侏罗纪至白垩纪时期，并沿着构造的路径运移，储集层变化相当大，从大范围的单元到小的、孤立的孔隙发育区。地层与构造组成的混合型圈闭最为常见，但也有单一的地层圈闭和构造圈闭。盆地的许多地区还不产油，一方面可能是在某些地区由于断层形成的通道将油气带走，另一方面可能是在某些地区还需进一步的钻探。

3.成藏主控因素

威利斯顿盆地所处北美板块，规模较大，构造挤压对盆地构造影响较弱，沉积主要受海平面的控制，以发育多套碳酸盐岩和蒸发岩沉积旋回为主要特征。盆地内油气资源丰富，油气成藏的主控因素主要有以下4个方面：

（1）高效优质的烃源岩。在古生代时期，威利斯顿盆地所处低纬度温暖湿润的气候有利于烃源岩沉积，发育多套烃源岩层系，有泥岩、页岩和碳酸盐岩等多种岩性。晚泥盆世和早石炭世期间，威利斯顿盆地所在的北美板块处于较低的纬度，更有利于优质烃源岩的形成，沉积的黑色页岩构成了盆地主力烃源岩。威利斯顿盆地发育的烃源岩的有机质类型多为Ⅰ型和Ⅱ型，且平均有机碳含量（TOC）多大于5%，属于高效优质的烃源岩范畴。这些烃源岩层系分布于盆地中部，在盆地相对稳定的构造环境下，具有单一的生、排烃期，生烃过程较为完全。因此，拥有高效优质的烃源岩是盆地油气成藏的物质基础。

（2）构造环境。威利斯顿盆地是一个大型克拉通内沉积盆地，在显生宙（寒武纪到第四纪）的大部分时间都有沉积作用。古生代期间，北美板块西缘构造相对稳定，威利斯顿盆地主要以大陆边缘拗陷沉降为特征。在开始于早侏罗世的科迪勒拉造山运动中，太平洋板块向北美板块俯冲碰撞，影响了北美板块西缘的构造演化 。由于北美克拉通板块规模比较大，威利斯顿盆地位于克拉通内，远离科迪勒拉造山带，因此威利斯顿盆地构造背景相对稳定、变形微弱。造山运动引起的构造挤压和基底断裂的反转活动，仅在盆地内形成了一系列的南北向和北西–南东向的大型低伏背斜。稳定的构造环境导致了稳定的沉积环境，为广泛分布的烃源岩和储集层提供了空间，为油气的聚集成藏创造了良好的条件。

（3）盖层条件。威利斯顿盆地古生代沉积旋回内发育了多套沉积于潮上带——萨布哈环境的蒸发岩层。蒸发岩具有致密、流动和低渗透率等特点，是封盖性能极好的盖层。盆地主要有上奥陶统Red River组、中泥盆统Prairie组、下石炭统Charles组和中二叠统Opeche组4套区域性蒸发岩盖层。这些蒸发岩主要分布在盆地中部，与下伏储层构成了优质的储、盖组合，阻隔了油气的垂向运移，有效控制了油气的层系和平面分布，大部分已发现的油气田都位于这些蒸发岩盖层之下。此外，泥盆纪沉积旋回内的其他蒸发岩层和泥页岩也为油气提供了局部的盖层条件。

（4）裂缝。对于Bakken页岩来说，裂缝不仅是致密储层的渗流通道，能起到沟通油气和改善物性的作用，而且有利于后期压裂改造的人工裂缝与天然裂缝交汇形成网状缝，因此裂缝的形成时间、发育程度以及后期成岩充填作用与致密油的富集有重要的关系。

过去广泛认为威利斯顿盆地Bakken页岩中天然裂缝的形成是由于大量生成的石油无法运移出去而产生高压的结果。Burrus等通过他们的模拟实验发现，Bakken组在中始新世已经具有足够的压力，可以在短时间内通过这种方式产生裂缝，这与主要的生油期相对应。因此很有可能在这个时期发育了密集的裂缝网络。

Bakken页岩中的张性裂缝也可能是构造变化作用造成的结果，或是深层基底断层复活的结果，这在威利斯顿盆地有大量的证据。某些情况下，页岩出现褶皱，比如羚羊背斜，其裂缝就是由张性应力引起的。而在岩石没有明显变形的区域，裂缝的形成被认为与局部构造应力有关。

Bakken页岩中构造应力造成的张性裂缝一般为垂向的，并且通常间隔数十厘米，但是这类裂缝的第一手观测资料非常少。Billings鼻状构造区域的压力恢复试井一般体现不出这类裂缝的影响，因而储层均质性较高。尽管如此，薄片中可见大量水平的、垂直的、倾斜的、部分胶结的裂缝。与此相似的，通过在埃尔克霍思兰奇油田的水平井模拟实验发现，Bakken页岩包含的裂缝的间距只有2cm左右。这些裂缝的开度随着页岩中流体压力的增大而减小。

4.3.6 勘探潜力与有利区预测

1.常规油气

盆地内Madsion群储层的孔隙度为9% ～22%，有较好的储集物性。区域性分布的Charles组蒸发岩提供了优质的油气保存条件，Madison群的Mission Canyon组、Charles组、Logepole组以及下伏的Bakken组都是优质烃源岩，能为Madsion群提供大量的油气来源。因此，Madsion群成为威利斯顿盆地油气发现最多的层系，是盆地常规油气领域具有一定勘探潜力的层系，也是威利斯顿盆地进行常规油气勘探的有利区。

2.非常规油气

（1）勘探潜力。威利斯顿盆地Bakken组页岩总体上可以划分为三个段：上段和下段为富含有机质的页岩，中段为粉砂质白云岩或石灰岩和砂岩，Bakken页岩的总有机碳含量平均为11.3%。研究认为，威利斯顿盆地Bakken油气系统在盆地的较深部位形成了连续性油气聚集。

Bakken组上、下富有机质页岩段，TOC高，干酪根类型好，具有非常大的生烃潜力。Burrus等人通过模拟研究，指出Bakken页岩所生成的原油中，85%已经运移到其他层位。但Price和Lefever通过研究却认为，大多数生成原油还保存于源岩中，这将对Bakken页岩层的勘探和开发工作起到非常大的鼓舞作用。Bakken组黑色页岩所生成的石油大都运移进入了Bakken组中段。

目前密西西比系—泥盆系Bakken非常规油气成藏区带是很多油气公司勘探开发的重点。前人研究认为Bakken非常规油气系统的生油量估计在100～4 000亿桶。2008年美国地质调查局（USGS）评价认为，Bakken组的技术可采油气资源量中值分别为石油3 650MMbbl、伴生气和溶解气1.85tcf、天然气凝析油148MMbbl。2013年4月，美国地质勘探局（USGS）再次发表了一项关于威利斯顿盆地Bakken组资源评价的官方研究报告，指出Bakken组未发现储量为原油7 400MMbbl，天然气6.7tcf，天然气凝析油530MMbbl，各项储量均为2008年评价结果的200%以上。因此，Bakken非常规油气成藏区带是威利斯顿盆地非常规油气领域最具有勘探潜力的成藏区带。

（2）有利区预测。Bakken组在盆地内局限而稳定地分布，但只有位于盆地相对深部的那一部分才进入生油门限而并非所有的Bakken组页岩都已经成熟。由于Bakken组生成的原油的主要运移方向为由上、下致密页岩段向中粉砂质白云岩或石灰岩段运移，即以原地成藏为主。故在已成熟Bakken组页岩范围内更有可能发现连续型致密油藏。

由于整个Bakken页岩成熟区域处于页岩厚度高值区域，且厚度分布稳定，故本次对Bakken区带进行有利区预测时考虑页岩的Ro和TOC条件而不考虑页岩厚度条件。Bakken页岩TOC值普遍较高（平均值为10%～20%），故本次优选Bakken区带有利区对TOC条件要求较高（见表4-19）。

表 4-19　对威利斯顿Bakken区带进行有利区预测的标准

有利区预测	I类有利区	Ⅱ类有利区
TOC条件	不小于15%	不小于10%
Ro条件	不小于0.5%	不小于0.5%

尽管美国生产的几乎所有来自Bakken组的原油都来自于处于生油窗之内的Bakken组，但是加拿大来自Bakken组的原油产量大部分都是从威利斯顿盆地美国部分已成熟的Bakken页岩中生成以后再运移过去的。这种运移方式与盆地的水文流动方向一致。

加拿大的Viewfield等油田位于成熟的Bakken页岩的展布范围之外，证明了可渗透的Bakken组中段可以作为原油运移的输导层，这一运移模式主要集中在Bakken区带的中北部，该区带东部Bakken组中段渗透性低，不存在这种运移。因此可将成熟的Bakken页岩北部的，Bakken组中砂岩段厚度较大（不小于30ft）的区域定为Bakken区带的Ⅲ类有利区。

本次对威利斯顿盆地Bakken区带进行有利区预测，优选出I类有利区29 603km^2、Ⅱ类有利区25 905 km^2、Ⅲ类有利区24 682km^2。

4.4 粉河盆地

4.4.1　概况

粉河盆地位于北纬42°～46°，西经103°～109°范围内，落基山盆地区东北角，其政区上位于美国西部的怀俄明州东北部和蒙大拿州东南部，东西宽约230km，南北长约480km，面积约10.8×10^4km^2。

粉河盆地北部蒙大拿州气候比较温和，降水量较高，冬季平均温度在0℃左右，夏季则为20℃，而南部的怀俄明州气候冷而干燥，冬天一月均温为−7℃，而夏天七月均温为19℃。粉河盆地公路交通网发达，在所有的大城市（卡斯帕，谢里登，比灵斯）都有飞机场，且铁路系统发达。

粉河盆地是洛基山盆地群中油气资源最丰富的盆地之一，也是一个勘探程度高度成熟的盆地，其油气勘探始于19世纪后期，一百多年的油气勘探、开发历程可分为两个阶段：即1948年之前的单纯背斜找油阶段和1948年之后的以岩性油气藏发现为主的综合勘探阶段。截至2013年，盆地内已发现504个油气田，累计产量超过2.6亿吨。同时，粉河盆地以盛产煤而闻名，美国每年使用约1亿多吨煤炭，目前约40%的煤炭来自粉河盆地，而且过去20年粉河盆地的煤炭及煤层气的产量也一直在增加，2007年，粉河盆地煤层气的产量为0.44tcf，使其成为美国第三大天然气产地。

粉河盆地以产油为主，从宾夕法尼亚系到上白垩统储层的构造和岩性圈闭中都有油气产出，深度从东部的数百英尺到盆地轴部大于15 000ft。盆地总原油剩余可采储量763.26MMbo，总天然气剩余可采储量6 958bcf，资源类型以煤层气为主，占盆地总剩余可采资源的52%，其次是页岩油储量，占31%。资源类型以轻质油为主，天然气和凝析油为辅。

美国地质调查局（USGS）2010年对粉河盆地的油气资源潜力预测显示，常规油气资源中未探明油214.68MMbo，天然气1156.27bcf，天然气液105.45MMbNGL（见表4-20和表 4-21）。非常规油气资源中，未探明油424.28MMbbl，气（包括煤层气、致密气、页岩气及浅层生物气等）15 475.41bcf，天然气液25.46MMbNGL。

表 4-20　盆地常规油气资源统计表（USGS，2010）

油	天然气液	气
214.68MMbo	105.45MMbNGL	1156.27bcfg

表 4-21　盆地非常规油气资源统计表（USGS，2010）

油（页岩油、致密油）	天然气液	气（煤层气、致密气、页岩气、生物气）
424.28MMbO	25.46MMbNGL	15 475.41bcfg

4.4.2　盆地构造沉积演化

1.构造特征

粉河盆地所在的落基山盆地区位于美国中西部，包括蒙大拿、怀俄明、科罗拉多和犹他州等11个州或其中的部分地区，面积约为2.6×10^6km^2，其中分布着14个盆地。

落基山盆地区处于北美板块的斜坡带，经历了早古生代隆起和中生代末期的拉腊米断块运动，形成了目前的隆起和盆地相间的构造格局。前寒武纪末发生变形扭曲和剥蚀后，至前寒武纪晚期，海侵进入落基山地区。奥陶纪末、志留纪末及早泥盆世末地壳抬升使得海水曾短暂退出本区并遭受剥蚀。泥盆纪和密西西比纪是主要的海侵期，以碳酸盐岩沉积为主。后受宾夕法尼亚纪和二叠纪重大构造运动所改造，并形成了原始落基山，部分隆起一直保存到三叠纪或侏罗纪。三叠纪和早侏罗世以陆相沉积为主。到中、晚侏罗世本区发生另一次重要的海侵，并于侏罗纪末期退出本区。早白垩世再次发生海侵。白垩纪末，发生了拉腊米断块运动，形成了目前的盆山相间的构造格局，并在西部形成了多个逆冲断裂带。白垩纪至新近纪，岩浆侵入和火山活动由西部扩大至全区，最终形成了目前落基山盆地区的构造格局。

粉河盆地位于落基山盆地区的东北角，是形成于晚白垩世—始新世的落基山前陆盆地。古生代时期盆地所在区域是北美板块西部克拉通边缘的科迪勒拉陆架上的一部分。古生代早期该区地质稳定，发育广泛的扭曲变形和微弱的沉积。古生代早期的地壳运动只是沿着基底较弱处进行。在中晚宾夕法尼亚世和早二叠世，古落基山造山运动打破了这种稳定的沉积。粉河盆地周缘的受晚古生代构造作用的影响导致拉腊米隆起、大角隆起的雏形的产生。其后中生代相对平静，盆地以连续的浅海相沉积为主，伴有局部的隆起和沉降，中生代末期晚白垩世到新生代古近纪早期拉腊米造山运动造成盆地东缘的黑山和西部的大角隆起的产生，形成了目前“两山夹一盆”的形态。此后盆地只在局部发生区域隆起和沉陷，而在马斯里奇特阶时期沉积的Lewis页岩则没有受到构造活动的影响，表明盆地的构造变形发生在马斯里奇特阶之前。

粉河盆地现今的构造形态为一轴向北西的不对称坳陷，盆地东翼地层平缓，倾角1°～5°，西翼地层陡，倾角10°～45°。盆地周缘被山脉及隆起所限，东起黑山（包括范妮峰单斜），西至卡斯帕隆起及大角山脉，北部为Miles City隆起弧，南端则为哈特维尔隆起和拉腊米山，盆地内断裂不发育，仅在盆地西部和南部的边缘发育一系列基底推覆构造和晚白垩世—始新世的逆断层，整体上分为四个构造区带，即西部逆冲带、南部逆冲带、中部斜坡带及东部隆起带。

盆地目前的构造格局是晚白垩世到古近系早期拉腊米挤压作用的产物。在西部逆冲区，区域的不整合面及前寒武砾岩露头显示盆地边缘的拉腊米逆冲断层开始于晚古新世或早始新世。多个拉腊米隆起边缘的钻井结果显示它们被逆冲断块所限，断层倾角可达20°～45°，大角隆起东北前缘发现了低角度逆冲断层的存在，断距的范围在3～10km。在盆地西南部，卡斯帕隆起前缘也分布着一系列逆冲断层，这里也分布着许多由断层与背斜控制的油气藏，包括盆地最大的油田-盐溪油田。在南部逆冲区，盆地南部边缘高耸的拉腊米山和哈特维尔隆起造成了与盆地西缘类似的陡峭地形。而在盆地中东部广阔的斜坡带，由黑山控制的单斜地层则非常平缓，位于基底断块之上的显生宙地层在拉腊米造山运动中发生轻微的褶皱形成构造圈闭，但基底断层活动控制的沉积相差异形成的地层圈闭则是主要的油气藏圈闭类型。

2.地层及沉积特征

粉河盆地所在的落基山盆地区经过早古生代隆起和中生代末的拉腊米断块运动，形成目前隆起和盆地相间的基本面貌；在前寒武纪晚期开始一直到到寒武纪和奥陶纪，落基山地区发生海侵。在奥陶纪末、志留纪末、早泥盆世末海水曾短暂退出本区。地壳上升并遭受剥蚀，但是到了中泥盆统到密西西比系再次发生海侵，泥盆系以碳酸盐岩和蒸发岩沉积为主，密西西比系以碳酸盐岩沉积为主，均属地台沉积。密西西比纪，落基山地区形成了广阔的浅水海域，但这海域被宾夕法尼亚纪和二叠纪的重大构造运动所改造，并形成了原始落基山，部分隆起一直保存到三叠纪或侏罗纪。三叠系和下侏罗统是以全区分布的陆相沉积为主，而三叠系的海相沉积物仅限于东南部。中侏罗世，来自北方的海侵向南扩展到西北部和西部，到晚侏罗世，海侵继续向南扩展，远达科罗拉多州北部，但在侏罗纪末，海水又退出本区，因此在侏罗纪和白垩纪之间出现了非海相沉积物。早白垩世海水又侵入到本区北部和南部；到晚白垩世，南北海相通，形成海峡。到白垩纪末，发生了拉腊米断块运动，山脉和山间盆地相间，在本区西部出现了许多逆冲断裂带。在山间盆地沉积了古近纪和新近纪陆相沉积物。古近纪，岩浆侵入活动和火山活动在全区大面积发生。

粉河盆地主要为显生宙地层，在盆地轴部厚度最大超过5 500m，其中古生界由碳酸盐、砂岩和页岩组成，厚度不超过650m，其上覆盖巨厚的中生界地层和古近系陆相地层，反映了北美西部内陆海道的演变，西部科迪勒拉山系的隆起和目前山间盆地的发展如图 4-5所示。

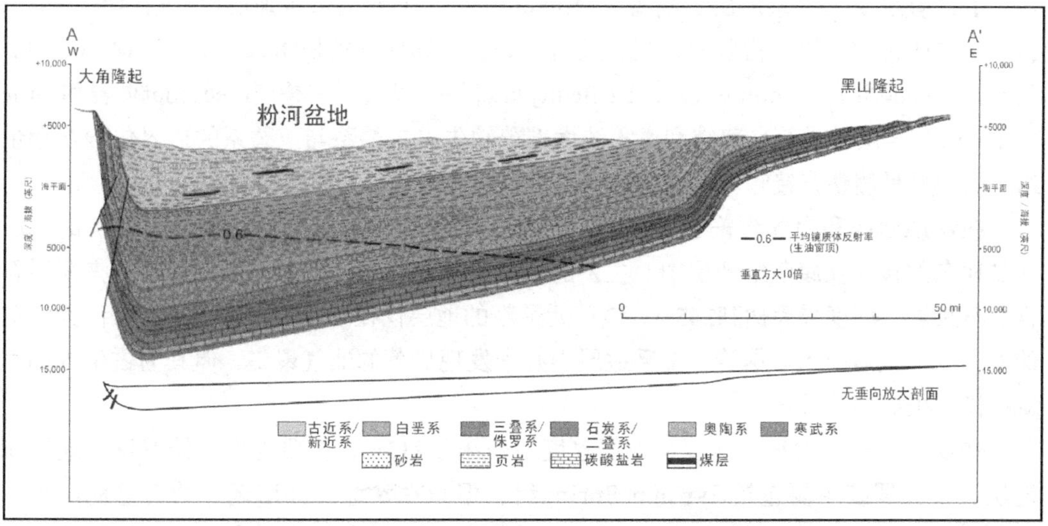

图 4–5　粉河盆地东西剖面示意图（USGS，2010）

前宾夕法尼亚系地层。在早中古生代时，粉河盆地所在区域为古生代克拉通西部一个稳定而广阔的陆架区，属浅海沉积，曾发生沉积间断，缺失部分奥陶系、志留系和泥盆系地层，除寒武系以外的早古生界地层均以碳酸盐岩居多。不断成长的大型低起伏的古构造不同程度地影响了沉积过程。粉河盆地较古老的古生界岩层中尚未发现显著的石油资源，而宾夕法尼亚系以新的地层则包含着油气的主力产层。

宾夕法尼亚系及下二叠统地层。在宾夕法尼亚纪及早二叠世（狼营统）时期该区以碎屑岩沉积为主，包括海洋、风成及河流冲积在内的碎屑岩沉积充填本区地层，古落基山造山运动造成了主要基底区块儿的隆起和沉降。在其附近形成了盆地群及高耸的拉腊米隆起以及早期的大角隆起。全球海平面升降与造山运动一起导致了地层的高频韵律。

在盆地西侧，Morrowan阶、阿托克阶和早狄莫阶由红色泥岩和夹层砂岩及Amsden层硅质灰岩构成，上覆晚狄莫阶Tensleep砂岩层的白色到棕褐色具交错层理砂岩和砂质白云岩，厚度30～150m。在盆地南部的卡斯帕山地区，宾夕法尼亚系和下二叠统地层以卡斯帕组砂岩为代表，缺失Morrowan阶、阿托克阶和大部分狄莫阶地层。

在盆地东侧布拉克山一带相对应的地层为Minnelusa组地层，厚度从100～300m不等。岩性为砂岩、碳酸盐岩、蒸发岩及少量页岩。依据不整合将Minnelusa组分为上中下三段。下段对应于Morrowan阶和阿托克阶，中段对应于狄莫阶，而上段则对应下二叠统（狼营统）。而在盆地北部，Minnelusa组和Tensleep组被剥蚀形成区域不整合，并且被二叠系鹅蛋组红层上超。Minnelusa组和Tensleep组砂岩是盆地主要的油气产层。Tensleep组主要在构造圈闭中产油，而Minnelusa组则在构造和岩性圈闭中均产出石油。最老的Minnelusa组中段产油层（又称为Leo砂岩）与最大产油层—Minnelusa组上段通过“红色标志层”隔开，这段标志层形成于宾夕法尼亚系和二叠系之间，由因地表暴露而氧化成红色的黏土及粉砂岩组成。

上二叠统及三叠系地层。覆盖于Minnelusa组之上的鹅蛋组地层以红层沉积为主，包含互层的舌状页岩、粉砂岩、灰岩及盐岩。从底到顶分别是Opeche页岩，Minnekahta灰岩，Glendo页岩，Forelle灰岩，Difficulty页岩等，以及下三叠统Freezeout页岩和Little Medicine灰岩层。瓜德鲁普统和奥霍统大部分缺失，二叠系与三叠系的边界包含在鹅蛋组地层中并呈假整合接触。在盆地东部鹅蛋组则部分对应于旗鱼组地层。

在盆地西部和南部覆盖于鹅蛋组之上的三叠系地层称为Chugwater群，对应的地层在盆地东部包含在旗鱼组地层中。主要的岩性为红色泥岩，粉砂岩及泥质砂岩夹薄层石膏及石灰岩，厚度最大达到245m。该单元最新的地层仅在盆地最南端出露，被认为是前侏罗纪剥蚀搬运所致。尽管三叠系地层中并未发现显著的油气聚集，但其为古生界油气藏提供了很好的盖层。

侏罗系地层。盆地内侏罗系地层厚度一般小于215m，主要为中上侏罗世时期沉积地层。中侏罗统主要包括Gypsum Spring组，但只在盆地北部出现，约占盆地面积的三分之一，以及卡洛夫期的lower Sundance组，其上发育的不整合是中上侏罗统的分界，不整合之上则是牛津阶的upper Sundance组，Sundance地层之上为侏罗系顶部的Morrison组。

Sundance地层在整个盆地都有分布，主要为碎屑岩沉积，由深灰色及灰绿色页岩，海绿石石英砂岩，及少量薄层的鲕状灰岩组成。这套地层为海相及海陆过渡相沉积，岩性变化较快。在盆地东部又被细分为Canyon Springs砂岩段，Stockade Beaver页岩段，Hulett砂岩段，Lak段，Pine Butte段以及Redwater 页岩段，其中包含油气的有利产层。

Morrison组则由海陆过渡相的杂色页岩及高度透镜状的冲积砂岩和砾岩组成，其上覆地层为下白垩统的Inyan Kara群。

下白垩统地层。在下白垩世时期，有一条自北向南一直流向墨西哥湾的位于克拉通西部的内陆海道，粉河盆地就位于海道内部。下白垩统地层在整个盆地都有分布，但厚度一般不超过300m。它包括陆相和海相地层，代表了一次对克拉通的海侵过程。

Inyan Kara 群Lakota组属于河流相沉积，包含不连续的砂岩体夹杂色页岩。其上自东向西分别为陆相、海陆过渡相及近岸浅海相砂质地层，包括Fall River组及Muddy组砂岩，在北部和西部与海相的Skull Creek组和Thermopolis组页岩呈舌状交错。Fall River组包含河流相、三角洲相、河口湾相以及近岸浅海相等，是一个主要的油气产层。Fall River组的沉积标志着一段长时期的海相沉积的开始，中间几乎没有中断，直到白垩纪末期的海退。Dakota泥岩是上覆于Fall River组之上的一套薄层泥岩，通常被包含在其上的Skull Creek组页岩中。Muddy组砂岩是盆地一个最大的独立产油层，由一套高度复杂化的冲积相、过渡相和海相岩层组成，与下伏的Skull Creek 页岩呈区域不整合接触。高有机质的硅质Mowry组页岩上覆于Muddy组砂岩，是盆地最重要的一套独立的烃源岩。

上白垩统及以新地层。上白垩统地层从盆地北部的1 525m到盆地南端的2 745m，是一个向南增厚的楔状碎屑岩地层，反映出海进和海退的旋回。三角洲、滨岸及陆架砂岩与海相页岩呈舌状互层，反映出内陆海道沉积的动荡环境。形成这种动荡环境部分是由于区域的构造运动抬升了三角洲沉积中心以及全球的海平面升降等。

上白垩统地层主要为页岩、粉砂岩和砂岩，含有少量的煤、灰岩、泥质灰岩及黏土岩。海相页岩主要集中在盆地东部，包括Belle Fourche页岩，Carlile页岩，Niobrara页岩及Pierre页岩段等，其中夹一套明显的砂岩单元，即Carlile组的Turner Sandy段砂岩。Niobrara组碳酸盐岩和页岩地层，在整个盆地都有分布，是一套重要的烃源岩。相反，盆地西部则包含了众多的砂岩层，其中包括Frontier组的两套Wall Creek砂岩段，Cody页岩地层Steele页岩组所夹的Shannon和Sussex砂岩段，Mesaverde组Parkman 和Teapot砂岩段，Lewis页岩组的Teckla 砂岩段。Fox Hills砂岩是海相沉积的终点，被河流及沼泽相的Lance组覆盖。上白垩统砂岩包含了盆地主要的油气储层。向上为古新统尤宁堡组、始新统沃萨奇组、渐新统怀特河组和中新统艾瑞卡组。

4.4.3 石油地质

粉河盆地主要的烃源岩发育在宾夕法尼亚系、白垩系；盆地中储集层十分发育，古生界储层主要分布在盆地西部，中生界储层在盆地范围内分布，其中以二叠系和白垩系为主要的产油层。古生界储层以构造圈闭为主，中新生界储层则以地层和岩性圈闭为主。

1.烃源岩

主要的烃源岩发育在上古生界宾夕法尼亚系—二叠系和中生界白垩系中，有三套烃源岩，分别是中二叠系Phosphoria组烃源岩、下白垩统Mowry烃源岩、上白垩统Niobrara烃源岩。其中，白垩系页岩是盆地内最重要的烃源岩，其次是区域性的二叠系泥页岩。

（1）二叠系Phosphoria组烃源岩。Phosphoria组沉积于现今爱达荷州南部、蒙大拿州西南部、怀俄明州西部、科罗拉多州西北部和犹他州北部的大型大陆浅海海湾中，由被碳酸盐台地包围的斜坡带和盆地组成。斜坡带和盆地区被Phosphoria海所覆盖，沉积了富磷酸盐的Phosphoria组，有机碳含量平均值达到10%，以Ⅱ型干酪根为主，是良好的生油岩。

Phosphoria组分为下部的Meade Peak Phosphatic页岩段和上部的Retort Phosphatic页岩段，两段都是Phosphatic组重要的生油层位。它们沉积的水体来自于相对冷的富含营养物的科迪勒拉海，磷酸盐矿物丰富，能够维持高有机质产率。两段页岩的平均有机碳含量约为10%，在有机质最富集的层段可以达到30%。Phosphoria组所产石油的含硫量高达2.1%，构成了与低硫的白垩系石油的显著区别。Phosphoria组烃源岩于距今88Ma的中晚白垩世埋深达到2 000m并进入生油窗。目前Phosphoria组Ro平均值为1.35%，显示Phosphoria组已经完成了生油转化。

（2）下白垩统Mowry烃源岩。Mowry页岩是下白垩统油藏的主要烃源岩，属于早白垩世阿尔布阶期到晚白垩世赛诺曼期处于最大海侵期的暗色硅质页岩沉积，厚度从东南向西北方向逐渐增厚，在盆地内由30m增加到122m，平均为76m。埋深也由东向西逐渐增深，干酪根类型为Ⅱ型和Ⅲ型的混合，其中Ⅱ型干酪根的比例较高。Mowry页岩

TOC平均值为2%到3%，在盆地东南和西北部较低，中部较高，最高达4.9%，研究表明Mowry页岩目前的排烃量已经达到大约119亿桶油当量，是盆地中最大的生油层位。

在盆地东侧，Mowry页岩在距今50Ma，埋深达到约2 438m，R_o达到0.6%时开始生油，并逐渐造成地层超压。现今R_o值为0.6%～0.75%。而在盆地西侧，Mowry页岩在距今65Ma，埋深2 438m，R_o同样为0.6%时开始生油并形成地层超压。而在距今25Ma，盆地西部的Mowry页岩埋深达到约3 962m时，其R_o达到0.9%，目前其R_o平均值为0.92%，最大可达到1.52%，已经进入了生气窗。

（3）上白垩统Niobrara烃源岩。目前普遍认为Niobrara组碳酸盐为上白垩统主要的烃源岩，其次是在区域上分布广泛的厚层状海相页岩。Niobrara组在盆地西部上覆于Carlile页岩，而在东部其下伏地层则为Turner Sandy段。在Niobrara组之上，盆地西侧为Fishtooth砂岩，东部则为Pierre页岩。

Niobrara地层是在土仑阶晚期到坎帕阶早期的浅海内陆海道碳酸盐相沉积，类似于墨西哥湾上白垩统奥斯丁白垩层的沉积环境。总的来说，Niobrara地层是上白垩统海相体系里一段区域上分布广泛的巨厚地层，成分以碳酸盐和页岩为主，夹薄层、低孔渗的浅海相砂岩。Niobrara页岩厚度从东南向西北逐渐增厚，从150ft增加到650ft。

Niobrara组分为上下两段，下段为Fort Hays灰岩，上段则为Smoky Hill段杂岩，且其具有更好的烃源岩潜力。盆地内Niobrara地层有机碳含量平均为3%，干酪根类型为Ⅱ型。Niobrara为上白垩统地层中有机碳含量最高的层段。有机质集中在暗色薄层泥质夹层中，而碳酸盐岩层段的TOC则只有1%～2%。

Niobrara页岩成熟度普遍不高，处于生烃演化的未成熟—成熟阶段，主要产油和生物成因气。利用镜质体反射率、岩石热解及盆地模拟等方法测算烃源岩成熟度，结果显示，在盆地东部，Niobrara地层处于未成熟阶段；而在盆地西部，30Ma时埋深约2 438m，R_o达到0.6%并开始排烃， 10Ma时达到最大埋深2 957m，Ro达到最大值0.68%。Niobrara页岩以生油为主，尚未达到干气阶段，只在盆地埋深最大的地方到达了生气窗。

2.储层

粉河盆地储集层十分发育，主要的储集层共有六套。其中古生界储层以台地和礁滩相碳酸盐岩为主，中生界储层以浅海、海陆过渡与陆相碎屑岩为主。

（1）宾夕法尼亚系—二叠系储层：储层主要为Minnelusa组，分为上、中、下三段，中、下两段属于宾夕法尼亚系，而上段属二叠系。盆地北部的Minnelusa组中下段主要为页岩和碳酸盐，生烃潜力不大；其上段通常自上而下被分为A，B，C，D，E五个小层，其上部A，B，C三小层是油气的主力产层，而下部的D，E小层则因为强烈的地层非均质性而较少产出油气。Tensleep砂岩相当于Minnelusa组上段C，D，E三小层，其岩性自下而上分别为厚层状海相碳酸盐岩、低孔隙度砂岩、多孔高渗的具交错层理砂岩及薄互层的碳酸盐岩。在盆地南部，相当于Minnelusa组中段的Leo组地层则是良好的油气储层。宾夕法尼亚系中部Leo组主要分布在盆地东南部，也包括6个小的沉积旋回。该组地层孔隙度变化幅度较大，相近的两处就可以从不足5%至超过20%。

（2）下白垩统Fall River-Lakota砂岩储集层：Lakota砂岩沉积于一条向北的下切河道形成的大片冲积平原之上，岩性以砂岩、粉砂岩为主，中间夹少量的页岩。Fall River页岩则属于三角洲沉积，包含下切河道、分流河道、三角洲平原及三角洲前缘等沉积亚相。油气主要产于下切河道和水下分流河道体系，紧邻的三角洲平原及三角洲前缘亚相仅产少量油气。Fall River组埋深在盆地中自东向西逐渐加深，在西部最深处超过8 000ft。Buck Draw油田是最大的Fall River砂岩油田之一，油田往南随着下切谷宽度和砂泥比均减小，油气产量相应变小。

（3）下白垩统Muddy砂岩储集层：Muddy砂岩是落基山盆地区一套主要的油气产层，由海相和海陆过渡相及陆相的砂岩、粉砂岩及泥岩构成。在粉河盆地有两套主要的油气产层，分别为河道充填-河口砂岩和近岸浅水海相砂岩。其中河道砂岩主要分布在盆地东部，河口砂岩则主要分布在盆地西部，而与下切谷体系密切相关的近岸海相砂岩主要分布在盆地中西部，Muddy砂岩油气主要位于与下切谷相关的地层和构造圈闭中。

（4）上白垩统Frontier组储集层：Frontier组是晚白垩世塞诺曼阶到土仑阶时期受Sevier造山运动影响形成的向东进积的一套楔状碎屑岩沉积。Frontier组上覆于Mowry页岩，而位于Cody页岩之下，分为下部的Belle Fourche段，中部的Emigrant Gap段和上部的Wall Creek段。

（5）上白垩统Turner组储集层：Turner组位于Niobrara组下部，是在区域最大洪泛面之下海侵体系域中的强制海退砂岩沉积，属于有机质含量较高的凝缩段沉积。物源方向为西–西北方向，局部充填了构造低部位。砂体埋深2 480～3 255m，厚度为15～37m，砂体在北部不发育，且向西尖灭，东部沉积了低位体系域砂岩。岩芯分析结果表明，其平均厚度为18.6m，上部砂岩为低泥质含量，含有平行层理；下部为含有更多泥质的生物扰动砂岩。Gov Pamela 1A井的岩芯数据大致可以代表东部House Creek地区Turner组的平均数值。区域渗透率为0.001～2mD，孔隙度为6%～15%。在上部砂岩中，具有10%的孔隙度的储层已经很不错了。岩芯含油饱和度超过20%，含水饱和度平均为50%。

（6）上白垩统Shannon砂岩储集层：Shannon砂岩孔隙度在高黏土的生物扰动砂岩层中接近于0，而在纯净的分选良好、粒度中等砂岩层超过20%。渗透率则从小于1mD到超过100mD，平均为20mD。

（7）上白垩统Sussex砂岩储集层：Sussex砂岩通过数米厚的一段海相页岩与下伏的Shannon砂岩相隔开，分为上中下三段，上、下均为砂岩，分别称为A砂岩和B砂岩段，而中段为海相页岩。其中上段A砂岩渗透率为2.5～77mD，平均孔隙度为13.5%，而下段B砂岩则具有低孔低渗特征，渗透率为0.01～5.4mD，而孔隙度不超过10%。

除此之外，上白垩统储集层还包括Mesaverde组Parkman砂岩段，Teapot砂岩段以及Lewis组Teckla砂岩段等。

3.盖层

粉河盆地中最重要的区域性盖层是三叠系红层，主要的岩性为红色泥岩、粉砂岩及泥质砂岩夹薄层石膏及石灰岩，厚度最大达到245m。该单元最新的地层仅在盆地最南端出露，被认为是前侏罗纪剥蚀搬运所致。尽管三叠系地层中并未发现显著的油气聚集，但其为古生界油气藏提供了很好的盖层。

除三叠系红层外，宾夕法尼亚系—二叠系还发育直接覆盖于油气藏上部的各种局部和半区域性页岩盖层。

中新生界油气藏具有较好的盖层条件，从侏罗系到古新统各时期发育的厚层泥页岩使得下伏储层中的油气能够得以有效封盖和保存。

4.圈闭

宾夕法尼亚系—二叠系Minnelusa组包含多种类型的构造和地层圈闭，以地层圈闭为主。Minnelusa组的封闭机制主要受Opeche页岩下切运动控制，许多砂岩被下切的Opeche页岩和泥岩侧向封堵，成为有效的侧向和垂向盖层。Tensleep组砂岩则是由沉积相变造成的封堵。Leo组砂岩的圈闭类型也包含构造和地层两种类型，Leo地层在含油气系统内产量不多，主要形成低孔低渗的地层圈闭，常在砂岩中形成构造裂缝，成为油气的有利遮挡或油气散失的通道。

下白垩统圈闭类型主要为地层圈闭和地层与构造圈闭的结合，与下切河谷相关的地层圈闭是最常见的类型。砂岩储层的孔隙度由于其黏土含量的增加而降低，低孔低渗的粉砂岩和泥页岩又封堵了储层内的油气并阻止其运移。同时，拉腊米断块运动形成多种类型的构造圈闭，且主要形成于油气生成和运移之前，使油气能够有效的充注到潜在的地层和构造圈闭中去。

上白垩统圈闭类型以地层与构造相结合为主，最常见的是物性较好的储层中的油气被低孔低渗的粉砂岩或泥页岩封堵，例如Teapot砂岩最大的油田Well Draw油田是一个巨大的西北走向的地层圈闭，由一套从潜水多孔海相砂岩向上过渡到致密的深水粉砂岩和页岩的相变形成上倾的封堵。Parkman砂岩段则是从海相沙坝的地层圈闭中生产石油，在Dead Horse Creek和Barber Creek油田均是此类的圈闭。

4.4.4 典型油气藏（田）解剖

1.盐溪（SALT CREEK）油田

盐溪油田位于粉河盆地西南部，怀俄明州东北部，发现于1908年并于1911年开始产油。油田原地资源量达1 680MMboe，可采石油量676MMbbl。盐溪油田长，宽，垂直闭合度达488m。油田的主要构造是形成于晚白垩纪到早古近纪拉腊米造山运动时期的一个断层高度发育的不对称背斜。它包含至少5个主要的油气藏，分别位于白垩系、侏罗系及宾夕法尼亚系砂岩中。最主要的产层是上白垩统森诺曼阶到土仑阶Frontier组三角洲前缘沉积的Second Wall Creek砂岩。该砂岩厚达15～30m，平均渗透率为52mD，产37°～38° API含溶解气的原油。产量在1923年达到顶峰——超过96 000b/d，此后迅速下降。1961～1962年的注水增产效果明显，使日产量维持在30 000桶以上，一直到1974年。到2003年产量已经下降到每天4 830桶，2004年的注CO_2驱油使产量增加到每天7 950桶。至2007年，油田含水率已达98.8%，每天注入的CO_2达到0.15bcf，2010年油田总产量达到每天30 000桶的峰值。

盐溪油田为北北东走向，断层极发育，南部以北东东向的断层与Teapot Dome油田分隔，其他方向上倾封闭。油田包含至少5个油气藏，从多达11个储集单元中产油。层内和上覆的页岩作为封盖层，主要的Second Wall Creek砂岩储层由上覆的Belle Fourche段封盖，而First Wall Creek砂岩储层由Cody页岩封盖。油田较浅的储集层极发育北东东方向的正断层，尤其是在构造高部位。它们将地层分割成一个个断块，其中一些具有不同的油气水界面。

2.贝尔溪（BELL CREEK）油田

贝尔溪油田位于粉河盆地的东北部，蒙大拿州东南部。这一地区紧邻黑山隆起北缘，位于分隔粉河盆地和威利斯顿盆地的迈尔斯城隆起（Miles City Arch）以西。该油田于1962年开始钻探工作，经过34口干井的钻探后于1967年找到证实井并于当年投产。该油田原始地质储量为243MMbo，预测可采资源量136MMbo，可采系数为56%。

该油田在下白垩统Muddy组障壁岛侵蚀砂岩所成的区域单斜中找到了11个轻质油的地层圈闭，其上倾尖灭于泻湖相沉积。侵蚀砂岩厚度不超过40ft，砂岩体之间均相互独立，被不整合封挡。Muddy组砂岩储层渗透率介于425mD和2 250mD之间，储层非均质性主要由不整合、局部相变、矿物成岩作用及小的断层引起。油田初始产量在1968年达到56 000bopd的峰值，之后迅速下滑到1970年的小于20 000bopd。1972年采取行列注水法将产量提高到25 000bopd，效果明显，一直维持到1978年。从1976年起，该油田已经采取过多项提高采收率措施，包括于1976～1980年之间的两次微聚合物驱油，2005年的微生物驱油以及2006年的聚合物驱油。油田计划进行CO_2驱替，预计每年可以增加30MMbo的产量。

3.豪斯溪（HOUSE CREEK）油田

豪斯溪油田位于怀俄明州东北部，属于粉河盆地的中东部，发现于1968年，1971年投产，其原始地质储量159MMbo，最终可采储量45MMbo及25BCFG，原油可采率为35%。主要产轻质原油（36° API），主要产层为上白垩统Sussex砂岩，平均埋深为2 500m。

储层为陆架边缘砂组成的细长条砂体，长58km，宽1～5km，呈北北西向延伸，与构造断裂方向平行。油田共有六个砂体，但其中只有最厚的一个砂体能够进行商业生产。该约12m厚的砂体由具交错层理的分选中等的中细砂组成，孔隙度为10%～15%，渗透率为1～20mD。平均砂岩净厚为4.5m。油田生产依靠溶解气驱，峰值产量约4 000bopd。1993年时产量已跌至700bopd，此后采取水驱，成功使产量上升，在1999年达到5 000bopd的峰值。

4.威尔朱（WELL DRAW）油气田

威尔朱油气田位于怀俄明州东北部，粉河盆地南部边缘。该油气田于1973年发现并投产，其最终可采资源量为37MMBO和113.8bcfg，主要产层为上白垩统Mesaverde组Teapot砂岩段的浊积砂岩。Teapot砂岩段总厚为30～36m，其中砂岩储层厚度为5～17m，平均净厚度5.5m。

Teapot浊积砂岩为三角洲前缘水下扇，位于前三角洲之上，受风浪改造较大，水深大于45m。Teapot砂岩为细到极细的长石岩屑砂岩，平均渗透率为4.3mD。孔隙中自生黏土矿物的胶结沉淀导致储层质量变差。要想进行商业开发必须采用储层改造措施，例如水力压裂，但黏土矿物的水敏特点易造成其聚合迁移。目前油田主要采用溶解气驱油法生产42° API原油。

4.4.5 油气富集规律与成藏主控因素

1.含油气系统

粉河盆地拥有三个主要的含油气系统，自下而上分别为宾夕法尼亚系—二叠系含油气系统、下白垩统Mowry含油气系统及上白垩统Niobrara含油气系统。其中Mowry和Niobrara含油气系统中既有常规油气产出，又包含非常规的页岩油气和致密油气。

（1）宾夕法尼亚系—二叠系含油气系统。宾夕法尼亚系—二叠系含油气系统是一个已知的含油气系统。主要的烃源岩认为是二叠系Phosphoria组。储层主要为Minnelusa组砂岩及碳酸盐，圈闭类型主要为地层（砂岩尖灭）–构造圈闭（背斜，断裂背斜）。区域性盖层为Opeche页岩。圈闭形成于早二叠世。研究显示，Phosphoria组烃源岩于距今88Ma的中晚白垩世埋深达到6 560ft并进入生油窗。宾夕法尼亚系—二叠系含油气系统范围主要位于盆地中东部，其油气产出则聚集在盆地东部的斜坡带和隆起区，而在西南部则较少出现。

在宾夕法尼亚系—二叠系含油气系统包括的油气藏类型有构造油气藏、构造-地层油气藏。

（2）下白垩统Mowry含油气系统。Mowry含油气系统包含三个油气评价单元，即Fall River-Lakota砂岩油气单元，Muddy砂岩油气单元和Mowry页岩油气单元。下白垩统砂岩的油气生产历史悠久，从19世纪末期开始盆地东部的Fiddlers Creek油田就开始从下白垩统油苗中开采石油。该层位主要产油，产气量较少，且大部分为伴生气，仅在盆地沉降中心处达到生气窗而产干气。

Mowry页岩是下白垩统油藏的主要烃源岩，其次是Skull Creek页岩，主要的产油层为Muddy砂岩、Fall River砂岩和Lakota砂岩。

下白垩统Mowry含油气系统包含多种类型的油气藏，包括砂岩构造型油气藏、岩性油气藏、构造—岩性复合油气藏等。Mowry页岩所产的油气主要从埋深较大的盆地西部向盆地东部的储层运移，因此整个Mowry含油气系统的边界几乎包含了整个盆地的范围。Mowry页岩在距今65Ma时开始生油。而在距今25Ma，盆地西部的Mowry页岩进入了生气窗。

Mowry页岩可以作为自生自储的油气系统，它产生的油气不仅运移到其他下白垩统储层中，同时也在层内的储层中聚集。在Mowry页岩中找到一些与主要的线性构造相关的油气甜点，这些线性构造通常围绕构造变形区域，并且通常是次生孔隙度和渗透率发育较好的区域。

（3）上白垩统Niobrara含油气系统。Niobrara含油气系统主要为三角洲到浅海陆架沉积，以海相为主的硅质碎屑岩储层由频繁的海平面升降造成，同时形成了许多区域性的小规模的不整合，沉积了浅海页岩和近岸砂岩。上白垩统砂岩的油气开采历史可以追溯到20世纪50年代，随着Dead Horse Creek油田和随后一系列油田的发现而成为重要的勘探目标和油气产层。由于烃源岩成熟度普遍不高，上白垩统以产油为主，约占总产量的95%。尽管许多层位产出伴生气，但主要在盆地沉降中心才达到了生气窗，这一点与Mowry页岩类似。

目前普遍认为Niobrara组碳酸盐为上白垩统主要的烃源岩，其次是在区域上分布广泛的厚层状海相页岩。Niobrara组分为上、下两段，下段为Fort Hays灰岩，上段为Smoky Hill段杂岩，且其具有更好的烃源岩潜力。Niobrara组厚度：在盆地东部的黑山约50ft厚，到盆地沉降中心约450ft厚，而在盆地西部边缘则达到最大值约600ft厚，盆地内的平均厚度为400ft。该含油气系统主要的储层为Frontier组砂岩，Frontier组是晚白垩世塞诺曼阶到土仑阶时期受Sevier造山运动影响形成的向东进积的一套楔状碎屑岩沉积。

Niobrara页岩成熟度普遍不高，处于生烃演化的未成熟—成熟阶段，主要产油和生物成因气。在盆地东部，Niobrara地层处于未成熟阶段；而在盆地西部，数据显示Niobrara页岩可能尚未达到干气阶段，而只在盆地埋深最大的地方到达了生气窗。该含油气系统中，油气主要分布在成熟烃源岩所在的盆地中部到西南部地区，这与Mowry含油气系统的油气分布特点有所区别。Niobrara含油气系统的圈闭类型以地层与构造相结合为主，最常见的是物性较好的储层中的油气被低孔低渗的粉砂岩或泥页岩封堵，油气藏类型也以地层岩性油气藏和构造-岩性油气藏为主。

Niobrara层因为既包含优质的烃源岩又具有储层，是一个典型的连续油气聚集单元。Niobrara组主要依靠断层和裂缝网络进行生产。IHS 2006年的数据显示在过去30年，Niobrara组34口井已经累计生产石油0.6MMbbl，天然气1.96bcf。大多数生产商将勘探目标集中在Niobrara中上部地层，但下部地层同样是有利的勘探目标，尽管其地层非均质性较强，但也可形成潜在的地层圈闭。

除了以上介绍的三个主要的含油气系统，粉河盆地还具有一个古生代—中生代复合含油气系统，一个白垩系生物气系统和一个白垩系—第三系煤层气系统，其中白垩系—第三系煤层气系统拥有盆地最大的煤层气资源量。而古生代—中生代复合含油气系统和白垩系生物气系统所含油气资源量较少，在此不作详细介绍。

2.油气分布特征

（1）油气垂向分布特征。粉河盆地的地层发育从寒武系至古近系，可分为五个含油层系，即前宾夕法尼亚系、宾夕法尼亚系—二叠系、三叠系—侏罗系、白垩系和古近系。其中宾夕法尼亚系—二叠系和白垩系为主要的产油层。

前宾夕法尼亚地层主要为海相陆棚沉积，没有发现大的油气田。

宾夕法尼亚系—二叠系主要为碎屑沉积，可分为两段，即Minnelusa组（下二叠统和宾夕法尼亚系）和Goose Egg组（中二叠统）。Minnelusa组为砂岩、红色页岩和灰岩等，在盆地西部称为Tensleep组和Amsden组，该套地层是盆地内含油气较丰富的层位，其中段和上段的地层圈闭产油气最多。Goose Egg组为碎屑岩、灰岩、硬石膏和石盐，产油不多。

三叠系为砂岩、红色泥岩和硬石膏，侏罗系为石膏、红色页岩、薄层灰岩夹碎屑岩，产油较少。

白垩系为砂岩、粉砂岩和页岩，是主力产油层，储层主要是砂岩，圈闭类型有构造、地层和断层等。其中下白垩统储层主要为Fall River–Lakota砂岩和Muddy砂岩，主要储存来自Mowry页岩的石油；而上白垩统砂岩储层则非常丰富，包括Frontier地层中的Wall Creek砂岩和Belle Fourche砂岩，Carlile页岩层中的Turner Sandy砂岩，Cody页岩层中的Shannon砂岩和Sussex砂岩，Mesaverde地层中的Parkman砂岩和Teapot砂岩，以及Lewis页岩层中的Teckla砂岩，等等；烃源岩则主要为Cody页岩层中的Niobrara页岩、碳酸盐岩和Carlile页岩层中的富有机质页岩。

古近系为陆相碎屑岩，产油较少。

（2）油气平面分布特征。粉河盆地的油气主要位于前述三个含油气系统的构造和岩性两种类型的区带中。其中，构造类型的油气区带包括盆地边缘背斜构造区带和盆地边缘断下构造区带两类；岩性类型油气区带则包括中Minnelusa（“Leo”）砂岩区带、上Minnelusa砂岩区带、Lakota砂岩区带、Fall River（“Dakota”）砂岩区带、下白垩统Muddy-Newcastle砂岩区带、Mowry页岩区带、上白垩统Deep Frontier砂岩区带、Turner砂岩区带、Shannon-Sussex海相陆架砂岩区带以及Mesaverde-Lewis岩性区带等。

由于该盆地大都为地层或岩性圈闭，产层只局限在冲积点沙坝、分流河道、风成沙丘以及近岸和滨海的海洋沙洲等沉积物中，如Minnelusa组风成砂岩、白垩系Dakota组冲积点沙砂岩、白垩系下Muddy组河道砂岩、上Muddy组海相沙洲砂岩、白垩系Turner组潮汐水道砂岩和白垩系滨海沙洲砂岩等。这些砂岩明显地受盆地北东东向区域断裂线所控制，即为埋藏裂谷带所控制，区域断裂线的方向又明显地与前寒武系剪切带的方向一致。

在埋藏裂谷带上的圈闭类型可归纳为以下几种：①埋藏裂谷带隆起之上的砂岩体圈闭；②靠近裂谷带隆起的上倾尖灭砂岩体圈闭；③在裂谷带内的碳酸盐（或砂岩）的横向相变圈闭；④由裂谷带的裂缝、白云化和灰岩重结晶作用而形成的次生孔隙圈闭。其中，盆地西部油田以背斜圈闭为主，盆地东部油田以透镜状砂岩岩性圈闭为特色。

3.成藏主控因素

（1）构造控制。粉河盆地内部微弱的前拉腊米构造变形可能是影响沉积模式和控制储油圈闭的一个重要因素。北部大平原的主要褶皱与前寒武纪基底的碎裂密切相关。几乎所有来自地层圈闭的石油生产都与沿线性构造的微弱的往复运动直接相关，而这些线性构造则代表了断层沿着基底软弱处向上扩展的方向和趋势。贝利福彻背斜沿东北-西南方向延伸，构成盆地内部主要的隆起断块。沿基底断层的运动自前寒武纪已经开始，并且影响了宾夕法尼亚系和二叠系 Minnelusa 组优质砂岩储层的形成。

现今的盆地是拉腊米造山期挤压作用的产物，其构造格局从根本上还是晚白垩世和第三纪早期构造演变的结果。盆地边缘的逆冲断层可能始于晚古新世或早始新世，并且在始新世时又发生了新的隆起和挠曲，而在晚中新世则又出现了区域伸展构造运动。总体来说，粉河盆地现今主要的构造油气藏都源于拉腊米造山运动。

盆地南部发育了一系列断层，与盆地西缘类似，盆地南部毗邻拉腊米隆起和哈特维尔隆起的地区地形十分陡峭。盆地东侧则是平缓的单斜及布拉克山隆起，在这里，拉腊米造山运动期间被提升地层遭到挤压变形，形成角度各异的隐伏断层。粉河盆地为不对称的大向斜，轴部位于盆地西部。东翼和北翼没有强烈褶皱，为区域单斜。西缘因剧烈的造山运动而强烈变形。南部一系列的张性横断层切割了宽阔的构造阶地，这些断层对油气的聚集有重要意义。

粉河盆地中部的贝尔富什隆起是一个北东向的古隆起，主要是在白垩纪时由地壳的差异垂直抬升所形成的，地层学证据表明由大量与贝尔富什隆起平行排列的北东向线性构造在整个显生宙期间定期活动，尽管其活动很轻微，但对沉积活动和烃类聚集的影响却很深远，尤其是对占盆地三分之二的北部地区。这些证据包括：①二叠系Minnelusa层的油气产出沿隆起弧分布；②白垩系Dakota层冲击点坝砂岩油气产出沿隆起弧分布；③白垩系下Muddy层河道沉积在区域上与线性构造趋势平行且位于下降盘一侧；④上Muddy层海相沙坝沉积在隆起弧附近发生突变；⑤白垩系Turner砂岩的叠加河道沉积沿Muddy河道分布；⑥上白垩统几乎所有重要的Shannon和Sussex海相沙坝砂岩油气产出沿着隆起弧分布。

此外，粉河盆地构造圈闭主要位于其西部和南部边缘地区，且多为简单的背斜圈闭，伴生深部的逆断层和背斜顶部的张性断层，例如盐溪油田等。此外断层封闭的构造鼻及与构造有关的复合圈闭也很常见。

（2）沉积控制。粉河盆地中碎屑岩沉积的厚度和沉积相的区域变化受控于其地质上所处的位置，沉积相的保存取决于原始的沉积空间及后期构造运动的改造，粉河盆地中沉积相的保存及其在后期构造运动中的改造形成了盆地目前的油气成藏特征。靠近盆地西部的沉降中心沉降速率一般大于沉积供给，在这里发育丰富的河道砂、三角洲砂岩和煤层，同时沉积了厚度变化较大的烃源岩。在沉降缓慢的地区，分布着被不整合面所分隔的近海砂岩和河道砂岩，为岩性圈闭的形成提供了条件，尤其是在受后期构造运动影响，海平面升降变化频繁，造成多个沉积旋回的地区。而位于盆地边缘沉积空间中等、处于低位体系域的地区，经常发育孤立的边缘海滨砂和三角洲沉积，风暴作用形成的沿岸流则容易导致海相页岩封闭的地层和复合圈闭的形成。

4.4.6 勘探潜力与有利区预测

1.盆地资源潜力

按照含油气系统和评价单元的级别对粉河盆地的待发现油气资源进行评价，评价结果见表 4-22。在进行评价的6个含油气系统和14个评价单元中，主要的油气资源为非常规资源，以煤层气为主，其次为白垩系Niobrara组轻质页岩油。

表4-22 粉河盆地待发现资源量统计表

	Total Petroleum Systems (TPS) and Assessment Units (AU)	Field type	Total undiscovered resources											
			Oil (MMBO)				Gas (BCFG)				NGL (MMBNGL)			
			F95	F50	F5	Mean	F95	F50	F5	Mean	F95	F50	F5	Mean
Conventional Oil and Gas Resources	**Pennsylvanian-Permian Composite TPS**													
	Minnelusa-Tensleep-Leo AU	Oil	21.38	56.48	112.13	60.51	0.87	2.52	5.85	2.83	0.02	0.08	0.25	0.10
		Gas					3.34	7.26	13.39	7.32	0.17	0.41	0.86	0.44
	Mowry TPS													
	Fall River-Lakota Sandstone AU	Oil	18.14	58.58	127.53	64.05	18.58	64.98	162.77	74.70	1.03	3.81	10.25	4.48
		Gas					104.85	507.46	1,257.06	574.51	9.72	49.36	131.97	57.47
	Muddy Sandstone AU	Oil	10.95	40.62	106.81	47.34	31.03	122.43	360.08	149.14	2.71	10.89	32.87	13.43
		Gas					52.61	214.07	564.62	248.77	4.93	20.79	58.58	24.85
	Niobrara TPS													
	Frontier-Turner Sandstones AU	Oil	2.46	9.12	21.37	10.18	8.72	34.44	93.45	40.47	0.59	2.41	6.97	2.91
	Sussex-Shannon Sandstones AU	Oil	2.75	7.97	16.98	8.67	2.25	7.09	17.30	8.09	0.17	0.55	1.45	0.65
	Mesaverde-Lewis Sandstones AU	Oil	1.55	5.19	13.20	6.00	1.90	6.97	19.84	8.41	0.13	0.48	1.44	0.59
	Tertiary-Upper Cretaceous Coalbed Methane TPS													
	Eastern Basin Margin Upper Fort Union Sandstone AU	Gas					0.00	0.00	107.43	27.37	0.00	0.00	0.00	0.00
	Paleozoic-Mesozoic TPS													
	Basin Margin AU	Oil	4.79	16.30	36.76	17.93	3.46	12.58	32.89	14.66	0.11	0.44	1.23	0.53
	Total Conventional Resources		62.02	194.26	434.78	214.68	227.61	979.80	2,634.68	1,156.27	19.58	89.22	245.87	105.45
Continuous Oil and Gas Resources	**Tertiary-Upper Cretaceous Coalbed Methane TPS**													
	Wasatch Formation AU	CBG					1,011.94	1,815.71	3,257.89	1,934.09	0.00	0.00	0.00	0.00
	Upper Fort Union Formation AU	CBG					7,232.13	11,635.87	18,721.10	12,132.50	0.00	0.00	0.00	0.00
	Lower Fort Union-Lance Formation AU	CBG					0.00	171.67	440.90	197.90	0.00	0.00	0.00	0.00
	Mowry TPS													
	Mowry Continuous Oil AU	Oil	116.99	189.32	306.38	197.61	103.35	185.50	332.95	197.61	5.56	10.91	21.37	11.86
	Niobrara TPS													
	Niobrara Continuous Oil AU	Oil	135.53	217.49	349.03	226.67	119.54	213.10	379.87	226.67	6.43	12.53	24.40	13.60
	Cretaceous Biogenic Gas TPS													
	Shallow Continuous Biogenic Gas AU	Gas					341.92	712.15	1,483.26	786.64	0.00	0.00	0.00	0.00
	Total Continuous Resources		252.52	406.81	655.41	424.28	8,808.88	14,734.00	24,615.97	15,475.41	11.99	23.44	45.77	25.46

评价结果显示，盆地待发现原油总量为638.96MMbo，其中常规原油214.68MMbo，占待发现原油总量的34%，非常规原油424.28MMbo，占待发现原油总量的66%，主要为白垩系Mowry页岩和Niobrara页岩中的页岩油，显示出这两套页岩巨大的资源潜力。盆地待发现天然气总量为16 631.68bcf，其中常规天然气1156.27bcfg，约仅占待发现天然气总量的7%，而非常规天然气则占到了将近93%，其中来自白垩系到第三系煤层中的煤层气就达到14 264.49bcf，占比85%，其余非常规天然气包括来自白垩系Mowry页岩和Niobrara页岩的页岩气、来自白垩系的浅层生物气，占比分别为3%和5%。此外，盆地中的天然气液的总资源量为130.91MMbNGL。

2.有利区预测

在粉河盆地两套页岩储层中，根据有利区预测对数据资料的要求，Mowry页岩资料相对丰富，而Niobrara页岩缺乏必要的数据资料支持，因此本节结合已有的资料和选区方法，对Mowry页岩有利区进行预测和划分。

（1）选区基础。结合资料搜集到的Mowry泥页岩空间分布，在初步掌握了页岩沉积相特点、页岩地化指标等参数的基础上，依据页岩发育规律、空间分布等关键参数优选出有利区域。

（2）选区方法。基于页岩分布及地化特征等研究，采用多因素叠加、综合地质评价等方法，开展页岩有利区优选，并划分出一类区、二类区和三类区（见表4-23）。

表4-23　Mowry页岩有利区优选划分参考指标

主要参数	变化范围		
	一类区	二类区	三类区
页岩厚度	不小于50m	不小于40m	不小于40m
埋深	不小于1 200m	不小于600m	不小于300m
TOC	不小于3.0%	不小于2.0%	不小于2.0%
Ro	不小于0.9%	不小于0.75%	不小于0.6%
地表条件	地形高差较小，如平原、丘陵、低山等	地形高差较小，如平原、丘陵、低山等	地形高差较小，如平原、丘陵、低山等
保存条件	好	较好	中等

综合分析Mowry页岩的沉积环境、有机碳含量、成熟度、厚度和埋深等指标，认为粉河盆地下白垩统页岩气聚集发育的有利区位于粉河盆地中部至西南部地区，其中一类区面积为18 383.5km^2，二类区面积为30 601.4km^2，三类区面积为16 613.5km^2。

4.5　萨克拉门托盆地

4.5.1　概况

萨克拉门托盆地位于北纬37°～41°，西经121°～123°范围内，南北长435km，东西宽97km，面积约2×10^4km^2，是一个小型含油气盆地。萨克拉门托盆地属于俯冲边缘型盆地，是在挤压应力背景下，岛弧俯冲形成的沉积盆地，分布于主动大陆边缘，是北美板块受太平洋板块俯冲形成的弧前盆地。盆地位于加利福尼亚盆地区中部，东部以内华达山脉为界，北部以克拉马斯山为界，西部以海岸山脉为界。盆地南部存在东西走向的斯托克顿断层，与圣华金盆地相隔。

萨克拉门托盆地气候属于地中海型气候（柯本气候分类法 Csa），其特征为冬天潮湿、温和，夏天干燥、炎热，雨季通常分布于十月到四月，极少降雪。夏季平均温度20℃～23℃，冬季平均温度-1℃～6℃。在19世纪中的淘金潮时期，萨克拉门托盆地是一个重要的人口集散地，也是一个商业和农业中心及第一条横贯大陆铁路的末端站。盆地公路交通网发达，在其中的大城市都有飞机场，且铁路系统都很发达。盆地中天然气资源很少，盆地政区隶属于美国。

萨克拉门托盆地石油勘探和生产过程可以追溯到1860年，而正式开采是在1930年。早在20世纪中期，人们在萨克拉门托盆地水井中发现了天然气，并且加以利用。1985年，美国地质调查局统计萨克拉门托盆地年产天然气7.77tcf，产出石油和凝析油11.45MMbbl。盆地中多数气田产干气，很多气田的C_2^+烃类含量不到千分之一，其中含氮量高。1987年末，盆地中天然气和凝析油总产量为1 505MMbbl。当时盆地中大约有90%的可产天然气在1987年末被开产出来（见表4-24）。

表4-24　1987年末萨克拉门托盆地天然气和凝析油累计产量和已探明储量
（California Division of Oil and Gas，1988）

伴生天然气和非伴生天然气		
累计产量	8.11tcf	91%
已探明储量	0.84tcf	9%
总量	8.95tcf	100%
凝析油		
累计产量	12.71MMbbl	96%
已探明储量	0.565MMbbl	4%
总量	13.27MMbbl	100%
总天然气和凝析油		
累计产量	1 364MMbbl	91%
已探明储量	141MMbbl	9%
总量	1 505MMbbl	100%

1987年，美国地质调查局使用区带评估方法对萨克拉门托盆地的油气资源进行了初次勘探，并且简要分析了盆地中石油区带的特点，简略总结了萨克拉门托盆地地区的地质特点。这些评估区域包括了萨克拉门托盆地中部地区和加州北部区域，主要包括：①内达华山脉西部基底和喀斯喀特山脉的南端的新生界火山岩区域。②克拉马斯山脉南部的早白垩统岩石区域。③东海岸的逆冲断层和北部延伸段区域。④斯坦尼斯劳斯县—圣华金的北部区域。

1901年，萨克拉门托盆地中的Rio Vista气田打了第一口井。20世纪20年代，美国石油公司采用先进的反射地震资料解释技术，对Rio Vista气田西部地区进行勘探，随后Rio Vista气田进行生产。萨克拉门托盆地早期勘探井主要生产天然气，很少有石油。直到1933年，研究专家利用地震勘探原理在马里斯维尔发现天然气，当时认为萨克拉门托盆地主要产干气。根据资料显示，天然气主要分布在盆地南部三角洲洼陷周围。Rio Vista气田位于该洼陷南端，1936年发现其为被断层所复杂化的背斜构造，产气层主要来自始新统及古新统砂岩，已探明储量34.99tcf，占该盆地天然气总储量的40%。1936年在萨克拉门托盆地中Rio Vista气田投入生产。到1937年，通过深井钻探技术在Sutter Buttes油气田的上白垩统岩层发现显示，此时就将该层作为盆地的勘探气层。1936～1945年，盆地勘探重点逐渐向埋藏更深以及更隐蔽的构造转移，开始采用地震以及电法测井等方法找油，在萨克拉门托盆地中发现了众多油气田，但多为中小型气田。1950年，盆地中Arbuckle油田的第一口井发现有背斜构造的地震显示。随后几口井有气显示，但未采取进一步措施。1957年，在萨克拉门托盆地中的Arbuckle油气田中发现气体，1958年投入开产。1960年发现了Grimes油气田，并且在1961年投入开产。Grimes油田经历了两次产量高峰，第一次在1962～1972年之间，第二次是由于20世纪80年代的加密钻井技术的使用。3D地震和AVO分析技术对于异常振幅的识别，是盆地中成功钻探的关键。随后勘探技术迅速发展，到1986年末，已在萨克拉门托盆地中发现气田131个。萨克拉门托盆地是加利福尼亚盆地区内一个以产天然气为主的沉积盆地，盆地整体处于勘探中晚期阶段。从1933年盆地首次发现天然气储量大于0.25tcf的苏特—不特气田至今，天然气储量不断增加。

2006年美国地质调查局对萨克拉门托盆地油气资源进行统计，盆地中天然气未探明储量为534bcf，NGL未探明储量为323MMbbl，盆地中石油未探明储量不多于0.5MMbo（见表 4-25）。2009年湿气探明储量约为586.229bcf，比2008年增加了7.9%。

表 4-25　2006年萨克拉门托盆地两大含油气系统油气资源评估表（USGS，2006）

含油气系统 (TPS) 和评价单元 (AU)	油气类型	油／百万桶				天然气未探明储量 10亿立方英尺				凝析油／百万桶			
		F95	F50	F5	中值	F95	F50	F5	中值	F95	F50	F5	中值
Dobbins-Forbes TPS													
Forbes-Kione and Older AU	油	0	0	0	0	0	0	0	0	0	0	0	0
	气					46	161	353	176	0	0	0	0
Lower Princeton Canyon Fill and Northern Nonmarine Rocks AU	油	0	0	0	0	0	0	0	0	0	0	0	0
	气					11	32	67	35	0	0	0	0
Winters-Domengine TPS													
Late Cretaceous Deltaic and Submarine Fan AU	油	0	0	0	0	0	0	0	0	0	0	0	0
	气					68	242	509	261	43	221	611	261
Shallow Marine Sands and Canyon Fill AU	油	0	0	0	0	0	0	0	0	0	0	0	0
	气					14	53	138	62	9	48	159	62
总的油气未探明储量		0	0	0	0	139	488	1,067	534	52	269	770	323

2006年美国地质调查局评估报告显示，萨克拉门托盆地常规油气和连续型油气资源总量很少，评估结果和2006年几乎一致，盆地中总的平均常规天然气资源量为530bcf，NGL平均资源量为320MMbbl（见表 4-26），红色区域为萨克拉门托盆地数据。

总体来说，萨克拉门托盆地待发现资源潜力较小。萨克拉门托盆地中的油气资源已经被广泛地勘探，迄今为止已经产出了超过9tcf的天然气。盆地主要产气，只有两个主要的油田：Brentwood油田（累计产出8.2MMbbl）和WestBrentwood油田（累计产出1.6×10^6桶油）。盆地中共有131个气田，主要气田有Rio Vista（累计产出3.5tcf天然气），Grimes（累计产出0.885tcf天然气），Willows-Beehive Bend（累计产出0.387tcf天然气），Lathrop（累计产出0.395tcf天然气），Lindsey Slough（累计产出0.279tcf天然气）和Union Island（累计产出0.261tcf天然气）。盆地中33%的天然气产自上、中始新统，27%产自下始新统—古新统，40%产自上白垩统，岩性多为砂岩。

表 4-26　2013年USGS 常规油气和连续型油气总量评估表（USGS，2013）

总油气资源（常规油气和连续型油气资源总量）

	油气区名称	评价年份 年	油总量 10亿桶			气总量 万亿立方英尺			天然气凝析液总量 10亿桶		
			F95	F05	平均值	F95	F05	平均值	F95	F05	平均值
1a	阿拉斯加北坡(ANWR)	1998	5.72	15.95	10.36			8.60			0.32
1b	阿拉斯加北坡(美国石油炼制协会)	2010	0.07	2.70	0.90	6.75	114.36	52.84			
1c	阿拉斯加北坡(中部地区)	2005	2.56	5.85	3.98	26.62	50.90	37.52	0.33	0.66	0.48
1d	阿拉斯加北坡(煤层气)	2006	0.00	0.00	0.00	7.07	36.08	18.06	0.01	0.09	0.04
1e	阿拉斯加北坡(天然气水合物)	2008	0.00	0.00	0.00	25.23	157.83	85.43	0.00	0.00	0.00
1f	阿拉斯加北坡(页岩油，页岩气)	2012	0.00	2.00	0.94	0	79.79	42.01	0.00	0.57	0.26
2	阿拉斯加州中部	2004	0.00	0.59	0.17	0.00	14.63	5.46	0.00	0.35	0.01
3	阿拉斯加州南部	2011	0.11	1.36	0.60	4.98	39.74	19.04	0.06	0.12	0.05
4	俄勒冈州西部	2009	0.00	0.04	0.01	0.68	4.74	2.21	0.00	0.02	0.01
5	俄勒冈州东部	2006	0.00	0.00	0.00	1.18	4.29	2.43	0.00	0.02	0.03
7	北部海岸	1995	0.01	0.09	0.03	0.35	2.33	1.09	0.00	0.01	0.01
8	索诺玛—利弗莫尔	1995	0.00	0.06	0.01	0.00	0.42	0.06	0.00	0.00	0.00
9	萨克拉门托盆地	2007	0.00	0.00	0.00	0.14	1.07	0.53	0.05	0.77	0.32
10	圣华金盆地	2004	0.08	0.85	0.39	0.32	4.33	1.76	0.01	0.22	0.09
11	中部海岸	1995	0.10	1.17	0.49	0.03	0.37	0.15	0.01	0.01	0.01
12	圣马丽亚盆地	1995	0.02	0.60	0.21	0.01	0.35	0.12	0.01	0.03	0.01
13	文图拉	1995	0.28	2.27	1.06	0.66	3.66	1.90	0.02	0.12	0.06

4.5.2　盆地构造沉积演化

1.构造特征

（1）加利福尼亚地区形成演化史。加利福尼亚盆地区位于美国西海岸。东界内华达山脉为一巨大花岗岩块状山，西侧太平洋，海岸山脉近南北走向，沿海岸分布，南段为横断山脉及半岛山脉。地势上从东向西可分为大谷盆地、海岸山脉及海岸盆地三个部分。此外，海岸山脉区还分布一些山间盆地。

盆地区沉积盆地的发育与板块作用有密切的关系，自晚侏罗世以来，太平洋板块向北美板块俯冲，形成了以晚侏罗世—白垩纪花岗岩为主体的内华达岩浆弧，在其西侧为初期的弧前盆地。在白垩纪末期和古近纪时期，俯冲由垂向转变为斜向，导致沿中加利福尼亚沿岸发生平移扭动断裂带，发育圣安德列斯断裂，以及一系列以中生界变质岩为主的海岸山系，至晚渐新世东太平洋的海底扩张不断向美国西岸推进，转换断层的构造运动开始控制沉积过程，形成了一系列呈雁列式相向排列的隆脊和菱形盆地（海岸盆地区）。

（2）萨克拉门托盆地形成演化史以及构造区划。

1）构造区划。萨克拉门托盆地是形成于晚中生代—早新生代的弧前盆地，总体上是拉伸结构，是呈北北西-南南东走向的不对称向斜盆地。东部以内华达山脉为界，北部以克拉马斯山为界，西部以海岸山脉为界，南部存在东西走向的斯托克顿断层。根据盆地的基底结构和沉积盖层构造特征，萨克拉门托盆地可以分为6个构造单元带，分别为Battle Creek褶皱带，Chico单斜褶皱带，Corning断层带，Sutter Buttes断层带，Dunnigan Hills隆起带和Sacramento挤压控制带。目前尚无完整的钻井资料全面揭示地层的确切展布，通常只是利用地震资料解释，进而推测其地层的分布。

总体来说，萨克拉门托盆地主要是挤压构造运动造成的，盆地中存在高流体压力区域，岩石中的孔隙流体压力高于其深度所应有的静水压力，通常来说盖层的孔隙水异常压力常常是由泥岩欠压实形成的，其中可能存在良好的封存油气。在超压的背景下，生烃、排烃以及烃类的运移和聚集常呈现出幕式的特征。压力驱动是流体活动和油气运移的重要动力，动态运移通道是油气运移的新型通道。通常压力过渡带是油气聚集的有利场所，可能发现的非传统油气聚集有异常压力的气饱和封存箱、水力破裂）泥岩裂缝油气藏、烃水倒置的油气藏等。异常压力的储层具有相对独立性。压力过渡带是油气聚集的有利场所，所以可以通过利用异常压力的分布，特别是超压顶界面的分布，来预测油气藏。可以看出萨莫科附近流体压力相对较高，超压区域不是均匀分布的，可能有良好的盖层存在，测量的样品来自地下1 000～3 000m之间的地层。

高压带的层段和异常高压带内顶部压力相对较低处是油气最有利的聚集场所。可以知道盆地中部地区高孔隙流体压力地区深度较大，一般为2 500～ 3 000m，部分地区大于3 000m。

根据重力、磁力和地震折射波勘探资料等进行综合分析后认为，萨克拉门托盆地基底顶面深度变化范围很大。盆地中部断层和褶皱广泛分布，特别是始新纪不整合沉积对于油气储层圈闭有着重要影响，在一定程度上可能对这一地区盆外物源的补给起着重要作用。

2）构造演化。萨克拉门托盆地位于加利福尼亚地区北部，属于俯冲边缘盆地，在挤压应力背景下，岛弧俯冲形成的沉积盆地，主要分布于主动大陆边缘，是美国西海岸接受太平洋板块俯冲形成的弧前盆地。萨克拉门托盆地的形成与加利福尼亚地区的构造演化密切相关，经历了三个主要时期。盆地中沉积充填了超过6 096m的早白垩统海陆相碎屑岩和页岩，古新统—现今的海相、陆内碎屑岩、页岩。

（a）晚白垩纪阶段。在白垩纪属安第斯型构造体系下，萨克拉门托及圣华金盆地位于内华达岩浆弧前缘，当时白垩纪海侵主要通道是横断山系区和北部的旧金山海湾，因而在大谷盆地和文图拉盆地及圣巴巴拉海槽沉积了较厚的白垩系地层，而其西的海岸山脉区一般沉积较薄，有的甚至保持陆地状态。拉腊米运动使西部俯冲复合体上发生局部变形作用。白垩纪末的上升作用，使区域内普遍受到侵蚀，其后基本保持了白垩纪海侵的特征。

（b）古新世阶段。古新世时期，整个区域被沿大陆边缘向西的俯冲带所控制，盆地受到了东西方向上的挤压。西部的俯冲带继续接受沉积，不断东部造成挤压，产生了萨克拉门托盆地的雏形。随后，俯冲带造成了北至东北向的挤压力，整个区域发生平移扭动断裂带，西部产生了圣安德列斯断裂带，东部形成内华达山脉，以及一系列以中生界变质岩为主的海岸山系的雏形。拉腊米岩浆作用继续向东进行。应力主要集中在萨克拉门托南部地区，在盆地内三角洲沉积中心和大峡谷中产生了斯托克顿区域断层，断层带和局部下陷地区。由于不同应力机制，萨克拉门托盆地中产生了朝西南方向上的倾斜带。

（c）始新世至新近纪。始新世至新近纪，断层和褶皱广泛分布，特别是始新纪不整合沉积对于气体储层圈闭有着重要影响。太平洋板块持续俯冲作用，俯冲复合体抬升。渐新世时期，沿盆地西南方的周期性的隆起、侵蚀、断裂产生。盆地的西南边缘以及相邻近地区产生了相关褶皱，角度不整合，上超沉积序列。盆地南部向西变形程度降低。新近纪时期，萨克拉门托盆地由于东西应力而发生变形。中上新世时期，应力场使盆地内山谷变形，盆地东部发生反转活动，西北向断层和北向断层在Willow断层周围出现。

2.地层及沉积特征

萨克拉门托盆地形成与加利福尼亚地区演变密切相关，盆地中沉积充填了超过6 096m的下白垩统海陆相碎屑岩和页岩，古新统—现今海相、陆内碎屑岩、页岩。

（1）晚中生界白垩系沉积特征。晚中生界岩石主要是碎屑岩类，最下部是火山基岩。早白垩世发育页岩，火山基岩上存在一个不整合面，不整合面上依次为Venado组砂岩段，Yolo组页岩段，Site组砂岩段，Funks组页岩段，Guinada组砂岩段，Dobbins页岩，以及Forebes组砂页互层段，它们均为整合接触。Forebes组上为Kione组砂岩，随后出现砂岩，页岩交替沉积，Sacramento页岩，lower delta页岩，Winters组砂岩和页岩，Upper delta页岩，Starkey砂岩和H&T组页岩，Moreno组页岩，均为整合接触。随后发育两个不整合面，期间沉积了Mokelumme砂岩。白垩系地层约占整个盆地的三分之二。其中，Dobbins组页岩、Winters组页岩和H&T组页岩是主要的烃源岩，Forebes组和Guinada组砂岩段为主要的储集层，Sacramento页岩和Forbes页岩是盖层。

（2）新生界沉积特征。新生界岩石也主要是碎屑岩类，古新世发育Matinez组页岩，与其上McCormic组砂岩，为整合接触关系。McCormic组砂岩上存在一个区域不整合。不整合之上是Capay组页岩。始新世岩石主要是Capay组页岩，Domengine组砂岩，Nortonsvile页岩，Markley组砂岩，Sidney flat 页岩，其上发育一个不整合。不整合发育时期主要是渐新世。不整合之上为砂岩和页岩互层。新近纪主要是Valley Spring砂岩和页岩段，其中有sidney flat页岩，主要分布于盆地南部，米德兰断层附近页岩厚度较深，为1 000ft左右。断层西侧厚度大于1 000ft。Tehema组非海相沉积，主要为砂岩和页岩互层，期间发育一个不整合。随后为第四纪沉积物。

萨克拉门托盆地沿盆地西缘出露有向东倾斜白垩系地层，沉积了厚度达7 600m的白垩统海相砂页岩层。晚白垩世至古近纪由于西部沿海山脉不断上升，原来沉积在洋壳上的西部地层被抬升起，并且沿海岸山脉的逆断层逆掩到弗朗西斯科增生棱柱体的硬砂岩，泥岩和蛇绿岩之上。

萨克拉门托盆地南缘三角洲洼陷区沉积了厚达3 960～4 570m的古近系和新近系地层。古新纪，盆地中部米德兰断层附近地层厚度较浅，主要为3 000ft（见图 4-60）。断层东侧厚度下降，变化范围为3 000～1 000ft。断层西侧厚度增加，变化范围为3 000～7 000ft。

新近纪，在斯托克顿断层和米德兰断层附近地层厚度主要为2 000～4 000ft。米德兰断层附近地层厚度较厚，为3 500ft。

在盆地东部，上白垩统和第三系沉积岩向西缓倾斜，其下为Sierran岛弧地块的变质火山岩和深成基岩。下白垩统地层由于被侵蚀或没有沉积，所以缺失（也可能与洋壳和岛弧块间接触带的断裂作用有关）。盆地内沉积较薄，白垩纪时期，萨克拉门托盆地沉积后，大洋地壳俯冲插入盆地。白垩纪末的地层遭受抬升作用，使区域内普遍受到侵蚀，随后该区沉积了新生界地层，区内岩性主要为碎屑岩系，多为砂岩、粉砂岩及黏土岩。

根据资料显示，地层和结构是不等比例的。根据化学反应动力学，温度每升高10℃，反应速率提高一倍，萨克拉门托盆地地温梯度为每百米2.72℃，白垩系地层已超过生油窗，白垩系中主要含有结构有机质，因此萨克拉门托盆地以生气为主。根据基岩露头，从Willows-Beehive Bend气田到Harte气田沿线，东部岩层比西边岩层加厚大约3 000m。

萨克拉门托盆地位于加利福尼亚盆地中部，加利福尼亚盆地区在侏罗—白垩纪属安第斯型构造体系，萨克拉门托位于内华达岩浆弧前缘，当时侏罗—白垩纪海侵主要通道是横断山系区和北部的旧金山海湾，因而在大谷盆地和文图拉盆地及圣巴巴拉海槽沉积了较厚的白垩系地层，而其西的海岸山脉区一般沉积较薄，有的甚至保持陆地状态。白垩纪末的上升作用，使区域内普遍受到侵蚀。中、晚始新世的海侵，基本保持了白垩纪海侵的特征，始新世末，原圣安德烈斯断裂平移扭错，形成了一系列北西—南东向的走向滑移断层，西侧普遍向北位移，与此同时东西向的横断山系也初步形成，盆地大部分地层为白垩统地层，褶皱变形发育。在盆地南部地堑沉积区，并且被南北向的米德兰断层和卡比山断层所分隔。盆地南部存在里奥维斯塔气田，自由岛气田，河岛气田，桑顿气田，斯劳气田，洛迪气田，麦克唐纳气田等，主要位于米德兰断层和斯托克顿断层附近。

这一断块运动的结果，奠定了萨克拉门托盆地的基础，下降的断块成为新的沉积盆地，接受了大量新生代沉积物。

白垩系及新生界盆地沉积中心常与滨岸紧密相邻。沉积物主要来自陆源区，相变较快，在短距离由泛滥平原相、三角洲相迅速变为浅海相、河成、海防交互相、冲积扇及浊流碎屑岩经常出现。在始新世和中新世期间均发育有平静深水细粒含硅—钙—磷酸盐沉积。局部融岩流及火山灰等短期火山作用沉积，在中-新生界也偶有出现。

总的说本区中-新生界是在构造活动区内局部洼陷中的沉积。前期为板块聚敛期，后期转变为转换断层平移扭错期的沉积。白垩系主要为斜坡相。古新世主要为三角洲相，始新世主要为三角洲向浅海过渡相，上新世为冲积扇相。

4.5.3　石油地质

1.烃源岩

萨克拉门托盆地位于美国西海岸，烃源岩分布层位较广泛。以中部洼陷为沉积中心，其他构造单元也有生油层系分布。盆地主要的烃源岩发育时期在白垩纪、古近纪。盆地烃源岩主要有以下几套：白垩统Dobbins页岩，白垩统Winters组页岩，白垩统H&T页岩，白垩统Moreno页岩，还有古新统Martinez组页岩。生烃时间为白垩纪到中新世，排烃时间为古新世到新近纪。页岩干酪根类型有Ⅱ，Ⅲ型，主要为Ⅲ型，为盆地岛弧形成过程中在深海至三角洲环境中沉积环境中形成，中新统岩石有机碳含量通常为1%左右。H&T页岩TOC值为5%～8.3%，其他页岩TOC值为1%～2%。资料表明，古近纪，萨克拉门托盆地南部的大部分区域古新统和上白垩统页岩未达到生气窗。

通常来说，萨克拉门托盆地总体上是产干气的。始新统油型源岩出露在Diablo山脉东北部，Brentwood油田西部和三角洲沉积中心的表面，可以产生少量油。根据资料显示，盆地中天然气有四个主要来源：西部的气主要来自生油和凝析气的成熟源岩。北部和东南部的气是由三种来源气组成的混合气：①原生气（大量微生物成因的甲烷和少量成岩作用形成的乙烷）。②从盆地深部过成熟源岩中运移而来的热成因干气。③来自盆地基底之下变质岩的富氮气。

2.储层

盆地中储集层发育，主要为白垩统砂岩，始新统砂岩，砂岩主要来自于科迪勒拉山系。砂岩成熟度较低，部分砂岩中含有大量长石，云母，火成变质岩，所以更容易遭受溶蚀作用。储层主要是Forbes组砂岩，Kione组砂岩，Guinda组砂岩和Domengine组砂岩。萨克拉门托盆地中的砂岩储集层孔隙度最大孔隙度为37%。白垩统储层主要分布在盆地边缘与古隆起上，油气储量占盆地总储量的大部分。始新统储层在盆地范围内分布范围较小。

纵向上，作为最重要含油层系把白垩系砂岩和页岩互层出现，生、储油层属同一地质系统。横向上，盆地中部以沉降为主，沉积最厚，而在断块上，则沉积较薄，发育有较多的储集砂体，形成空间上与生油洼陷密切相配合的储集岩发育地区。

3.盖层

萨克拉门托盆地盖层岩性有海侵相页岩和三角洲相页岩，作为盖层覆盖在上白垩统—始新统砂岩储层之上，主要的区域盖层有Forbes组页岩，Sacramento页岩，Nortonvile页岩。盆地内油气藏未受大气水和地表水渗入冲刷和明显破坏作用，使得下伏储层中的油气能够得以有效封盖和保存。

晚白垩世Forbes组页岩形成对形成组内封盖和对下伏Guinda组的封盖。

晚白垩世Sacramento页岩形成对下伏Kione组的封盖。

始新世Nortonvile页岩对下伏Domengine砂岩进行良好的封盖。

4.圈闭

Graham等专家提出了萨克拉门托盆地圈闭类型主要有以下几种：

（1）地层–构造圈闭比较常见，例如砂岩尖灭带和构造鼻，特别是在萨克拉门托盆地中北部的白垩纪三角洲和盆地相中较为常见。

（2）断裂褶皱封闭在整个萨克拉门托盆地中也很常见。

（3）无断层的背斜构造也存在，但是情况很少。

（4）峡谷断裂也是一种特殊的地层圈闭，其中渗透性极低的充填物密封储集层，断层则起到横向密封作用。这一类型的圈闭主要存在于古新统部分区域。

（5）峡谷充填物也可以形成一种特殊的地层圈闭，其中透镜状河道砂体在渗透性极差的充填物之中发育。这种类型在萨克拉门托盆地中存在，但是情况却很少。

（6）不整合圈闭存在，其中上覆海侵相页岩对下覆砂体进行密封。

（7）构造圈闭与在Sutler Buttes的火山侵入物有关，可能存在于Wild Goose气田之下。侵入体使沉积岩体发生褶皱破碎变形，形成的圈闭类似于刺穿岩体构造。

综上所述，萨克拉门托盆地中圈闭类型主要有以下几种类型：①以断背斜为主的构造圈闭；②以横向沉积尖灭为主的地层圈闭。③以局部断层封闭和横向沉积尖灭的复合圈闭。其中以背斜圈闭油气藏和地层圈闭油气藏为主。圈闭形成时间跨度小，主要形成时间为晚白垩—始新世。

（1）构造圈闭。Rio vista气田范围集中在向西倾的米德兰断层上盘的中部，呈向北倾，半圆形穹窿构造。大部分储集层通过相对于米德兰断层上盘的许多正反向断层进行封闭，其余的含气储集层通过米德兰断层下盘和气田东部边界上一系列东倾的断层下盘进行封闭。气田产层主要是上白垩统砂岩段，其中始新统Domengine组砂岩是主要产层。其上盖层几乎都是海侵相或者三角洲相页岩。

米德兰断层在上始新统水平面有500ft的断距，在上白垩统Forbes组水平面有2 000ft的断距。与米德兰断层平行的断层将RIO VISTA储集层分成了10～20个小部分，其中气体通过砂岩和页岩之间的断层偏移距进行封存。达到30～40ft的断层断距足够产生对储集层上倾方向的封闭。断层封闭机理在砂岩富集的产层中是很重要的，例如Domengine， Hamilton砂岩。Domengine组中所有的砂岩储集层都是受断层封闭的。

（2）地层圈闭。页岩富集产层中的薄层砂岩段和透镜体中的气体可以通过地层封闭，例如始新世Capay， Nortonville， Markley和Sidney页岩。在一些产层中，例如Capay， Nortonville和Sidney Flat 页岩，也可以通过页岩中存在的的连续砂岩段封闭，但是这些仅存在于相对较小的产层区域。砂岩的上倾方向地层尖灭到页岩段是Starkey 组砂岩中主要的封闭机理。

4.5.4　典型油气藏（田）解剖

萨克拉门托盆地是一个具有多种圈闭类型和多个产层的盆地，起源于白垩纪，因太平洋板块向北美板块俯冲，海沟向西迁移而形成的弧前盆地。中生代、新生代的地层基本上都为碎屑岩系，多为砂岩、粉砂岩及黏土岩。油气生成的时间为晚白垩世一中新世，然后沿着构造控制的路径排出。储层变化范围小，多为大范围延伸的砂岩带，其中也有页岩。盆地中最常见的圈闭类型为构造圈闭和地层圈闭的组合类型，盆地中比较容易区分。

盆地中油气藏类型主要有：①以断背斜为主的构造油气藏。②以横向沉积尖灭为主的地层圈闭。③以局部断层封闭和横向沉积尖灭的复合油气藏。

1.RIO VISTA油气田

RIO VISTA油气田位于盆地南部，与圣华金河流相邻。该油田发现于1936年，并在随后投入运转，以产干气为主。其中没有关于此油田的天然气原始地质储量的资料。油气田范围为251km^2。RIO VISTA油气田处于产量稳定减少阶段，直到2007年共累计生产3.61tcf天然气，每天产生39.8 × 10^{6}ft^{3}天然气。圈闭构造是一个缓倾的，半圆形的构造，在Midland（米德兰）断层附近。由于断层封闭，及上白垩统—始新统砂岩透镜体和尖灭的封闭作用，气体被有效的保存。RIO VISTA油气田被小断层分隔为大于20个断块，其中与Midland（米德兰）断层方向相反。

烃源岩主要是古新统Martinez页岩和上白垩统H&T页岩，Winters页岩。沉积环境主要是三角洲相和海相，H&T页岩TOC为5%～8.3%，其他页岩TOC值为 1%～2%。干酪根类型为Ⅱ 和 Ⅲ型，排烃时间为古新世到新近纪。

储集层主要是上白垩统—中始新统Domengine组砂岩，厚度约为450ft，沉积环境主要是盆地扇体，前三角洲和河成三角洲沉积环境。总储集层厚度为7 364ft，Domengine组砂岩为450ft。长石砂岩储集层和亚杂砂岩储集层中包括大量的成岩作用形成的高岭石，其中绝大部分空隙为粒间空隙。油田内平均孔隙度为20%～34%，渗透率为5～5 000 mD。在Domengine组砂岩中平均孔隙度为34%，渗透率为2 800mD。油田含水饱和度为25%～50%，Domengine 组砂岩为30%。RIO VISTA油气田中的118口井在1945年达到了日产$437.2\times10^6ft^3$天然气，随后产量开始迅速下降。由于砂岩储集层顶部的水驱作用，气体被产出，水窜现象不明显。

盖层形成时间主要为白垩世—始新世，主要为Domengine组砂岩和Nortonville 页岩。沉积环境为三角洲盆地相。Nortonville 页岩厚度为300ft。

2. GEIMES油气田

GRIMES油气田位于萨克拉门托盆地中部，与Sacramento河毗邻。油气田圈闭面积大约为$60km^2$。该油田发现于1961年，并在随后投入运转。最初GRIMES油气田是等间距布井的，随后通过不等间距加密钻井进入孤立的砂体。GRIMES油气田经历了两次生产高峰期，第一次是在1962～1972年，随后油气田不断发展，第二次是在20世纪80年代，原因是增加了孤立储集层中的产量。毫无疑问，3D地震勘探异常振幅的识别技术和AVO技术明确了目标砂体，这是成功的关键；通过90年代进行的加密钻井，GRIMES油气田正在经历一个产量复苏时期。期间，主流的大型石油公司也将油田股份财产转卖给部分独立石油公司。2005年的结果表明，当前日产量为0.78tcf天然气，烃类气体组成为97.5% C^1，0.3% C^{2+}，2% N_2，0.2% CO_2。

烃源岩主要是白垩统页岩，沉积环境为三角洲-深海相，TOC含量为1.1%～1.3%，最大值为2.0% 。干酪根类型主要为Ⅱ和Ⅲ型，排烃时间为新近纪。

储集层主要为Forbes组细-粗粒岩长石砂岩屑，属于深海-海底扇沉积环境。总的储集层厚度为2 000ft，净储集层厚度为300～1 100ft。孔隙类型主要是晶间和二次溶蚀空隙，孔隙度为25%～30%。Forbes组储集层中累积含有70.1bcf天然气。其中，干气被单斜构造上倾方向和横向尖灭的浊流砂岩体密封，部分也受到断层封闭作用。上白垩统中段Forebe组储集层主要是富泥的砂岩体，处于深海扇浊积岩系统。同时，也有相当一部分气体储集在河道相和天然堤相中的薄层状砂泥岩夹层中。储集砂岩体渗透率为15～70 mD，残余水饱和度为35%～40%。Forbes组中段有大于20多个气体产生区，其中是独立砂岩或者是复合砂岩体。每一产层都有各自的气水界面和压力系统，并且随着深度改变。Forbes组中段处于高压状态，驱动方式为气体弹性驱动。

盖层主要是上白垩统Forbes组泥页岩，属于深海沉积环境，厚度变化很大。圈闭类型主要是横向沉积尖灭类型，形成时间为晚白垩世-始新世。封闭机理主要是横向沉积尖灭封闭和断层封闭。

4.5.5　油气富集规律与成藏主控因素

1.含油气系统

含油气系统是介于盆地与油气成藏组合之间的一个地质单元，是油气生成运移、聚集、保存过程中各种地质因素和作用的总和。它把所有的地质要素和地质过程作为一个统一的系统来研究，避免了过去仅从单一因素来描述和研究油气藏形成过程的局限性，从而极大地提高了勘探成功率。下表展示了含油气系统的研究内容，它强调从烃源岩开始，结合生储盖在时间和空间上的配置关系，最终使源岩中的有机质转化为油气，进而形成油气藏（见表4-27）。

表4-27　含油气系统的研究内容

地质要素	烃源岩	储集层	盖层	上覆岩层
地质作用	圈闭的形成	烃类的生成	烃类的运移	烃类的聚集
地质要素与地质作用合适的时空匹配				

基于烃类生成，运移，聚集的特点和圈闭形成，将萨克拉门托盆地分为两个主要的含油气系统：Dobbins-Forbes含油气系统和Winters-Domingene含油气系统。图中区域页岩（紫色阴影部分）将两个含油气系统分隔，上部是the Winters-Domingene含油气系统，下部是Dobbins-Forbes含油气系统（见图4-64）。红色圆点为盆地气田，深度范围为1 000～10 000ft。

（1）Dobbins-Forbes含油气系统。Dobbins-Forbes含油气系统包括Forbes-Kione北区带和Forbes-Kione南区带，其中有两个评价单元：Forbes-Kione以及下伏地层评价单元和下Princeton峡谷充填物以及北部非海相评价单元，都属于常规油气评价单元，其中Forbes-Kione以及下伏地层评价单元天然气未探明储量为176bcfg，下Princeton峡谷充填物以及北部非海相评价单元天然气未探明储量为35bcfg。其在盆地分布范围占大部分（见图4-65）。

其中烃类物质来源于三角洲沉积中心气型烃源岩，主要是Dobbins页岩，部分学者认为还有可能是Forbes组页岩。储集层主要是Forbes组砂岩和Guida组砂岩。其中区域盖层是Prince峡谷充填物，北部的Capay页岩和南部的萨克拉门托页岩。油气运移时期发生在古近纪。渐近世时期，圈闭形成。晚始新世到中新世之前，由于上新统非海相沉积岩（小于4 000ft）的削截作用，盆地中有大断裂产生。在这个方向上，油气聚集作用明显，油气从南向北运移了125英里，从西向东运移了40英里。萨克拉门托盆地未开产的天然气平均估计值为534bcf，超过80%包含在上白垩统地层当中。

美国地质调查局对萨克拉门托盆地进行评估后，认为盆地中总的未被开产的天然气资源量在139～1 067bcf，平均值为534bcf。其中，接近40%的资源量（211bcf）存在于the Dobbins-Forbes含油气系统中，大部分资源量（176bcf）都可能来自于Forbes-Kione组以及下伏地层Forbes-Kione组以及下伏地层评价单元中上白垩统海相沉积物和三角洲相砂岩储集层评价单元中，图中浅蓝色区域所示。而小部分量（35bcf）存在于Princeton峡谷充填物和北部非海相岩石评价单元中，绿色部分所示。

在Dobbins-Forbes含油气系统中，存在以断背斜为主的构造油气藏，以横向沉积尖灭为主的地层油气藏，以及构造-地层复合油气藏。Dobbins-Forbes含油气系统成藏事件图如图 4-6所示。

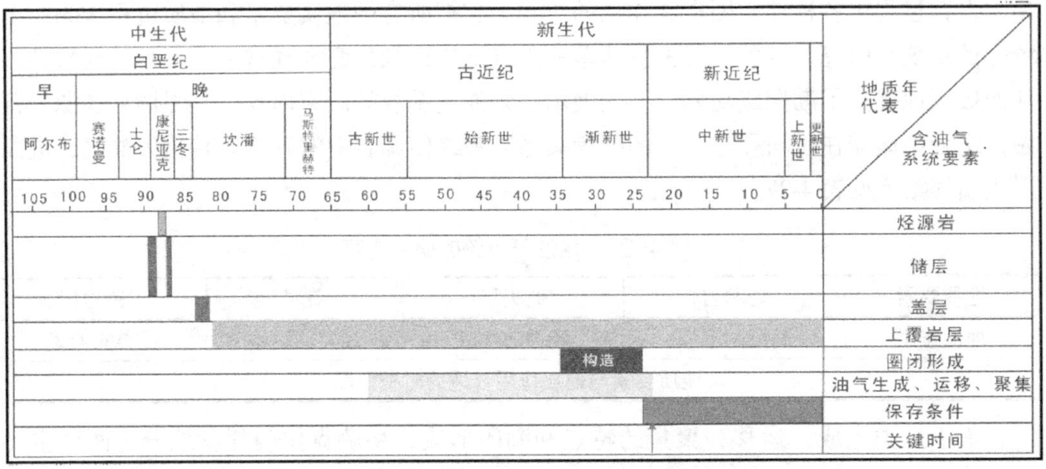

图 4-6　萨克拉门托盆地Dobbins-Forbes含油气系统成藏事件图

（2）Winters-Domingene含油气系统。Winters-Domingene含油气系统包括the Winters -Domingene 区带，其中有两个评价单元：晚白垩世三角洲以及海底扇评价单元和浅海相砂岩以及峡谷充填物评价单元，都属于常规油气评价单元，晚白垩世三角洲以及海底扇评价单元天然气未探明储量为261bcfg，未探明液化天然气资源量为261MbNGL。浅海相砂岩以及峡谷充填物评价单元天然气未探明储量为62bcfg，未探明液化天然气资源量为62MbNGL。分布范围集中在盆地的南部（见图 4-66）。其中烃类物质来源于三角洲沉积中心气型烃源岩，烃源岩主要是the Winters页岩或者Sacramento页岩。储集层主要是Domengine组砂岩。区域盖层为上覆Nortonvile组页岩。Winters-Domingene含油气系统油气运移发生在渐近世。

根据调查显示，接近三分之二的未开产资源量（323bcf）存在于the Winters-Domengine含油气系统中，the Winters-Domengine中大约有2 610亿ft^3资源量存在于晚白垩世三角洲相和海相评估单元中，大约有62bcf资源量存在于海相砂岩和峡谷充填物评估单元中的新生代储集层评价单元中。

Winters-Domingene含油气系统中存在地层油气藏和复合型油气藏。Winters-Domingene含油气系统成藏事件。

通过对萨克拉门托盆地含油气系统分析，归纳了萨克拉门托盆地成藏事件，本区地层单元较新，自白垩世到新近世接受沉积。烃源岩主要为白垩统页岩，部分达到了生油门限，随着深加大和古温度的升高达到了生气门限，逐步产生天然气。油气主要储集于白垩世，古近纪的砂岩地层。盖层则主要为上覆海侵相页岩和三角洲相页岩。生烃时间为白垩纪到中新世，排烃时间为古新世到新近纪。圈闭主要形成时间为晚白垩，始新世。

2.区带

根据资料显示，萨克拉门托盆地两个含油气系统中主要有3个区带。Dobbins-Forbes含油气系统包括Forbes-Kione北区带和Forbes-Kione南区带，其中有两个评价单元：Forbes-Kione以及下伏地层评价单元和下Princeton峡谷充填物以及北部非海相评价单元。Winters-Domingene含油气系统包括the Winters - Domingene 区带，其中有两个评价单元：晚白垩世三角洲以及海底扇评价单元和浅海相砂岩以及峡谷充填物评价单元。

（1）萨克拉门托盆地北Forbes-Kione区带。此区带包括了萨克拉门托盆地北部所有区域，气体多数来自Kione组和Forbes组中的储集层。区带中的28个油气田发现储量为2.2tcf，从南到北三个最大的油气田是Grimes油气田（885bcf），Willows-Beehive Bend油气田（387bcf）和Malton-Black Butte油气田（135bcf）。圈闭类型通常是构造圈闭或者地层圈闭。

1）储集层。此区带中，Forbes和Kione组中的上白垩统砂岩是主要的储集层。也有一些例外情况，比如说在Venado，Sites 和Guinda组中的砂岩是晚白垩世形成的，而在普林斯顿峡谷充填物中是新近纪和古近纪形成的。储集层厚度变化从11～490ft，平均厚度为93ft。

2）烃源岩，油气生成，运移时间。根据资料显示，前人对于此区带中成熟烃源岩的了解情况是不明朗的。Dobbins页岩和Forbes组中的页岩可能是产生气体的烃源岩，其中它们都埋藏在Rio Vista气田西部最大深度处。数据表明Forbes组和Dobbins组页岩TOC值为1%，属于不成熟的或者仅仅是边缘型气型源岩。

根据三角洲沉积中心埋藏史曲线，Forbes和Dobbins组在晚白垩纪到中新世开始产生气体。气体通过Forbes组中的一个超压区域向北运移，气体主要聚集在地层圈闭中，随后演变为构造圈闭。

3）勘探现状和资源潜力。区带南北走向中，主要有28个油气聚集单元，其中大部分地区野猫井很多。除此之外，未发现多余的油气聚集单元。发现的圈闭类型大多是地层和构造组合类型圈闭，深度变化范围从980～6 260ft，平均深度为3 684ft，其中被沉积的页岩所封闭。可以从生产面积判断圈闭的大小，变化范围是60acre到26 060acre，平均为2 489acre。

（2）萨克拉门托盆地南Forbes-Kione区带。此区带占据了萨克拉门托盆地南部近4712平方英里范围，被Forbes组的下倾岩层延伸方向所限制。区域位置主要位于the Winters through Domingene区带之下，被上部的萨克拉门托页岩层所分隔，北部是南Forbes-Kione区带的边界线。区带内发现储量很少，当超压岩石顶部有足够良好的圈闭形成时，该区域还是具备很好的潜力。

1）储集岩。区带内主要的储集岩层是Forbes组的晚白垩统砂岩，也包括Guinda组的砂岩。各套储集岩层中都含有页岩和粉砂岩。

2）源岩，油气生成、运移时间。根据资料显示，区带中的烃源岩可能是the Dobbins页岩或者是Forbes组中的页岩，还有一种说法是H&T页岩和Martinez页岩。大部分页岩都是偏生气型的，包含大量有机质。由三角洲沉积中心埋深曲线，the Dobbins页岩和Forbes组页岩主要在晚白垩纪到中新世产气。随着烃类气体的不断生成，烃类气体朝着北Forbes-Kione区带向上方运移。

3）资源潜力。由于区带内圈闭深度不大，所以在圈闭很难被生产作业区中的深井所发现。此外，在Forbes组中大量透镜状砂体的出现，可以作为良好的地层圈闭。基于以上这些原因，勘探潜力是难以评估的。如果超压岩石的顶部发现了大量的圈闭，区带内就具备足够的潜力。

（3）萨克拉门托盆地 Winters- Domengine区带。Winters-Domengine区带包括了萨克拉门托盆地的整个南部区域近4 712mile^2，共有47个油气田产气，储集层在Sacramento组上方。Forbes-Kione南区带直接位于Sacramento组下方。区带中四个最大的油气田是：Rio Vista（天然气3.5tcf，原油1 521MMbbl）；Lathrop（天然气358.5bcf）；Lindsey Slough（天然气279bcf，原油1 230MMbbl），Union Island（天然气2 616bcf，原油10MMbbl）。在区带中47个油气田中已发现储量为6.6tcf天然气以及14MMbbl原油。

1）储集岩。储集层时代主要是晚白垩世到渐近世，其中始新统Domengine组砂岩为主要的储集层。其他储集层包括the winters组砂岩，Starkey砂岩，Mokelumne River组砂岩，Martinez组砂岩，Capay组砂岩，Nortonvile页岩，Markley组砂岩，Lathrop砂岩，Tracy砂岩，Blewett砂岩，Azevedo砂岩和Garzas砂岩。以上大部分砂岩都是在海相环境中形成的，储集层厚度变化范围为4～550ft，孔隙度变化范围为18%～34%，渗透性变化范围是5～2 406mD。

2）圈闭。与储集层相邻的粉砂岩和页岩起到了封闭烃类流体的作用。区域盖层包括了位于Winters至Domengine区带下方的的Sacramento组，上方起到封闭作用的是始新统页岩和中新世到上新世非海相页岩。圈闭类型多为组合类型，也包括构造圈闭和地层圈闭。在一个油气田中可以出现多种圈闭类型。

3）烃源岩。The winters页岩和 sacramento组页岩都有可能是气源岩。The Moreno页岩可能是油源岩。在这两种情况下，区带中烃源岩主要是气源岩，也可以产生一些重质原油或凝析油。

由三角洲沉积中心埋藏史图可以看出，Winters组在晚白垩世（70Ma）到中新世（10Ma）产气。烃类向东运移，通过Midland断层。在区带中，气体主要聚集在组合圈闭中。钻遇的储集层深度可以达到9 100ft。

4）勘探现状和资源潜力。47个油气聚集单元都集中萨克拉门托盆地的南部，其中有1 703个新油田野猫井正在施工。发现的圈闭类型大多数是组合圈闭和构造圈闭，深度变化范围在2 200～9 700ft，平均深度为5 178ft，被上覆页岩所覆盖。可以从生产面积判断圈闭的大小，变化范围是90～25 000acre，平均为2 235acre。储集层厚度变化范围为13～350ft，平均为95ft，孔隙度变化范围为18%～34%，平均值为25%，渗透性变化范围是5～2 406mD，平均值为496mD。在新油田中的野猫井有1 703口，其中有47口为干井，成功率为2.8%。未来可能会在产区中有新的发现。

3.油气分布特征

萨克拉门托盆地油气分布范围将近12 000mile^2，图中红点为4个主要油气田：Black Butte，Beehive Bend，Grimes和Rio Vista油气田。萨克拉门托盆地未开产的天然气平均估计值为5340bcf，超过80%包含在上白垩统地层当中。区域页岩将两个含油气系统分隔，上部是Winters-Domingene含油气系统，下部是Dobbins-Forbes含油气系统。

美国地质调查局对萨克拉门托盆地进行评估后，认为盆地中总的未被开产的天然气资源量在139～1 067bcf，平均值为534bcf。其中，接近40%的资源量（211bcf）存在于Dobbins-Forbes含油气系统中，大部分资源量（176bcf）都可能来自于Forbes-Kione区带中上白垩统海相沉积物和三角洲相砂岩储集层中，而小部分量（35bcf）存在于新生代Lower Princeton峡谷充填物和北部非海相岩石评估单元中。接近三分之二的未开产资源量（323bcf）存在于Winters-Domengine含油气系统中，Winters-Domengine中有261bcf资源量存在于上白垩统三角洲相和海相评估单元，有62bcf资源量存在于海相砂岩和峡谷充填物评估单元新生代储集层中。

4.成藏主控因素

油气生成、运移、聚集到成藏是一个十分复杂的地质过程，系统中的各种成藏要素即相互联系，又各自相对独立。他们即互为条件、相互制约而又相互促进，最终在适宜的成藏环境中油气聚集成藏，经受后期的油气藏调整、改造，最终构成现如今开采的油气藏。成藏理论的研究认为一个地区能否发现油气与在什么地方发现油气最主要和最直接的控制因素及其作用是：①烃源岩的分布地区决定了发现油气藏的主要分布区域位置；②储层的发育层决定了勘探开发的目标层；③圈闭的分布位置决定了油藏具体发现的位置。此外，运移通道、盖层等等都是研究油藏形成不可忽视的因素，早期形成的油藏受到后期构造运动的影响，研究后期构造运动亦是油藏形成控制因素的重要部分。根据对于盆地的认识，综合影响油气成藏的各要素，认为萨克拉门托盆地油气成藏的主要控制因素有以下几点：烃源条件，断裂特征，储盖组合。

（1）烃源条件。萨克拉门托盆地烃源岩发育，有上白垩统H&T页岩，白垩统Sacramento页岩和白垩统Winters组页岩，还有古新统Martinez组页岩。页岩干酪根类型有Ⅱ，Ⅲ型，主要为Ⅲ型，为盆地岛弧形成过程中在深海至三角洲环境中沉积环境中形成，中新统岩石有机碳含量通常为1%左右。H&T页岩TOC值为5%～8.3%，其他页岩TOC值为1%～2%。

一定程度上，萨克拉门托盆地具有一定的生气条件，盆地中部的页岩段是主要的生气岩系。部分源岩厚度较大，分布面积较广，部分烃源岩有机质热演化程度较高，具有一定的生烃潜力。同时，对盆地内油气勘探发现油田的范围进行分布研究，可以发现气田分布区和烃源岩尤其是生烃强度关系密切。部分发现的气田位于烃源岩的分布区，可见，油气藏分布具有一定的源控特征。

（2）断裂特征。毫无疑问，长时间的活动断层有利于沟通有效烃源岩，为油气运移提供有效通道。盆地中主要存在两条主要断裂带，Hills断裂和Midland断裂。还发育许多断裂，例如卡比山断裂，柯克断层，布拉西断层，谢尔曼断层等。始新世至新近纪，断层和褶皱广泛分布，太平洋板块持续俯冲作用，西部产生了圣安德列斯断裂带，使俯冲复合体抬升。渐新世时期，沿盆地西南方的周期性的隆起，侵蚀，断裂产生。

萨克拉门托盆地中部分油气田附近断层发育，其中也是油气富集的重要区域。由于断层封闭，和砂岩透镜体和尖灭的封闭作用，气体被有效的保存。新近纪后盆地进入平缓沉降阶段，断层活动性减弱或停止，封闭性增强，油气藏得到较好的保存。

（3）储盖组合。储层和盖层是油气储集场所和封闭要素，储盖组合有效性取决于储盖层界面排替压力差的大小，排替压力越大，对油气的封堵作用越强。

盆地中储集层发育，主要为白垩统，始新统砂岩。白垩统储层主要分布在盆地边缘与古隆起上，油气储量占盆地总储量的大部分，始新统储层在盆地范围内分布，孔隙度最大为37%。

盆地中盖层岩性主要是海侵相页岩或三角洲相页岩，Tehema组页岩，Nortonsvile页岩以及Valley spring组页岩平面分布稳定，封存能力强，覆盖在上中新统—下上新统砂岩储层之上，盆地内油气藏未受大气水和地表水渗入冲刷和破坏明显作用，始新统，上新统盖层使得下伏储层中的油气能够得以有效封盖和保存。依据泥质盖层阻止油气运移的方式，封闭机理归纳为毛细管力封闭、超压封闭和烃浓度封闭等3种类型，封闭机理的多样性对油气的封存起到了至关重要的作用。

盆地中主要发育三角洲沉积体系和陆架边缘沉积体系，油藏类型以构造和地层油藏为主，优越的沉积环境和沉积体展布易于形成一定厚度、物性好的储层砂体，其和空间上相邻的泥岩沉积就自然了形成了良好的储盖组合，形成了有利的圈闭类型，是油气聚集的最有利场所。盆地部分储层砂体主要是陆架边缘和三角洲砂体，形成空间上与生油气洼陷密切相配合的储集岩发育地区。三角洲前缘水下分流河道位置，部分是储层物性较好的砂体发育区。部分油气分布主要受储层物性的控制。有利沉积相带控制下的成岩有利区域成为了油气聚集的主要区域，尤其是距离生烃区域近的部分，具有优先捕获油气的位置优势，并且砂体厚度大，储层发育，易发现大的气藏。

（4）高孔隙流体压力区域。盆地中特定的水动力系统，在一定程度上促使了油气运移成藏。地层压力是指作用于地层孔隙空间的流体压力。正常的地层压力等于地表到某一深度的静水压力。背离并且超过正常压力趋势线的地层压力为超压（异常高地层压力）。形成超压的主要因素有压实不平衡，区域构造挤压，水热增压作用，蒙脱石脱水作用，烃类生成，渗透作用和浮力作用。

萨克拉门托盆地中南部区域存在流体超压，可能存在流体压力封存箱的幕室机理，也就是说流体压力聚集致使断裂产生，随后流体快速排出，然后流体压力降低，断层闭合。随后超压在聚集，断裂复合，超压流体再排出。由此产生的断裂排烃可能是油气运移成藏的方式。

4.5.6 勘探潜力与有利区预测

（1）勘探潜力分析。萨克拉门托盆地原油资源很少，主要是天然气资源。盆地中天然气未探明储量为534bcf，NGL未探明储量为323MMbbl，盆地中石油未探明储量不多于0.5MMbo。2009年湿气探明储量约为586.15bcf，比2008年增加了7.9%。

（2）有利区预测。萨克拉门托盆地中部含有较好的烃源岩、储层和圈闭构造。圈闭类型是以断背斜为主的构造圈闭，横向沉积尖灭为主的地层圈闭，以及两者的混合圈闭，其中为背斜圈闭油气藏和地层圈闭油气藏。盆地勘探前景主要取决于部分断层位移以及储集层发育的情况。

资料显示，萨克拉门托盆地非常规评价资料缺乏，尚无完整的评价信息。

萨克拉门托盆地中有Dobbins-Forbes含油气系统和Winters-Domingene含油气系统。其中存在4个常规油气评价单元：Forbes-Kione以及下伏地层评价单元，下Princeton峡谷充填物以及北部非海相评价单元，晚白垩世三角洲以及海底扇评价单元，浅海相砂岩以及峡谷充填物评价单元。根据资料，上白垩统地层中油气资源丰富。其中Winters-Domingene含油气系统中的晚白垩世三角洲以及海底扇评价单元和浅海相砂岩以及峡谷充填物评价单元中的未探明油气储量较多。晚白垩世三角洲以及海底扇评价单元天然气未探明储量为261bcfg，未探明液化天然气资源量为261MbNGL。浅海相砂岩以及峡谷充填物评价单元天然气未探明储量为62bcfg，未探明液化天然气资源量为62MbNGL。主要分布在盆地的南部区域（见表4-28）。

表4-28　萨克拉门托盆地评价单元未探明储量统计表（USGS，2007）

评价单元	天然气未探明储量/bcf	凝析油未探明储量/MMbbl
Forbes-Kione以及下伏地层评价单元	176	0
下Princeton峡谷充填物以及北部非海相评价单元	35	0
晚白垩世三角洲以及海底扇评价单元	261	2 610
浅海相砂岩以及峡谷充填物评价单元	62	620

Winters-Domingene含油气系统中上白垩统三角洲相和海相沉积岩石存在很大的勘探潜力，超压区域的存在和东部断裂带也使烃类运移得到有效的进行，使其可能有较好的勘探前景，但是至今工作程度较低，将来可能在该处有大的发现。综上所述，Dobbins-Forbes含油气系统和Winters-Domingene含油气系统的重叠区域为资源潜力较大区，包含晚白垩世三角洲以及海底扇评价单元，浅海相砂岩以及峡谷充填物评价单元，晚白垩世三角洲以及海底扇评价单元。资源潜力较小区为：浅海相砂岩以及峡谷充填物评价单元。

地温梯度线可以用来研究地质构造的特征，同时其对研究矿产（金，石油等）的形成与分布也有重要作用。温度主控油气的生成和保存，门限温度后，石油开始大量生成。根据资料显示，地温梯度较高的盆地有形成工业性油气藏的优势，而地温梯度低的盆地深层是油气勘探的远景区。

压力过渡带是油气聚集的有利场所，可能发现的非传统油气聚集有异常压力的气饱和封存箱、水力破裂，泥岩裂缝油气藏、烃水倒置的油气藏等。高压带的层段和异常高压带内顶部压力相对较低处是油气最有利的聚集场所。页岩厚度相对决定了生烃潜力，毫无疑问，厚度越大，生烃潜力越大。盆地古近系和新近系地层中也有烃源岩和多套储集层，地层厚度较大则说明该区域保存条件可能较好，具有成藏的良好因素。

由于萨克拉门托盆地资料相对缺乏，根据现有资料，可以利用萨克拉门托盆地部分区域超压等值线图、萨克拉门托盆地南部主要油气田分布图、萨克拉门托南部始新统sidney flat页岩等厚图、萨克拉门托盆地部分区域地温梯度图、萨克拉门托盆地异常高孔隙流体压力地区顶部深度图，萨克拉门托新近系地层等厚图、萨克拉盆地古近系地层等厚图大概推测出盆地有利区位置图，评价标准见表4-29。

表4-29　萨克拉门托盆地有利区依据表

评价标准	一类有利区	二类有利区	三类以上有利区
萨克拉门托盆地部分区域地温梯度	大于30℃/km	30～20℃/km	20～10℃/km
萨克拉门托盆地 异常高孔隙流体压力区顶部深度	大于3 000m	2 500～3 000m	小于2 500m
萨克拉门托南部 始新统sidney flat页岩等厚图	大于1 000ft	500～ 1 000ft	0～500ft
萨克拉门托盆地古近系地层等厚图	6 000～8 000ft	4 000～6 000ft	小于4 000ft
萨克拉门托盆地新近系地层等厚图	3 500～4 000ft	3 000～3 500ft	小于3 500ft

综上所述，可以绘制出萨克拉门托盆地有利区。一类有利区地温梯度大，普遍为30℃/km。异高空隙流体压力区顶部深度大，普遍为3 000m左右，地层厚度也较大，可能存在很好的勘探前景。

4.6　重点盆地对比研究

本节对上述五个北美重点盆地的油气地质特征进行分类统计和总结，从沉积地层发育、生储盖组合、含油气系统、油气资源类型及资源量等角度对重点盆地进行对比研究，在此基础上运用含油气盆地优选方法对盆地进行综合评价，确定盆地评价标准，从不同角度对盆地进行打分，根据多要素的权重指定权重系数，用累计积分的办法建立评价的相对量化标准，达到对每个盆地进行半定量—定量评价，最后对五个盆地进行地质综合评价与排序。

4.6.1　盆地油气地质特征对比

对五个盆地的油气基础地质情况进行分类统计并编制了北美重点盆地油气地质特征对比表（见表4-30），从表中可以看出，在研究的5个重点含油气盆中，盆地性质及规模的不同，造成其在地层沉积、油气发育等方面的巨大差异。

五个含油气盆地从细分角度分别属于五种不同类型的盆地，其中威利斯顿盆地属于靠近北美稳定地台的中央区域，受构造运动影响较弱，属于典型的克拉通内陆盆地；环绕北美克拉通分布的是一系列造山带，其中受克拉通东部的阿巴拉契亚造山带挤压逆冲形成的阿巴拉契亚盆地具有典型的前陆特征，而在克拉通西部，科迪勒拉造山带也造就了一批典型前陆盆地，但粉河盆地受科迪勒拉造山运动影响相对较小，逆冲规模有限，属于类前陆盆地的范畴。北美南端的墨西哥湾盆地则是中新生代由于陆壳拉张洋壳发育而形成的大型陆间裂谷型盆地。而位于西部在太平洋板块俯冲到北美板块之下的构造环境中形成的萨克拉门托盆地属于主动大陆边缘盆地。

盆地的规模则与其所处的构造环境紧密相关。墨西哥湾盆地属于陆间裂谷，其规模可达到巨型盆地，面积超过$130 \times 10^4 km^2$；阿巴拉契亚盆地属于大型造山带与克拉通之间的前陆部分，面积也达到了大型盆地的$45 \times 10^4 km^2$；威利斯顿盆地位于北美克拉通之上，构造稳定，幅员辽阔，同样属于大型盆地，面积达$46 \times 10^4 km^2$；而粉河盆地和萨克拉门托盆地属于北美西部构造运动强烈的造山带与俯冲带区，被众多的隆起和造山带分割，面积相对较小，只有$10 \times 10^4 km^2$和$4 \times 10^4 km^2$，属于中小型盆地之列。

从盆地沉积角度，北美东部的阿巴拉契亚以古生界地层为主外，南部的墨西哥湾以中新生界沉积为主，其余三个盆地则均发育古生界至新生界地层，但由于沉积后期遭受抬升剥蚀，出现地层缺失，其沉积厚度较小。

从生储盖组合的角度，阿巴拉契亚盆地和威利斯顿盆地主要发育古生界成藏组合，粉河盆地除发育上古生界成藏组合以外，还发育中生界白垩系的成藏组合，而墨西哥湾盆地和萨克拉门托盆地则以中生界到新生界的成藏组合为主，其中墨西哥湾盆地广泛发育第三系的生储盖组合，并且也是其主要的产油层位。

盆地含油气系统的发育与生储盖组合的分布关系密切。阿巴拉契亚盆地主要发育上古生界Devonian含油气系统及下古生界Utica含油气系统，与其古生界成藏组合的分布相对应；墨西哥湾盆地则主要发育上白垩统woodbine含油气系统，上侏罗统含油气系统及第三系复合含油气系统，主要分布在中新生界；威利斯顿盆地的含油气系统以古生界为主，包括中奥陶统Red River含油气系统、上泥盆统Bakken含油气系统及中密西西比统Madison含油气系统；粉河盆地除了具有古生界宾夕法尼亚—二叠系复合含油气系统外，还发育白垩系的两个含油气系统，并且均包含巨大的常规和非常规资源；萨克拉门托盆地则主要发育中新生界的Dobbins-Forbes含油气系统和Winters-Domingene含油气系统，与前述几个盆地相比油气资源量相对较小。

从油气资源类型来看，除萨克拉门托盆地以发育常规砂岩气为主外，其余四个盆地均包含不同类型的常规与非常规资源，其中粉河盆地以煤层气为主，阿巴拉契亚盆地和威利斯顿盆地以页岩油气为主，墨西哥湾盆地则既有数量巨大的常规油气资源，同时又拥有大量的页岩油气资源。

表4-30 北美重点盆地油气地质特征对比表

盆地名称		阿巴拉契亚	墨西哥湾	威利斯顿	粉河	萨克拉门托
盆地类型		前陆盆地	裂谷型盆地	内陆克拉通盆地	类前陆盆地	主动大陆边缘
盆地模式图		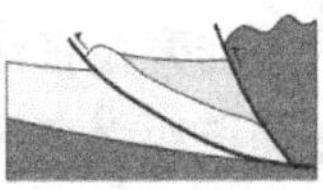	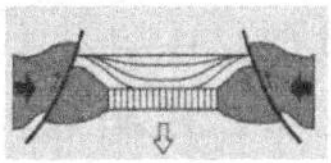	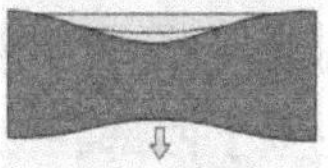	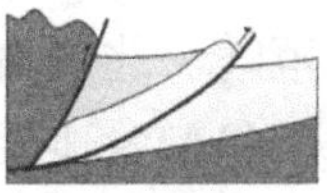	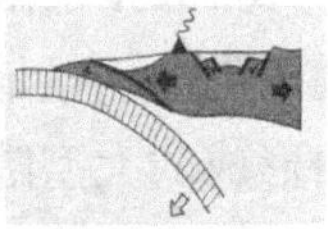
面积		$45\times10^4km^2$	$130\times10^4km^2$	$46\times10^4km^2$	$10\times10^4km^2$	$4\times10^4km^2$
沉积岩	时代	Є-C	J-E	Є-N	Є-N	C-N
	厚度	12 000m	18 000m	4 900m	5 500m	6 100m
主要储集岩	时代	S、D、C	K、N、E	D、C	P、K	K、E
	岩性	砂岩、碳酸盐岩、裂缝页岩	砂岩、碳酸盐岩	碳酸盐岩	砂岩	砂岩
主要烃源岩		泥盆系页岩，奥陶系Utica页岩	上侏罗统提塘阶棉谷群黑色钙质页岩，牛津阶斯马可夫组灰岩，古近系威尔科克斯群及杰克逊群页岩	下奥陶统Winnipeg群icebox组页岩、中奥陶统Red River组灰质泥岩、上泥盆统Bakken组页岩	宾夕法尼亚-二叠系Phosphoria页岩，下白垩统Mowry页岩，上白垩统Niobrara页岩	白垩统H&T页岩，Dobbins页岩Winters组页岩，古新统Martinez页岩
主要盖层		奥陶系Utica页岩，泥盆系页岩，密西西比系Sunbury页岩，志留统Salina蒸发岩	白垩系碳酸盐岩和泥岩，第三系泥岩	中泥盆统Prairie组蒸发岩、Madison群蒸发岩、二叠系opeche蒸发岩	三叠系红层	上白垩统Forbes组页岩，上白垩统Sacramento页岩，始新统Nortonvile页岩
主要含油气系统		上古生界Devonian含油气系统，下古生界Utica含油气系统	上白垩统woodbine含油气系统；上侏罗统含油气系统；第三系复合含油气系统	中奥陶统Red River含油气系统、上泥盆统Bakken含油气系统、中密西西比统Madison含油气系统	宾夕法尼亚-二叠系复合含油气系统；下白垩统Mowry含油气系统；上白垩统Niobrara含油气系统	Dobbins-Forbes含油气系统，Winters-Domingene含油气系统
油气资源类型		页岩气、致密砂岩气、致密油	常规油气、页岩油气	常规油气、致密油气、页岩油	煤层气、常规油气、致密油气、页岩油气	常规砂岩油气

盆地的类型和规模与盆地油气资源量的大小也具有密切的关联，同时由于含油气类型不同，相同规模的盆地在资源量大小上也可能存在巨大的差异，甚至出现小盆满盆皆有油而超过大盆的情况。同时由于勘探程度的不同，在剩余可采储量与待发现资源量的

分布上也具有一定的差异，即服从勘探程度越高，剩余可采储量所占比例越高的一般规律（见表4-31）。

表4-31 北美重点盆地剩余可采储量与待发现资源量统计（据USGS，2014）

盆地	剩余可采储量		待发现资源量	
	油/MMbo	气/tcf	油/MMbo	气/tcf
阿巴拉契亚盆地	521	72.8	54	70.2
墨西哥湾盆地	10 137	111.1	3 180	284.7
威利斯顿盆地	21 730	20.1	3 844	3.7
粉河盆地	763.26	6.9	638.96	16.6
萨克拉门托盆地	0.5	0.59	0	0.53

阿巴拉契亚盆地属大型的前陆盆地，油气资源以非常规资源为主，由于勘探程度高，资源量中剩余可采储量所占比例较高，但剩余和待开采资源中呈现油少气多的局面，与盆地规模相比，其原油资源属于偏少型，天然气资源较多，在全部五个盆地中仅次于墨西哥湾盆地，显示了其巨大的天然气资源潜力（见图4-7，图4-8）。

五个盆地中面积最大的墨西哥湾盆地无疑也是油气资源量最为丰富的盆地之一，其油气剩余可采储量与待发现资源量均名列前茅，尤其是天然气资源，超过了其余四个盆地资源量的总和。墨西哥湾盆地深水区域的油气勘探开发目前发展迅速，已经成为盆地常规油气资源的增长极，而其陆上非常规区块的页岩油气和致密油气资源同样是目前北美潜力巨大的油气增长点。

威利斯顿盆地的Bakken含油气系统含页岩油资源丰富，其原油剩余可采储量占盆地总剩余可采储量的90%以上，使威利斯顿盆地成为五个盆地中原油剩余可采储量最大的一个，但由于其以含页岩油为主，含气量偏少，其天然气剩余可采储量在五个盆地中只比两个中小型盆地略多，其待发现资源量中同样表现出油多气少的局面。

粉河盆地属于落基山盆地群中油气资源类型和资源量都较为丰富的中小型盆地之一，其资源类型以煤层气为主，常规油气勘探开发程度较高，剩余可采与待发现资源量相对较少，但非常规油气，尤其是白垩系页岩油气和致密砂岩油气的勘探开发将成为盆地油气资源的又一个增长点。

萨克拉门托盆地本身规模较小，油气类型以常规砂岩气为主，原油剩余可采储量较小，USGS对其的油气资源评价显示待发现原油资源较小而可忽略。在研究的五个盆地中，该盆地从规模、含油气类型及资源量方面都属于条件最不好的一个，油气勘探开发的潜力较差。

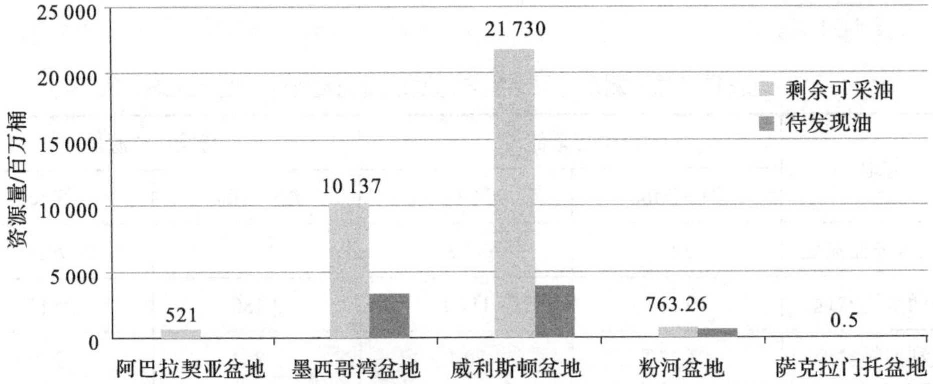

图 4-7　北美重点含油气盆地原油资源量统计对比图

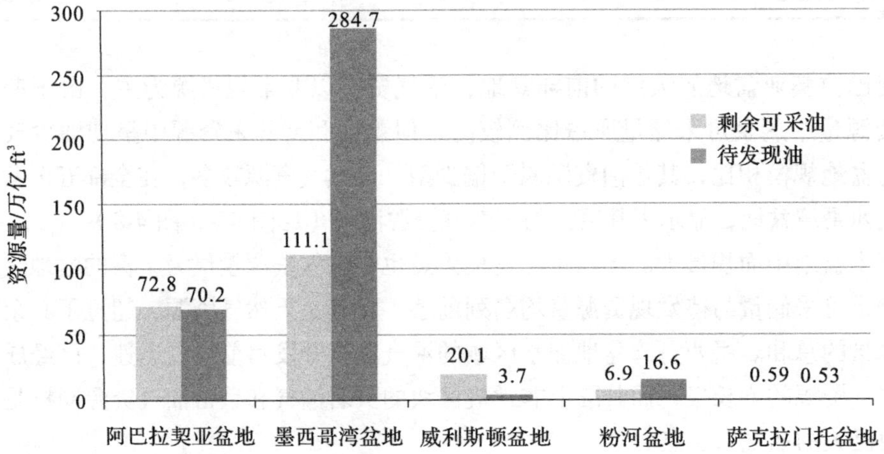

图 4-8　北美重点含油气盆地天然气资源量统计对比图

4.6.2　盆地地质综合评价及排序

结合地质条件综合分析、油气资源评价分析、含油气地质条件的特殊性，分析并研究盆地的有利勘探方向及有利选区。根据含油气盆地地质构造的特征、主要含油气盆地的类型及物性研究以及油气资源潜力的分析，对重点石油地质特征和条件进行赋值，并根据多要素的权重指定权重系数，用积分的办法建立评价的相对量化标准，并考虑含油气盆地的资源和油气类型等，最终得出北美重点含油气盆地优选的综合排序（见表4-32）。

（1）优选方法和依据。根据国土资源部所拟定的含油气盆地优选标准，结合北美含油气盆地特征，对盆地进行优选。本次优选根据5个重点盆地的地质构造特征、类型、勘探程度以及油气资源潜力的分析，对一些石油地质特征和条件进行赋值，并根据多要素的权重指定权重系数，用累计积分的办法建立评价的相对量化标准，达到对每个盆地进行半定量—定量评价。初步确定9项评价标准，满分为100分。

表 4-32　北美重点含油气盆地地质综合评价标准与综合赋值表

综合赋值				
评价标准		好（10～8）分	中（7～4）分	差（3～1）分
构造特征	盆地类型	裂谷型、俯冲型	前陆型	克拉通型
	构造回返次数	3～4	1～2或5～6	0或>6
盆地规模	盆地面积/万km^2	>10	10-1	<1
	沉积岩厚度/m	>6 000	6 000～1 000	<1 000
烃源岩特征	厚度/m	>500	500～100	<100
	TOC/（%）	平均不小于2.0%	2.0～0.5	<0.5
	成熟度	成熟或高熟	低熟或过成熟	未成熟
储层特征	储层岩石类型	砂岩、珊瑚礁体等	碳酸盐岩、粉砂岩等	泥页岩等
	储层沉积相	三角洲、滨岸、浅海、浅湖半深湖等	河流等	台地、深海等
	储集物性	φ>15%，K>500mD	15%>φ>10%，500mD>K>100mD	φ<10%，K<100mD
储盖组合		主产层中-高孔渗储层与膏盐层区域性盖层	主产层中-低孔渗储层与泥页岩区域性盖层	主产层低孔渗储层与欠发育的泥页岩区域性盖层
资源丰度待发现资源/10^8t		>15	3～15	<3
勘探程度单井控制面积/（km^2/口）		<45	45～150	>150
油气保存条件		上覆沉积地层厚度大，盖层好，后期保存条件好	盖层较好，后期断裂发育中等，保存条件一般	区域盖层发育少，保存条件差
油气富集条件		大型圈闭为主，年产大于0.3×10^8t的油气田50个	中、小型圈闭为主，年产大于0.3×10^8t的油气田1～10个	小型圈闭为主，年产无大于0.3×10^8t的油气田

1）盆地构造特征。盆地类型影响其富集油气能力。据资料统计，裂谷型最高，前陆型次之，克拉通型盆地一般；构造运动次数指形成盆地区域性不整合面的构造运动的次数，以3～4次为最好，太多或太少都不好。设其加权系数为0.5。

2）盆地规模。盆地规模主要是从盆地面积和沉积岩厚度来评价，不同盆地二者中对油气富集起主要作用的因素不尽相同，设其加权系数为0.5。

3）烃源岩特征。烃源岩特征包括烃源岩厚度、TOC%、成熟度指标等，决定了资源类型和生烃量，是有利区评价的重要参数，设其加权系数为1.0。

4）储层特征。储层的岩石类型、沉积相及储集层物性（主要是孔隙度和渗透率）对油气聚集影响差异很大，设其加权系数为0.5。

5）储盖组合特征。有利的储盖组合及源储关系对大油气藏的形成具有重要的作用，设其加权系数为1.0。

6）待发现资源量。就盆地资源丰度而言，盆地潜在资源量是盆地评价的最重要指标，设其加权系数为5.0。

7）勘探程度。表征勘探程度的一个重要参数为平均单井控制面积，设其加权系数为0.5。

8）油气保存条件。在油气成藏过程中，保存条件非常重要，设其加权系数为0.5。

9）油气富集条件。含油气盆地中，油气资源量和储量常常集中在大型圈闭中，油气富集条件也是评价的一个重要参数，其加权系数为0.5。

（2）优选结果和排序。北美五个重点含油气盆地：阿巴拉契亚盆地、墨西哥湾盆地、威利斯顿盆地、粉河盆地和萨克拉门托盆地。按照重点含油气盆地综合地质评价标准，对五个重点含油气盆地进行优选排队（见图4-9和表4-33）。

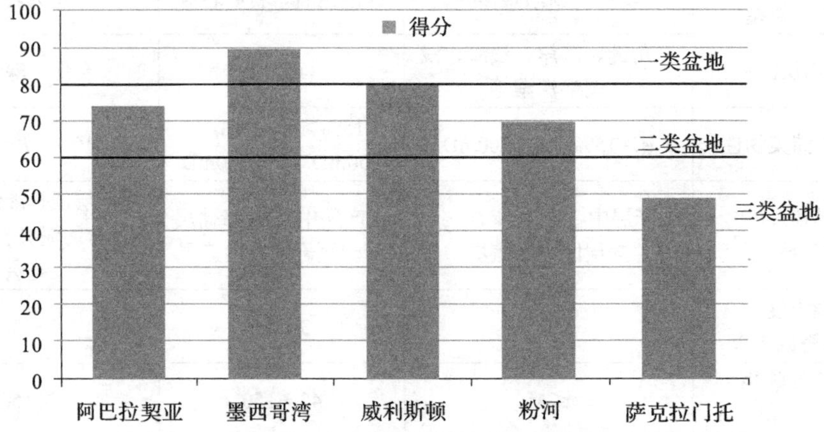

图4-9　北美重点含油气盆地地质综合排序及盆地分类

表4-33　北美重点含油气盆地综合地质评价

各项评价指标及其加权系数	评价指标	盆地构造特征	盆地规模	烃源岩特征	储层特征	生储盖组合	待发现储量	勘探程度	油气保存条件	油气富集条件	总分
	加权系数	0.5	0.5	1.0	0.5	1.0	5.0	0.5	0.5	0.5	
盆地单项评价指标得分=盆地该项指标综合赋值×加权系数	阿巴拉契亚	3.5	4.5	10	3.5	6	35	4.5	3.5	3	73.5
	墨西哥湾	5	5	10	4	9	45	3	4	4.5	89.5
	威利斯顿	1.5	5	9	4.5	8	40	3.5	4	4.5	80
	粉河	3.5	3	8	4.5	8	30	4.5	4	4	69.5
	萨克拉门托	4.5	1.5	6	4	7	15	3.5	4	3.5	49

地质综合优选可分为三个级别：大于80分为一类盆地；60～80分为二类盆地；小于60分为三类盆地。

优选结果为：墨西哥湾盆地为一类盆地；阿巴拉契亚盆地、粉河盆地和威利斯顿盆地为二类盆地；萨克拉门托盆地因潜力相对较小，为第三类盆地。

第5章　北美油气资源潜力及其可靠性评价

5.1　北美油气资源潜力

北美地区油气资源丰富，据统计，至2009年末，全球原油探明可采储量为12 978.57bbo，天然气探明可采储量为6 620.27tcf，而北美地区原油和天然气的探明可采储量为728.57bbo和323.44tcf，分别占全球总量的5.5%和4.9%。况且，全球共有1 021个大油气田，北美地区就有176个，占总数的17.24%。

5.1.1　常规油气资源潜力

北美地区勘探开发较早，盆地勘探成熟度高，北美地区常规油气中待发现资源量最大的为北坡盆地，待发现石油资源量达3.98bbo，紧随其后的是绿河盆地（1.56bbo）、墨西哥湾盆地（1.48bbo）和加拿大阿尔伯塔盆地（1.32bbo），按盆地类型划分则主要集中在裂谷型盆地及前陆盆地中。

北美常规天然气储量巨大，常规天然气待发现资源量最大的盆地为墨西哥湾盆地，达到152.615tcf，其次为巴芬盆地（51.82tcf）、北坡盆地（37.52tcf）和阿尔伯塔盆地（25.38tcf），与常规石油资源量分布情况相结合可以发现，位于北美北端的北坡盆地和南端的墨西哥湾盆地常规油气资源量巨大，具有巨大的资源潜力。

5.1.2　非常规油气资源潜力

1.致密砂岩气

据EIA2008年评价结果，美国致密砂岩气资源量为699.14 ~ 1500.68tcf，主要分布在西部，特别是落基山地区。该地区以中小型盆地为主，油气田规模也多属中小型，但在致密砂岩气发育的盆地中可形成规模巨大的深盆气田，如圣胡安盆地布兰科气田。由于致密砂岩气更易于在碎屑岩储层中形成，因此目前已发现的致密砂岩气集中于圣胡安、大绿河、丹佛、风河、粉河、尤因塔–皮申斯及拉顿等盆地中。

加拿大深盆气主要分布在阿尔伯达盆地落基山东侧盆地西部最深坳陷的深盆区。深盆气藏面积达67 600km^2，已探明天然气储量67.09tcf，预测深盆气资源量达3 531tcf。

2.页岩气

美国总的页岩气资源大约为501.40～600.27tcf，可采储量大约为31.07～75.72tcf。

据统计，2009年美国非常规天然气产量占全球天然气总量的51%，其中页岩气产量高达3.18tcf，较2008年增长了80%。

目前，除东北部地区盆地（阿巴拉契亚、密执安、伊利诺斯等）以外，已在中西部地区盆地、威利斯顿（Bakken页岩）、圣胡安、丹佛（Niobrara白垩）、福特沃斯（Barnett页岩）、阿纳达科（Woodford页岩）等获得重大进展。美国的页岩气主要发现于中–古生界（D-K）地层中。

美国页岩气资源量丰富，著名的区块包括南部Marcellus、Barnett、Haynesville、Fayetteville页岩气区块以及位于东部、中东部的New Albany和Antrim页岩区块等。

加拿大页岩气主要分布在不列颠哥伦比亚、亚伯达、萨斯喀彻温省、魁北克省、安大略省、新不伦瑞克省、新斯科舍等地区。据加拿大非常规天然气协会（GSUG）初步估计，加拿大页岩气地质储量超过1 437.12tcf。

3.致密油

北美是全球已探明致密油资源量最丰富的地区，而且美国和加拿大对致密油的勘探开发理论认识全面、技术研发相对成熟，是全球实现致密油商业化开采的两个典型国家。致密油在北美的迅速发展提高了美国的原油产量，增加了非OPEC国家的原油供给，并将逐渐改变世界能源供需版图。

2000年美国通过水平井技术首次使Bakken页岩油形成工业产能，在Denver-Julesburg盆地的Niobrara页岩和位于德克萨斯州的Eagle Ford页岩中也获得了页岩油高产。根据美国地质调查局的资源评价数据，皮申斯盆地总页岩油原地资源量约为16 428.57bbo，该盆地被认为是世界上页岩油最为丰富的沉积盆地之一；尤因塔盆地为14 285.71bbo；大绿河盆地为15 714.29bbo。

加拿大的致密油区主要分布在西加拿大盆地和东部的阿巴拉契亚山脉地区，在主要致密油商业化应用的推动下，在加拿大作业的公司开始涉足之前认为没有经济效益的致密油生产。2011年，加拿大的致密油产量约为14万桶/日，预计2020年有望增至45万桶/日。

另据USGS的评价数据，北美地区未探明页岩油资源量主要分布在威利斯顿盆地Bakken区带（73.75bbo）、墨西哥湾盆地Eagle Ford区带（17.32bbo）和阿巴拉契亚盆地Utica区带（9.4bbo）。

4.油砂

世界上85%的油砂资源集中在加拿大阿尔伯塔省北部的三个地区，即东北部的阿萨巴斯卡（Athabasca）地区（占加拿大阿尔伯省北部总储量的80%），阿萨巴斯卡南部的冷湖（Cold River）地区（占加拿大阿尔伯省北部总储量的12%），阿萨巴斯卡西部的皮斯河（Peace River）地区（占加拿大阿尔伯省北部总储量的8%）。

阿尔伯达省东北部的阿萨巴斯卡、冷湖以及皮斯河三大区域，潜在面积为142 200km^2，阿尔伯达油砂的原始地质储量约为2.5256×10^{11}t，原始探明储量为

2.478×10^{10}t，其中累计开采量为1.05×10^{9}t，剩余探明储量为2.366×10^{10}t。阿萨巴斯卡油砂矿是加拿大最大的油砂矿，也是世界上最大的油砂矿。阿萨巴斯卡油砂矿天然沥青的地质资源量为2 $359.77\times10^{8}m^{3}$（2 072×10^{8}t）、冷湖为$290.90\times10^{8}m^{3}$（252×10^{8}t）、皮斯河为$215.60\times10^{8}m^{3}$（190.4×10^{8}t）。

5.2　资源潜力评价方法

5.2.1　北美油气资源评价方法

1.概述

资源评价是石油地质科学发展程度和油气勘探技术的综合反映，代表了人们对地下油气分布规律的认识程度。由于沉积盆地中油气资源的多少和分布受到多种因素的影响，因此一百多年来产生了许许多多预测、评价油气资源的方法。地质学家从不同的角度、针对各地区不同的地质条件展开研究，力图尽可能准确解决油气资源的预测问题。但是，到目前为止还没有一种方法能够确切无误地计算出某个盆地或某个地区的油气资源数量，即使是勘探程度很高的盆地，也还有未被发现的油气资源，从而也无法验证资源预测结果的准确程度。

现有的油气资源评价方法，按照原理进行划分，可归纳为类比法、成因法和统计分析法三大类，北美侧重于统计分析法和类比法的研究应用，成因法应用较少，而我国一直进行成因法的研究与应用。表 5-1总结了油气资源评价的主要方法，从方法原理、具体方法、方法的优点与不足等方面对类比法、成因法及统计分析法三种方法作了介绍和分析。

表 5-1　油气资源的主要评价方法

大类	类比法	成因法	统计分析法
方法原理	最大相似原则下的由“已知到未知”的评价方法。前提条件是若某一评价区和某一油气地质条件清楚的类比区（刻度区）有类似的油气地质条件，那么它们将会有大致相同的油气丰度	按照石油天然气的成因机理或假说，通过估计评价单元烃源岩的生烃量，再乘以运聚系数而得到评价单元的资源量	通过对成熟探区的解剖研究，统计各种因素与油气资源之间的关系而建立起用于油气资源评价的方法
具体方法	成藏条件综合类比法，包括面积丰度类比法、体积丰度类比法；回归分析法，包括体积速度法、多因素回归；远景圈闭个数（面积）法；圈闭加和法；有效储层预测法等	盆地模拟法、氯仿沥青“A”法、氢指数质量平衡法、有机碳质量平衡法、生物气模拟法等	勘探趋势外推法，包括进尺发现率法、井数发现率法、年发现率法、饱和勘探法、发现过程模型法；油田规模法（油气资源结构预测法），包括油田规模序列法、油藏规模分布法；已发现油田潜在储量增长法

续表

大类	类比法	成因法	统计分析法
优点	把石油勘探者的经验与前人的勘探实践应用于油气资源评价，充分考虑到与油气成藏关系密切的各种地质因素与油气资源量的内在联系。方法简单、应用广泛	所选参数均具有明确的地质意义；参数取值参考了油气生成、运移、聚集和保存的全过程，准确性和可靠性比较好。适用于盆地、坳（凹）陷评价	把石油勘探者的经验与前人的勘探实践应用于油气资源评价，充分考虑到与油气成藏关系密切的各种地质因素与油气资源量的内在联系。方法简单、应用广泛
不足	地质类比法的比较结果较粗略，过多地搀杂着评价者的主观见解	对评价区烃源岩的认识程度和运聚系数的选取在很大程度上会影响评价结果	参数的选取与地质过程缺乏明显的联系；对评价区的边界划分比较敏感；只能在勘探程度较高的区域内进行预测

2.北美油气资源评价方法的演化

北美油气资源评价工作开展较早，从20世纪70年代以来，每隔一定时间（一般为5年）就会进行全国的油气资源评价。从历史演化过程可以看出：北美油气资源评价理论与方法发展迅速；评价单元包括油气区、盆地、区块、勘探层以及圈闭等，从大的油气区发展到更小级别的单元；不同评价方法在对不同级别对象的评价实践中得到大量应用和完善；总体上，评价工作更细致，评价结果更可靠（见表5-2和表5-3）。

表5-2　美国油气资源评价方法演化表

时间	评价范围	主要资源评价方法	主要评价单元
1975年	美国国内	统计分析法	含油气区
1988年	美国国内	勘探层分析法	盆地、含油气系统
1995年	美国本土及海域274个常规油区带和239个常规非伴生气区带	蒙特卡洛模拟法、类比法、空间分析方法、发现过程法、油藏规模序列法	区带
1998年	阿拉斯加州北极国家野生动物保护区	专家判断法、油气规模分布模型	含油气区
1995—2000年	世界可成为新增储量的常规石油、天然气、天然气液（凝析气）	油气藏规模分布预测法、油田序列法、发现过程法、经济风险分析法、蒙特卡洛模拟法、特尔菲法	大区、含油气区、含油气系统、评价单元

表5-3　加拿大油气资源评价方法演化表

时间	主要资源评价方法		最小评价单元
1975－1985年	石油资源信息管理与评价系统（PETRIMES）	主观模型	区带
		区带分析模型	油气藏
1994年	油气供给模型		油气藏
2000年	待发现油气资源空间分布模型		油气藏
2005年	截头发现过程模型（TDPM）		油气藏

3.北美油气资源评价方法分析

（1）常规油气资源评价方法。美国、加拿大常用的常规油气资源评价方法主要分为三大类，分别为类比法、统计法及综合评价法。其中类比法又细分为面积丰度法、体积丰度法、圈闭加和法及有效储层预测法；统计法是资源评价方法中较为常见的一种，根据评价对象、评价阶段及勘探程度和资料丰富程度的不同，又可分为体积法、单井储量估算法、经验外推法（历史过程外推法）、油田规模序列法、油田发现过程模拟法、油田发现趋势预测法、油气资源空间分布预测模型及蒙特卡罗法（统计模拟法）等多种不同类型的方法；而综合评价法主要是指特尔菲法，即专家打分评价法。表 5-4中对各评价方法的原理、评价参数及适用范围进行了介绍。

表 5-4　北美常规油气资源主要评价方法

方法		原理	评价参数	适用范围
类比法	面积丰度法	用标型区的单位面积资源丰度来近似代替评价区的单位面积资源丰度	评价地区的面积、类比系数、类比地区油气资源量丰度值	评价盆地的石油地质条件基本清楚，类比盆地应已进行过系统的资源评价研究，且已发现油气藏。一般此种方法要求标型区和评价区同属一类盆地、有近似演化史、相似几何学特征和内部结构，否则估算的误差很大
	体积丰度法	用单位沉积岩体积油气资源丰度代替面积丰度	类比区资源量、预测区沉积岩体积、类比区沉积岩体积、刻度区单位体积资源量、相似率	一般此种方法要求标型区和评价区同属一类盆地，有近似演化史、相似几何学特征，否则估算的误差很大
	圈闭加和法	将每个圈闭的资源量加起来作为区带的资源量	油气资源量、含油气面积、油气层有效厚度、油气层有效孔隙度、油气层含水饱和度、原油密度、原油压缩系数、地面标准温度、地面标准压力、气层温度，原始地层压力、沉积岩体积原始气油比、体积资源丰度等	适用于含油气区带级的评价区，圈闭落实程度较高、圈闭个数比较确定，圈闭地质条件比较清楚
	有效储层预测法	通过准确确定有效储层的分布和远景纱体的油气资源丰度来计算其资源量	预测区类比单元的面积、预测区类比单元与刻度区的类比相似系数、预测区的个数、刻度区资源丰度、刻度区含油面积系数	针对岩性地层区带。勘探程度高，且具有相似的成藏条件以及大致相近的油气资源丰度。
统计法	体积法	运用各种地质手段分析确定出矿体的边界、计算出矿体的面积和矿体厚度，求出某一种矿产在地下的原始体积，以求其储量的一种方法	烃源岩面积、厚度、储量密度	储量量预测的关键在于确定储量密度。此值需靠统计得来，而不同统计方法得到的统计结果差异很大
	单井储量估算法	以一口井控制的范围为最小的评估单元，把评价区划分为若干最小评估单元，通过对每个最小评估单元的储量计算，得到整个评价区的资源量	单井储量，评价区内估算单元个数，钻探成功率	要求勘探程度较高

续表

方法		原理	评价参数	适用范围
统计法	经验外推法/历史过程外推法	根据评价区勘探以来或最近几年每年探明储量（纵坐标）与累计资源储量（横坐标）的关系做初试线外推，至某年探明储量为0时，所对应的累计探明储量是该区的资源量	年探明储量随时间的变化曲线	仅适用于油气类型比较单一的盆地和区块
	油田规模序列法	以油田规模的序号为横坐标，以油田规模为纵坐标，在双对数坐标系内大致形成一条直线	根据已经发现的油田储量序列推算出油田规模序列的*K*值（即斜率），求出最大油田的储量Q_{max}，根据Q_{max}和*K*对已知油田的储量进行归位，求出序列中待发现的油田储量，对已发现油田和待发现油田的储量求和得到评价区的资源总量	适用于完整的、独立的石油地质体系
	油田发现过程模拟	基于关于油田发现过程统计规律，估算一个评价单元油气资源量的方法	勘探效率系数、分布参数、油藏个数等	评价单元一般是一个含油气区带，中、高勘探程度
	油田发现趋势预测法	根据评价区油气勘探储量发现的历史数据拟合发现储量趋势外推预测油气资源量的方法，或者将高勘探区拟合得到的发现储量趋势顾虑用于估算其他评价区油气资源量的方法	累计发现储量、累计探井数、勘探年限等	中、高勘探程度
	油气资源空间分布预测模型法	把已知油气资源分布和地质变量在空间上的相关特征作为随机模拟的限制条件，用统计的方法将这种相关特征以概率密度函数近似地表达出来，以提高预测的准确性	油气资源分布和地质变量 按数理统计分析的不同，分为3种评价方法：①基于成藏机理和空间数据分析的方法；②基于地质模型的随机模拟法；③支持向量机的数据分析法	应用广泛，应用中需要设置经济界限、排除丰度低的无经济价值的油气聚集，以及用已知钻井数据进行验证修正
	蒙特卡罗法/统计模拟法	蒙特卡罗法属于概率统计方法的一种，是盆地计算机模拟计算油气资源量最常用的方法。主要特点是利用地质参数的数学分布模型，求得给定概率条件下的资源量数值，获得资源量的概率分布曲线	地质参数的数学分布模型	应用蒙特卡罗方法往往需要进行数百至数千次随机抽样及相应的取值运算，它要求在参数数学分布模型确定基础上完成

续表

方法		原理	评价参数	适用范围
综合评价法	特尔菲法	专家经验评价，数据绘制成概率分布曲线，采用蒙特卡洛法求得平均的概率分布曲线，即作为评价区油气资源分布结果	评价区油气的概率分布值，专家个数	适用于各种勘探程度的各种评价单元。依赖于专家个人的知识及经验，可进行快速评价预测与评价，也可在勘探程度不高、资料不足的情况下使用，还可以用于长期趋势预测

（2）非常规油气资源评价方法。随着北美非常规油气资源开发技术的迅速发展，其评价方法的研究也逐步确立。美国地质调查局将非常规油气资源如致密砂岩气、页岩气、煤层气和天然气水合物等称为连续型油气资源，资源评价方法主要包括类比法、体积法、资源空间分布预测法、单井储量估算法、FORSPAN法及其改进方法等。表 5-5中对不同类型非常规油气资源的主要评价方法及评价参数进行了介绍。

表 5-5　北美非常规油气资源评价方法的应用及主要评价参数

资源类型	评价方法	评价参数
致密砂岩气	FORSPAN法及其改进方法、随机模拟法、单井储量估算法、发现过程法与资源空间分布预测法	孔隙度、分布面积、烃源岩厚度、有机碳含量、有机质类型、成熟度、生烃量、渗透率、岩性等
页岩气	资源丰度类比法、体积法、FORSPAN法及其改进方法、单井储量估算法	总有机含碳量、成熟度、页岩累积厚度、层位、埋深、天然气成因、孔隙度、含气量、吸附气含量、储层压力、产水量、产气量等
煤层气	体积法、类比法	煤层有效厚度、煤含气量、煤层含气面积、煤质量密度、煤层时代、煤阶、成熟度、资源量等
天然气水合物	体积法	水合物稳定带的厚度、水合物的面积、沉积物的平均孔隙度、水合物稳定带中水合物充填的占比、水合物分解形成天然气的体积当量
油页岩	体积法、资源空间分布预测法	含油率、面积、厚度、层位、埋深、沉积相、灰分含量、挥发分含量、有机碳含量、发热量、含硫量、地质资源量等
油砂矿	体积法	含油率、厚度、可采系数、埋深、分布面积、岩石密度、可采资源量、地质资源量等
致密油	资源空间分布预测法、类比法	含油率、面积、厚度、层位、埋深、沉积相、有机碳含量、成熟度、孔隙度、渗透率、岩性、地层压力、地质资源量等
页岩油	资源空间分布预测法、类比法	含油率、面积、厚度、层位、埋深、沉积相、有机碳含量、成熟度、孔隙度、渗透率、岩性、地层压力、地质资源量等

在各种资源评价方法中，体积法作为一种简单、直观的方法在非常规油气资源评价中得到了广泛应用。表 5-6介绍了各类型非常规油气资源量的体积法计算公式及其适用条件。

表 5-6 体积法在非常规油气资源评价中的应用

资源类型	资源储量计算公式	适用条件
致密砂岩气	资源储量=有效体积×平均孔隙度×平均含气饱和度	在新探区应用时应注意气水边界过渡带的确定
页岩气	总资源储量=游离气资源储量+吸附气资源储量=含气面积×有效页岩厚度×（含气页岩孔隙度×含气饱和度+页岩岩石密度×吸附含气量）	
煤层气	煤层吸附气资源储量=0.01×煤层含气面积×煤层净厚度×煤的空气干燥基质量密度×煤的空气干燥基含气量 或： 煤层吸附气资源储量=0.01×煤层含气面积×煤层净厚度×煤的干燥无灰基质量密度×煤的干燥无灰基含气量	
天然气水合物	总资源储量=分解气资源储量+游离气资源储量+溶解气资源储量 分解气资源储量=天然气水合物中甲烷量×聚集率	一般可以假定没有形成资源量的游离气及溶解气
油页岩	资源储量=面积×厚度×密度	中高勘探程度的地区
油砂矿	含油率法： 资源储量=面积×厚度×密度×含油率	露天开采的油砂储量
	含油饱和度法： 油砂沥青资源储量=面积×厚度×密度×有效孔隙度×原始含油饱和度／原油体积系数	热采油砂储量计算
页岩油	资源储量=面积×厚度×密度×含油率	中高勘探程度的地区

FORSPAN法是美国地质调查局（USGS）进行非常规油气资源评价的主流评价方法。该方法于1995年提出，后经Schmoker、Crovelli、Charpentier等研究人员的改进和完善，已得到了广泛的应有。该方法是基于目标层产能数据（通常为井的产能），预测目标层未来30年的潜在增长储量。表 5-7中对FORSPAN法及其扩展和改进方法的主要目的、形成时间、评价年限、评价对象、评价流程、使用的参数及适用范围等进行了介绍。

表 5-7 FORSPAN评价方法及其改进方法

评价方法	连续型油气资源地质评价模型（FORSPAN）	ACCESS概率统计分析方法	改进的连续型油气资源评价方法
主要目的	该模型提供了预测未来30年内的潜在可增储量的一项评价技术，强调连续性油气聚集是由一系列评价单元组成，评价单元生产数据是预测潜力可采储量的基础，可以利用生产数据获取关于油气地质储量的信息	为FORSPAN模型提供定量的解决方案，是基于条件概率理论及期望方差法则的数学方程得来的一种概率统计分析方法	针对如何将估算最终可采储量的不确定性归纳到评价中，对连续型油气藏评价方法作出改进。在评价区缺少生产数据时，显得尤其重要
形成时间	1995年	—	2010年
评价年限	30年	—	—
评价资源序列	潜在可增储量	—	—

续表

评价方法	连续型油气资源地质评价模型（FORSPAN）	ACCESS概率统计分析方法	改进的连续型油气资源评价方法
评价单元	分为三类①未被钻井证实的单元；②已被钻井证实的单元；③未被钻井证实但有潜在的可增储量的单元。其中③是评估重点	—	用“井”的概念代替了“单元”的概念，并将评价单元划分为甜点区和非甜点区
评价流程	将连续型油气资源评价区划分为均匀的评价单元后，再对每个单元进行单独研究： （1）确定最小经济油气田； （2）进行地质风险评估及开发风险评估； （3）确定预测年限内未被钻井证实的具有潜在可增储量的单元数量概率分布； （4）确定预测年限内未被钻井证实的具有潜在可增储量单元的最终油气可采储量估计值概率分布； （5）评价伴生油气储量； （6）预测评价区域内潜在可增储量	由潜在未评价单元的数目以及每个单元的总储量，通过概率计算获得评价单元中潜在可采储量的估算值	通过概率分布阐述储量估算值的不确定性
基本参数	评价目标特征、评价单元特征、地质地球化学特征和勘探开发历史数据等	九种随机变量的随机分布模型：①评价区面积；②未评价百分数；③未评价区面积潜在的百分数；④每个单元的面积；⑤每个单元的总储量；⑥最早1／3勘探年评价时的伴生油比率；⑦中间1／3勘探年评价时的伴生油比率；⑧陆域分配百分数；⑨海域分配百分数	—
适用范围	既可以是待发现资源，又可以是非常明确的可增储量	FORSPAN数据处理	缺少勘探数据时。有利于储量估算值分布不确定性很大的评价单元的资源量估算

此外，2010年美国地质调查局的Olea等人还提出了随机模拟法。该方法分为2个评价过程：A过程（统计法）和B过程（类比法）。前者用于已钻井评价区，后者适用于未钻井评价区，考虑了不同基本单元（Cell）之间最终可采量（EUR）的空间关系。在已钻井评价区，采用贯序随机模型（Sequencial Stochastic Simulation）对其EUR进行多点模拟，生成具有空间关系的EUR图件，对资源量进行计算；在未钻井区域采用多点模拟的Training Image技术，预测未钻井区域的EUR分布。应指出，该方法中的基本单元为正方形单元格，且其面积小于单井最小排泄面积。

5.2.2 北美油气资源评价方法的适用性

纵观各类油气资源评价方法，每种方法其应用均有一定的适应性和局限性，同时表现出不同方面的优点和缺点。评价方法的选择主要依据油气勘探的不同阶段而定，这是因为在不同的勘探评价阶段，主要的评价目标和对象不同，可以得到的资料程度和质量不同。随着勘探程度的提高，可用计算参数的种类和选择性越来越广，对评价结果的精度及可靠性要求也逐渐提高。

北美油气资源评价方法主要为类比法及统计法。

1.类比法

该法是主要以类比为依据对单元地质体进行资源量估算和分析的评价方法，适用于不同的勘探评价阶段和评价目标。该类方法主要包括储量密度系数法（或称体积或面积丰度法）、体积速度法（包括体积累加法）等。评价结果的准确性主要取决于有关体积参数和类比对象的正确选取，对类比参数的取值通常是通过地质条件对比分析，筛选出最佳类比对象并赋定相应的类比系数（或相似性系数），目的是通过选取最佳的类比对象进行资源量的类比计算并同时评价计算结果的可靠性，也可以在类比基础上分析评价对象的最有利和最不利石油地质条件，估计资源量计算的最大和最小值的概率分布，从而校验用其他方法所作的资源量估算。这类方法的资源量计算对盆地早期评价较为有效，对区带资源量、圈闭资源量和油气藏评价同样适用，但评价结果往往数值偏大。

2.统计法

该法利用历史经验的趋势推断法，即利用历史勘探成果资料（包括发现率、钻井进尺、油气产率、油气田规模分布等），通过数学统计分析方法将历史资料按趋势合理地拟合成资源储量的增长曲线，将过去的勘探与发现状况有效地外推至未来或穷尽状态，据此对资源总量进行求和计算。该类方法又可细分为经验外推法、油气田规模序列法、储产量分析法等。该类方法通常适用于成熟或较成熟勘探地区的中期和后期评价阶段，不能直接应用于早期的未勘探或未开发阶段，原因主要是受评价对象勘探成果资料的制约，同时也受经济技术和人为因素的影响。该类评价方法由于没有考虑在未来勘探中有可能出现的不可预测性油气藏（田）类型的意外发现，也没有考虑技术的改进和经济的改善，因此最大的特点是资源量计算数值趋于保守。

5.2.3 北美油气资源评价结果的可信度

1.单个盆地按时间讨论

从20世纪70年代以来，每隔5～7年，美国地质调查局就对全美陆上及近海进行一次油气资源评价，旨在对未发现的油气储量进行数值分析和区域分布预测，寻找油气发现的突破口。1975年展开的第一次系统评价以统计分析为主，在方法和手段上基于对钻井历史和油气发现数据的统计分析，因此很大程度上是依赖于石油地质学家的判断水平。最初两次（1975年和1981年）的评价结果，由于受资料状况及方法水平的限制，均以油气区为单位，公布了未发现的累计油气资源量；而1988年的评价结果，由于对勘探层的地质分析工作进行得比较详细，资源量数值以盆地和亚油气区为单位进行了报道。1988年的全美常规油气资源评价工作主要由美国地质调查局和矿产管理局承担进行，其中美国地质调查局对大陆及其沿岸近海区进行了资源量评价，而矿产管理局对美国所属近海在较大范围内进行了资源量评价。此后又分别针对不同的盆地和油气区进行了多次资源评价，其中1995年和2013年的两次规模较大、成果较为丰富（见表5-8和图5-1）。

表5-8 北美重点盆地油气资源评价数据对比表（据USGS，2013）

盆地	1995年			2013年		
	油 MMbbl	气 bcf	天然气液 MMbbl	油 MMbbl	气 bcf	天然气液 MMbbl
阿巴拉契亚	106	2 419	4	50	190 760	860
墨西哥湾	4 972	97 981	3 325	3 210	285 260	7 370
威利斯顿	663	1 723	179	7 590	8 590	580
粉河	1 938	1 621	101	640	16 630	130
萨克拉门托	2	3 328	9	0	530	320

注：表中2013年数据采用USGS公布的截至2013年3月的更新数据，其中阿巴拉契亚盆地为2002年评价数据，粉河及萨克拉门托盆地为2007年数据，墨西哥湾盆地为2012年数据，威利斯顿盆地为2013年评价数据。

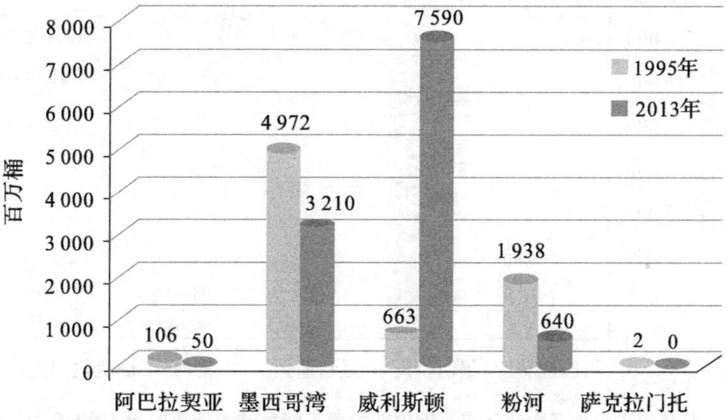

图5-1 北美重点盆地两次油气资源评价待发现石油资源量对比（据USGS，2013）

油气资源量的估算结果不是一成不变的，而是动态变化的过程，单个盆地在不同的时期的评价结果往往是不同的，这是由油气资源的复杂性决定的，也是由人类认识的深入以及评价方法和技术的进步引起的。

同时需要说明的是，本书中所指的盆地未发现油气资源量评价是在不考虑当前社会经济性的前提下进行的，即不会因油气价格及油气增量成本的升降影响油气资源量的评价结果。但在实际的评价中，油气价格以及油气开采成本对油气资源量评估尤其是经济可采资源量的评估结果有着显著的影响。

采用这两次油气资源评价中涉及本书的重点盆地的数据进行分析，结果显示研究的5个盆地中，与1995年资源评价相比，威利斯顿盆地的待发现石油资源量大幅增加，这主要是由Bakken页岩油资源量的大量增加所致，而其他4个盆地待发现原油资源量均有所减少。而在待发现天然气方面，由于北美2000年以来非常规天然气尤其是页岩气的井喷式发展，除萨克拉门托盆地外各个盆地的天然气资源量均大幅度增加，达到原评价结果的3～28倍。其中增幅最大的阿巴拉契亚盆地由于多个页岩气区带和巨量页岩气资源的发现成为北美最重要的页岩气勘探开发盆地之一；而墨西哥湾盆地也由于Eagle Ford等多个页岩区带的发现导致资源量的巨幅增加；粉河盆地除了部分页岩油气和致密油气的发现以外，其巨量的煤层气资源成为待发现天然气资源量大幅增加的主要原因。与此相关，5个盆地的待发现天然气液资源量则全部提高（见图 5-2和图 5-3）。

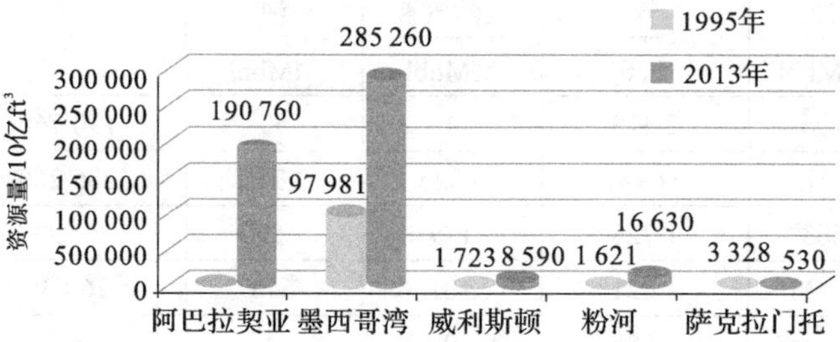

图 5-2　北美重点盆地两次油气资源评价待发现天然气资源量对比（据USGS，2013）

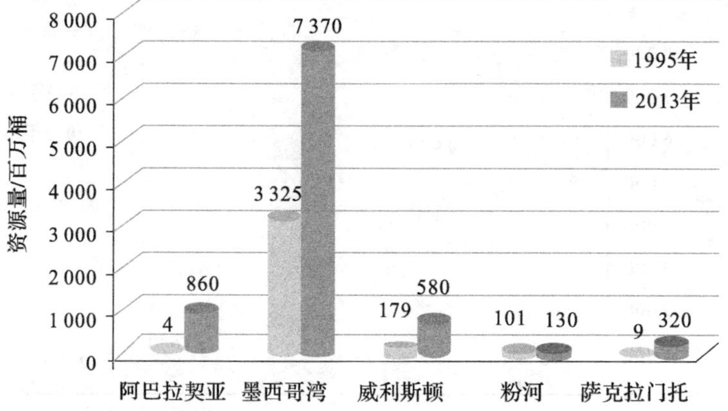

图 5-3　北美重点盆地两次油气资源评价待发现天然气液资源量对比（据USGS，2013）

与上述资源评价结果类似，美国地质调查局在2003年、2008年用FORSPAN方法对福特沃斯盆地Barnett页岩气资源作了估算，2003年的评价结果为0.74tcf，2008年的评价结果为2.66tcf。两次评价结果相差3.6倍，主要原因在于福特沃斯盆地页岩气藏含气范围扩大到原来的三倍，整个盆地成为有利页岩气产区，其次是页岩气井生产周期变长，由初期评价时的30年增长到50年，其核心产区的生产周期甚至估算到80～100年。

2.同类型盆地横向类比

在进行油气资源评价时经常用到盆地类比法。它以盆地性质类比为基础，以数理统计方法为手段，看似带有一定程度的不确定性，但在很大程度上又消除了参数选取上的主观性，用其评估同类型盆地油气资源量具有一定的可信度。但同类型盆地中，即使沉积规模、构造特征相似，甚至在地理上仅一山之隔，由于在油气资源类型尤其是非常规油气资源发育的差别，往往导致盆地资源量的巨大差别。

表 5-9　落基山油气区部分盆地地质基础条件对比表（据李国玉，2005）

盆地	盆地类型	沉积岩			主要油气产层	
		面积/万km²	时代	厚度/m	时代	岩性
粉河盆地	类前陆盆地	6	寒武—新近纪	5 150	白垩纪、宾夕法尼亚纪、古近纪、新近纪	砂岩、页岩、煤层
大角盆地	类前陆盆地	3	寒武—新近纪	5 200	白垩纪、宾夕法尼亚纪	砂岩、页岩
风河盆地	类前陆盆地	2.6	寒武—新近纪	9 000	白垩纪、宾夕法尼亚纪	砂岩、页岩

表 5-10　盆地油气资源量统计表（USGS，2013）

盆地	评价年份	油/10亿桶			气/万亿ft³			天然气液/10亿桶		
		F95	F05	平均值	F95	F05	平均值	F95	F05	平均值
粉河盆地	2007	0.31	1.09	0.64	9.04	27.25	16.63	0.03	0.29	0.13
大角盆地	2008	0.02	0.15	0.07	0.32	2.03	0.99	0.01	0.03	0.01
风河盆地	2005	0.01	0.09	0.04	1.00	4.53	2.39	0.01	0.05	0.02

北美落基山盆地区的粉河盆地、大角盆地和风河盆地，在地理位置上相互毗邻，类型上同属于受逆冲带控制的类前陆盆地，沉积构造条件具有相似的特点（见表 5-9）。但相同时间段对三个盆地的油气资源评价结果显示，粉河盆地的油气总资源量远远超过另外两个盆地（见表 5-10），这除了盆地规模的差异之外，主要原因是相比于其他两个以发育常规油气为主的盆地，粉河盆地新生界发育了多套煤层，具有丰富的煤层气资源。同时近期在粉河盆地发现的页岩油气和致密油气资源对盆地资源量的显著提升也说明了随着勘探认识程度的提高，盆地资源量有可能产生巨大的改变。

3.综合因素分析

油气资源评价是受多种因素共同控制的复杂学科。不同地区、不同领域有着不同的油气藏类型，其成藏机制和控制因素各不相同，故而人类认识到其评价方法也应不同。不同的历史时期，评估主体不同的观点和心情也会影响评价方法的选取。油气资源评价中不同方法的选择对评价结果的影响主要体现为方法本身的局限性，表现在三个方面：

（1）评价方法的理论基础和主要原理。在评价的轮廓大纲上界定了评价方法所依据的主要地质原理和油气地质分布的统计规律，限定了方法本身的运算结构和误差系统，一旦评价方法选定，则计算结果的可靠性和精确度也就大体确定。

（2）评价方法对参数的类型和质量要求。参数类型和质量要求随评价方法的选定而定，这些参数或类型多样、质量参差不齐，或类型集中、精度较高，最终导致评价结果可疑或可靠。那些使用的参数主要为通过大量实测和处理筛选而来的评价方法，计算结果误差较小，可信度较高；反之，若评价方法中包含较多的类比、推测和不易或不可实测参数（如盆地早期评价中的排烃、运移和聚集系数等），则评价结果可信度和准确性自然降低。

（3）方法的适用性。依据不同的目标、对象和任务，大体上限定了评价方法的适用性和有效范围。一般而言，评价方法的通用性愈强，则其计算精度愈小，可靠性愈差。以类比分析为例，当它用于早期盆地评价阶段时往往具有快速、简捷、有效的优点，但在圈闭或油气藏评价阶段其运算结果可靠性较其他方法则大为逊色。

4.目标盆地油气资源评价可信度

目前美国地质调查局油气资源评价方法选择的基本原则是适时、适用、可靠、准确，即在不同的勘探评价阶段选择以一种方法为主的一组评价方法，对资源评价的计算结果要求准确、可靠、快捷、有效。

本书收集了美国地质调查局发布的多次资源评价数据，最新公布的截至2013年3月的全美油气资源评价数据从常规油气资源量、连续型油气资源量两方面对美国69个油气省（盆地）或区带的资源量进行统计从而得到盆地的总资源量（见表5-11）。其中也包括对本书所研究的5个重点盆地的资源量的分类统计，五个盆地中，威利斯顿盆地采用2014年评价数据，与表 5-11相比，油气资源量均有增加，墨西哥湾沿岸盆地采用2012年数据，可信度相对较高；粉河盆地和萨克拉门托盆地采用2007年评价数据，可信度有所下降，而阿巴拉契亚盆地部分采用2002年数据，两个非常规区块采用2011年和2012年的数据，非常规资源量数据可靠度较高，而常规油气资源数据与其他盆地数据相比相对较老，可信度相对较低，但仍有一定参考价值。

表5-11　全美总油气资源量（USGS，最新数据截至2013年3月）

盆地及所在省	评价年份	油 10亿桶			气 万亿ft^3			天然气液 10亿桶		
		F95	F05	平均值	F95	F05	平均值	F95	F05	平均值
1a North Slope,ANWR	1998	5.72	15.95	10.36			8.60			0.32
1b North Slope,NPRA	2010	0.07	2.70	0.90	6.75	114.36	52.84			
1c North Slope,Central	2005	2.56	5.85	3.98	26.62	50.90	37.52	0.33	0.66	0.46
1d North Slope,Coalbed Gas	2006	0.00	0.00	0.00	7.07	36.08	18.06	0.01	0.09	0.04
1e North Slope,Gas Hydrates	2008	0.00	0.00	0.00	25.23	157.83	85.43	0.00	0.00	0.00
1f North Slope,Shale Oil,Gas	2012	0.00	2.00	0.94	0	79.79	42.01	0.00	0.57	0.20
2 Central Alaska	2004	0.00	0.59	0.17	0.00	14.63	5.46	0.00	0.35	0.01
3 Southern Alaska	2011	0.11	1.36	0.60	4.98	39.74	19.04	0.06	0.12	0.05
4 Western Oregon-Wash.	2009	0.00	0.04	0.01	0.68	4.74	2.21	0.00	0.02	0.01
5 Eastern Oregon-Wash.	2006	0.00	0.00	0.00	1.18	4.29	2.43	0.00	0.02	0.03
7 Northern Coastal	1995	0.01	0.09	0.03	0.35	2.33	1.09	0.00	0.01	0.01
8 Sonoma-Livermore	1995	0.00	0.06	0.01	0.00	0.42	0.06	0.00	0.00	0.00
9 Sacramento Basin	2007	0.00	0.00	0.00	0.14	1.07	0.53	0.05	0.77	0.32
10 San Joaquin Basin	2004	0.08	0.85	0.39	0.32	4.33	1.76	0.01	0.22	0.09
11 Central Coastal	1995	0.10	1.17	0.49	0.03	0.37	0.15	0.01	0.01	0.01
12 Santa Maria Basin	1995	0.02	0.60	0.21	0.01	0.35	0.12	0.01	0.03	0.01
13 Ventura Basin	1995	0.28	2.27	1.06	0.66	3.66	1.90	0.02	0.12	0.06
14 Los Angeles Basin	1995	0.41	1.78	0.98	0.61	3.08	1.61	0.02	0.11	0.06
17 ldaho-Snake River Downwarp	1995	0.00	0.01	0.01	0.00	0.09	0.01	0.00	0.00	0.00
18 Western Great Basin	1995	0.00	0.37	0.06	0.00	2.49	0.43	0.00	0.00	0.00
19 Eastern Great Basin	2005	0.24	3.80	1.60	0.19	4.98	1.84	0.01	0.23	0.08
20 Uinta-Piceance Basin	2002	0.02	0.10	0.06	12.22	34.42	21.41	0.02	0.08	0.04

续表

盆地及所在省	评价年份	油 10亿桶			气 万亿ft³			天然气液 10亿桶		
		F95	F05	平均值	F95	F05	平均值	F95	F05	平均值
21 Paradox Basin	2012	0.25	1.00	0.56	6.43	21.62	12.7	0.22	0.89	0.49
22 San Juan Basin	2002	0.00	0.04	0.02	41.07	61.79	50.58	0.09	0.22	0.14
23 Albuquerque-Sante Fe Rift	1995	0.00	0.15	0.05	0.00	1.29	0.36	0.00	0.06	0.02
24 Northern Arizona	1995	0.00	0.32	0.07	0.00	0.96	0.17	0.00	0.08	0.01
25 S.Ariz.-S.W.New Mexico	1995	0.00	0.06	0.02	0.01	0.53	0.20	0.01	0.05	0.02
26 South-Central New Mexico	1995	0.00	0.00	0.00	0.00	0.00	0.00	0.00	0.00	0.00
27 Montana Thrust Belt	2002	0.02	0.24	0.11	1.15	20.88	8.64	0.03	0.60	0.24
28 Central Montana	1995	0.00	0.42	0.27	0.40	1.37	6.96	0.01	0.01	0.01
29 Southwest Montana	1995	0.00	0.13	0.03	0.12	0.76	0.40	0.01	0.01	0.01
30 Hanna,.Laramie..Shirley	2005	0.03	0.19	0.09	0.07	0.67	0.30	0.00	0.03	0.01
31 Williston Basin	2013	4.49	11.82	7.59	4.01	15.03	8.59	0.23	1.06	0.58
33 Rowder.River Basin	2007	0.3.1	1.09	0.64	9.04	27.25	16.63	0.03	0.29	0.13
34 Big Horn Basin	2008	0.02	0.15	0.07	0.32	2.03	0.99	0.01	0.03	0.01
35 Wind River Basin	2005	0.01	0.09	0.04	1.00	4.53	2.39	0.01	0.05	0.02
36 Wyoming Thrust Belt	2003	0.01	0.08	0.04	0.28	1.88	0.92	0.01	0.13	0.06
37 Southwestern Wyoming	2002	0.08	0.27	0.13	53.40	127.21	84.59	1.32	4.47	2.57
38 Park Basins	1995	0.01	0.11	0.03	0.01	0.07	0.02	0.00	0.01	0.00
39 Denver Basin	2003	0.03	0.23	0.10	1.31	4.45	2.52	0.02	0.10	0.05
40 Las Animas Arch	1995	0.04	0.28	0.14	0.20	1.07	0.53	0.01	0.03	0.01
41 Raton Basin-Sierra Grande Uplift	2004	0.00	0.00	0.00	1.11	3.93	2.35	0.01	0.05	0.03
43 Palo Duro Basin	1995	0.01	0.07	0.03	0.01	0.01	0.01	0.00	0.00	0.00
44 Permian Basin	2007	0.56	2.15	1.26	14.35	63.08	40.58	0.48	1.80	1.02
45 Bend Arch-Ft.Worth Basin	2003	0.03	0.18	0.10	21.86	32.39	26.70	0.67	1.56	1.02
46 Marathon Thrust Belt	1995	0.01	0.04	0.02	0.06	0.28	0.14	0.01	0.02	0.01
47-49 Gulf Coast	2012	1.24	6.07	3.21	117.7	520.4	285.26	2.2	15.17	7.37
50 Florida Peninsula	2001	0.04	0.85	0.35	0.00	4.28	1.66	0.00	0.02	0.01
51 Superior	1995	0.00	0.44	0.05	0.00	2.95	0.42	0.00	0.01	0.01
53 Cambridge Arch-Central Kansas	1995	0.04	0.43	0.20	0.08	1.04	0.41	0.01	0.04	0.02
55 Nemaha Uplift	1995	0.03	0.29	0.12	0.17	0.96	0.47	0.01	0.06	0.03
56 Forest City Basin	1995	0.00	0.06	0.02	0.00	1.63	0.52	0.00	0.01	0.01
58 Anadarko Basin	2011	0.21	0.93	0.50	13.45	47.86	27.46	0.17	0.78	0.41
59 Sedgwick Basin/Salina Basin	1995	0.02	0.12	0.07	0.14	0.51	0.32	0.01	0.03	0.02
60 Cherokee Platform	1995	0.02	0.17	0.08	1.14	3.44	2.09	0.01	0.02	0.01
61 Southern Oklahoma	1995	0.05	0.57	0.24	0.47	1.79	1.02	0.01	0.05	0.02
62 Arkoma Basin	2010	0.00	0.00	0.00	21.45	61.21	38.02	0.04	0.39	0.16
63 Michigan Basin	2004	0.29	1.88	0.99	6.64	17.6	11.44	0.06	0.45	0.22
64 Illinois Basin	2007	0.04	0.51	0.21	1.55	9.98	4.65	0.00	0.06	0.02
65 Black Warrior Basin	2002	0.00	0.01	0.00	4.81	13.52	8.50	0.00	0.02	0.01
66 Cincinnati Arch	1995	0.01	0.04	0.02	0.01	0.04	0.02	0.00	0.01	0.01
67a Appalachian Basin	2002	0.01	0.10	0.05	39.06	109.80	68.36	0.42	1.53	0.86
67b Marcellus Shale	2011	0.00	0.00	0.00	42.95	144.15	84.19	1.55	6.16	3.34
67c Utica Shale	2012	0.59.	1.39	0.94	21.11	60.93	38.21	0.08	0.39	0.21
68 Blue Ridge Thrust Belt	1995	0.00	0.00	0.00	0.00	0.15	0.03	0.00	0.00	0.00
69 Piedmont	2012	0.00	0.00	0.00	1.77	8.25	4.25	0.01	0.26	0.14

根据收集到的北美自1995年以来（部分盆地收集到1987年）历次资源评价的数据结果，对其中涉及本书的5个盆地的待发现油气资源量进行分类统计，得到5个盆地多次资源评价结果变化情况，并对变化原因进行了分析，结合前面章节中对盆地油气地质情况的研究，判断其资源评价变化趋势的可靠性，从而对其资源评价结果的可信度作出初步评价。

选取研究中较为典型的3个盆地样本不同时期的待发现油气资源量评价结果进行分析，即阿巴拉契亚盆地（1995年、2002年、2012年），墨西哥湾盆地（1995年、2007年、2012年），威利斯顿盆地（1995年、2009年、2013年），对其资源量评价结果变化作图研究。

数据分析显示，阿巴拉契亚盆地待发现石油资源在三次评价中呈现先减后增的趋势，显示从1995～2002年待发现原有资源没有明显增加（见图 5-4），由于油气的不断探明和开采而逐渐减小，相反从2002～2012年，待发现石油资源发生猛增，从2002年的仅50MMbbl桶猛增至2012年的990MMbbl，这主要是由于了阿巴拉契亚盆地Utica和Marcellus这两个页岩区带资源量的大幅增加，同时也造就了阿巴拉契亚盆地待发现天然气资源量从1995年的2.42tcf到2002年的70.29tcf并在2012年的评价中达到了创纪录的190.76tcf的规模，通过5.1节中对阿巴拉契亚盆地这两个非常规区带的解剖，研究认为该资源评价结果的变化符合盆地实际情况，认为评价结果是可信的。

如图 5-5所示，墨西哥湾盆地待发现石油资源在三次评价中则呈现先增后减的趋势，显示从1995～2007年待发现石油资源有较大增幅，主要是由于墨西哥湾深水石油的发现导致资源量增加，相反从2007～2012年，由于油气的不断探明和开采而逐渐减小。而墨西哥湾多个页岩油气区带的发现则造就了墨西哥湾盆地待发现天然气资源量从1995年的97.98tcf到2007年的104.27tcf，并在2012年的评价中达到了创纪录的285.26tcf的规模，通过5.2节中对墨西哥湾盆地非常规区带的解剖，研究认为该资源评价结果的变化符合盆地实际情况，认为评价结果是可信的。

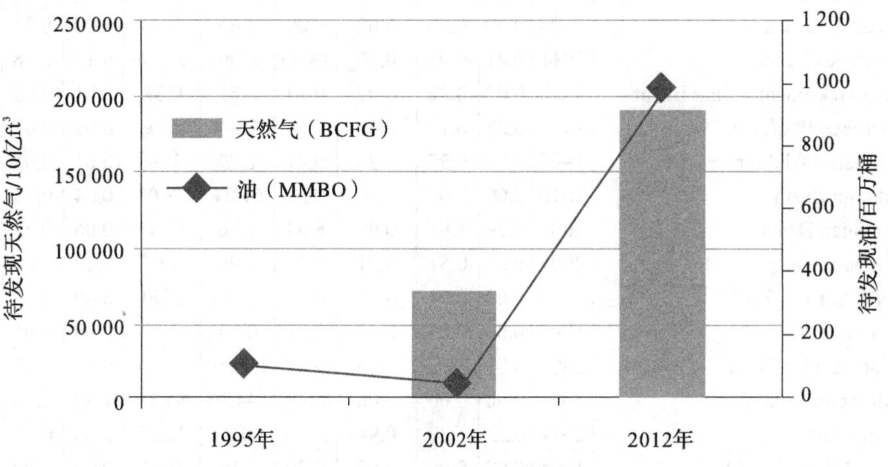

图 5-4　阿巴拉契亚盆地三次油气资源评价结果变化（据USGS）

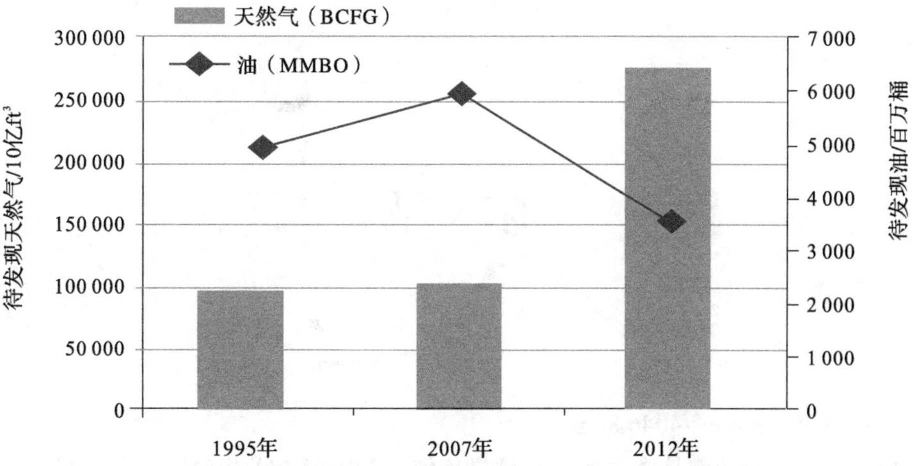

图 5-5　墨西哥湾盆地三次油气资源评价结果变化（据USGS）

对威利斯顿盆地而言，油和气资源评价的结果均呈现明显的递进式增加的趋势（见图 5-6），这与前述研究中对威利斯顿盆地的油气认识相符合，正是由于威利斯顿盆地Bakken页岩区带中巨量油气资源的发现和评估导致了其盆地资源量的快速增加，研究认为该资源评价结果的变化符合盆地实际情况，认为评价结果是可信的。

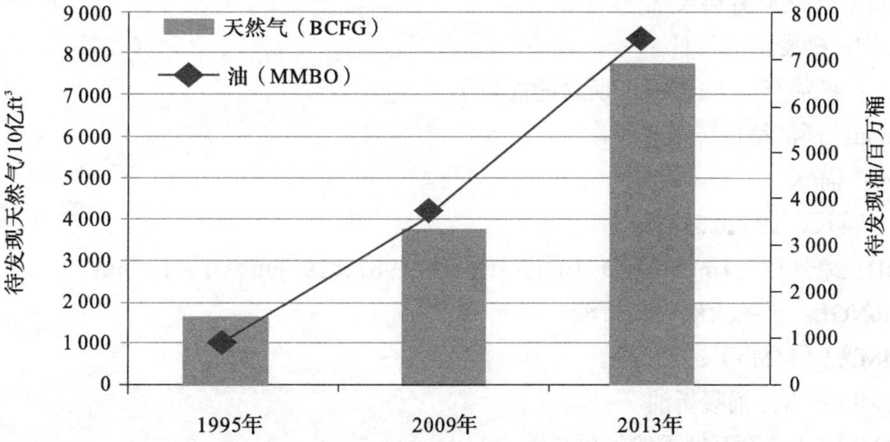

图 5-6　威利斯顿盆地三次油气资源评价结果变化（据USGS）

总之，作为油气资源评价理论、方法及技术较为领先的北美地区，尤其是油气工业十分发达的美国，其地质勘探程度较高，地质资料较为全面可靠，已经建立了相对成熟的评价系统，评价体系较为完善，考虑的风险因素也较为全面，加之勘探程度不断提高，便于对评价结果进行跟踪、修正，使评估结果认可度较高，其可以作为决策参考的依据。

附　录

acre：英亩，1acre≈4046.86m^2

API：石油、石油制品密度的一种度量单位。API=（141/相对密度）—131.5，相对密度为原油在15.6℃（60° F）条件下与水的密度比。

bbl（b）：桶原油，1bbl≈0.14t

bbo：十亿桶油

bc：桶凝析油

bcf：十亿立方英尺

bcfg：十亿立方英尺气

bcpd：桶凝析油每日

boe：桶油当量（1桶原油所含的能量）

bopd：桶油每日

b/d：桶/天

ft：英尺，1ft≈0.3048m

mD：毫达西，$1mD=10^{-3}D=10^{3}\mu D=10^{6}nD=0.987\times10^{-3}\mu m^2\approx1\times10^{-3}\mu m^2$

MbNGL：千桶天然气凝析液

MMbbl（MMb）：百万桶

MMbc：百万桶凝析油

MMbNGL：百万桶天然气凝析液

MMbo：百万桶油

MMboe：百万桶油当量

MMopd：百万桶油每日

MMcfd：百万立方英尺每日

MMcfed：百万立方英尺当量每日

MMcfg：百万立方英尺气

MMcfgpd：百万立方英尺气每日

tcf：万亿立方英尺

tcfe：万亿立方英尺当量

tcfg：万亿立方英尺气

参考文献

[1] FRANC，A B ，ARAUJO L M，MAYNARD J B. Secondary porosity formed by deep meteoric leaching： Botucatu eolianite，southern South America： AAPG Bulletin，v. 1987（7）：1073–1082.

[2] AMBASTHA A K. Evaluation of material balance analysis methods for volumetric，abnormally-pressured gas reservoirs[J]. The Journal of Canadian Petroleum Technology. 1993，32（8）：19-24.

[3] ALAN R，CARROLL，KEVIN M. Bohacs，2001，Lake-type controls on petroleum source rock potential in nonmarine basins： AAPG Bulletin，1985（6）：1033–1053.

[4] ALAN S，MANNE. Carbon Emissions and Petroleum Resource Assessments. International Energy Workshop，ⅡASA，Laxenburg2001.

[5] ALEXEY E，Kontorovich，VIKTOR I. DYOMIN，and VALERY R. Livshits，2001，Size distribution and dynamics of oil and gas field discoveries in petroleum basins： AAPG Bulletin，1985（9）：1609–1622.

[6] ALISTAIR BOLTON，ALEX MALTMAN. Fluid-flow path ways in actively deforming sediments：the role of pore fluid pressures and volume change. Marine and Petroleum Geology，1998，15：281-297.

[7] AMBARDAR，S. K.，and C. F. VONDRA，1989，Evidence for Early Cretaceous basin partitioning by ancestral Laramide-style uplifts in north-central Wyoming（abs.）：Geological Society of America Abstracts with Programs，365.

[8] AMBROSE，W A，AYERS Jr. W B，2007，Geologic controls on transgressive-regressive cycles in the upper Pictured Cliffs Sandstone and coal geometry in the lower Fruitland Formation，northern San Juan Basin，New Mexico and Colorado：AAPG Bulletin，1991（8）：1099–1122.

[9] ANDREA FILDANI，ANDREW D. Hanson，Zhengzheng Chen，J. Michael Moldowan，Stephan A. Graham，and Pedro Raul Arriola.Geochemical characteristics of oil and source rocks and implications for petroleum systems，Talara basin，northwest Peru.AAPG Bulletin，2005，89（11）：1519-1545.

[10] ARRINGTON，J R，1960，Predicting the size of crude reserves is key to evaluating

exploration programs: Oil & Gas Journal, 1958（9）: 130– 134.

[11] B E LAW, G F ULMISHEK, J L CLAYTON, et al. Basin-centered gas evaluated in Dnieper-Donets basin, Donbas foldbelt, Ukraine. Oil & Gas Journal, 1998, 96（47）: 74-77.

[12] B E LAW and W C SPENCER. Gas in tight reservoirs-an emerging energy, in D.G.Howell, ed., The future of energy gas: U.S. Geological Survey Professional Paper, 1993: 1570: 233-252.

[13] B E LAW and W W DICKINSON. Conceptual model for origin of abnormally pressured gas accumulation in low-permeability reservoirs. AAPG, 1985, 69（8）: 1295-1304.

[14] B E LAW, et al. Geologic characterization of low-permeability gas reservoirs in selected wells, Greater Green River Basin, Wyoming, Colorado, and Utah, in C.Spencer, and R.Mast, eds., Geology of gas reservoirs. AAPG Studies in Geology, 1986, 29: 253-269.

[15] B E LAW. Basin-centered gas systems. AAPG Bulletin, 2002, 86（11）: 1891-1919.

[16] B E LAW. Thermal maturity patterns of Cretaceous and Tertiary rock, San Juan Basin, Colorado and New Mexico. The Geological Society of America Bulletin, 1992, 104（2）: 192-207.

[17] B J JEFFREY. Capillary pressure techniques: application to exploration and development geology. AAPG, 1987, 71（10）: 1196-1209.

[18] B J TILLEY, et al. Thermal history of Alberta Deep Basin, comparative study of fluid in clusions and vitrⅡte reflectance data. AAPG1989, 73（10）: 1206-1222.

[19] BASHIR A. KOLEDOYE, ATILLA AYDIN, and ERIC MAY. A new process-based methodology for analysis of shale smear along normal faults in the Niger Delta.AAPG Bulletin, 2003, 87（3）: 445-463.

[20] BILL POWERS.The Bright Future of Shale Gas.Us Energy Investor, 2005: 1-3.

[21] BRIAN C. GAHAN, PE. Advanced Technology Development for Oil and Gas.2007, 5.

[22] BROADHEAD, R.F. Petrography and reservoir geology of Upper Devonian shales, northern Ohio, in Roen, J.B., and Kepferle, R.C., eds., Petroleum geology of the Devonian and Mississipian black shale of easten North America: U.S.Geological Survey Bulletin 1993, 1909, H1-H15.

[23] BRYCE L WINTER, et al. Hydraulic seals and their origin: evidence from the stable isotope geochemistry of dolomites in the Middle Ordovician St. Peter sandstone, Michigan basin. AAPG, 1995, 79（1）: 30-48.

[24] BULTER R M. Thermal recovery of oil and bitumen. Engliewood Cliffs, N.J.Prentice Hall.Available in paperback from GravDrain Inc., 7 Bayview Drive SW, Calgary, Alberta, Canada.1991.

[25] BUTLER R M, Yee C T. Progress in the in-situ recovery of heavy oils and bitumen.

Journal of Canadian Petroleum Technology，2000，41（1）：18-29.
[26] C BARKER. Calculated volume and pressure change during the thermal cracking of oil to gas in reservoirs. AAPG，1990，74：1254-1261.
[27] C W SPENCER, R F MAST, et a`l. Geology of tight gas reservoirs，AAPG Studies in Geology 24，1986.
[28] C W SPENCER. Hydrocarbon generation as a mechanism for overpressuring in Rocky Mountain Region.AAPG，1987，71（4）：368-388.
[29] C W SPENCER. Review of characteristics of low-permeability gas reservoirs in Western United States. AAPG1989，73（5）：613-629.
[30] Canada′ s Oil Sands. Opportunities and Challenges to 2015.National Energy Board of Canada，2004.
[31] Canadian Natural Gas An important part of North American supply，now and in the future，the Ontario Energy Board' s Natural Gas Forum，2004.
[32] CARDOTT B.Oklahoma coalbed methane：from mine to gas resource.AAPG Bull，1999，83（7）：1194-1195
[33] CLAYPOOL G E， THREKELD C N， BOSTICK N H. Natural gas occurrence related to regional thermal rank of organic matter （maturity） in Devonian rocks of the Appalachian basin.In Preprints for second eastern shale symposium，Us Department of Energy，Morgantwon Energy Technology Center Report，1978：SP-78-6：54-65.
[34] CLOWES R ， COOK F ， HAJNAL Z ， et al. Canada' s l ITHOPROBE Project （collaborative ， multidisplinary geoscience research leads to new understanding of continental evolution） [J] . Episodes ， 2000 ， ZZ（1）：4 - 20.
[35] COLE G A，DROZD R J，SEDIVY R A，et al. Organic geochemistry and oil-source correlations，Paleozoic of Ohio. AAPG，1987，71：788-809.
[36] CREANEY S，ALLEN J，COLE K S，et al. Petroleum generation and migration in the Western Canada Sedimentary Basin . In： mossop G D，Shetsen Ⅰ compilers. Geologic Atlas of the Western Canada Sedimentary Basin. Calgary： Canadian Society of Petroleum Geologists and Alberta Research Council，1994，455-468.
[37] CURTIS B C，MONTGOMERY S L. Recoverable natural gas resource of the United States： Summary of recent estimates. AAPG，2002，86（10）：1671-1678.
[38] CURTIS J B. Fractured shale-gas systems. AAPG Bulletin，2002，86（11）：1921-1938.
[39] RICE D D et al. Nonassociated gas potential of San Juan Basin considerable. Oil & Gas Journal，1990，88：60-61.
[40] HOWELL D G. The future of energy gas，U.S. Geological Survey Professional Paper，1993
[41] WELTE D H, et al.Gas generation and migration in the Deep Basin of Western Canada.

AAPG Memoir38，1984：35-48.
[42] CANT D J. Diagenetic trap in sandstones. AAPG.1986，70（2）：155-160.
[43] CANT D J. Spirit River Formation：a stratigraphic-diagenetic gas trap in the Deep Basin of Alberta. AAPG1983，67：577-587.
[44] MYERS D L. Drilling engineering in Deep Basin，Alberta. AAPG Memoir38，1984：283-290.
[45] LEYTHAEUSER D R, et al. Diffusion of light hydrocarbons through near-surface rocks. Nature，1980，284：522-525.
[46] ANDERSON D S，ROBERSON J W，ESTES-JACKSON J E，COALSON E B，et al. Gas in the Rockies，Rocky Mountain Association of Geologiests，2001.
[47] DANIEL F. MERRIAM. Origin and development of plains-type folds in the mid-continent（United States）during the late Paleozoic.AAPG Bulletin，2005.89（1），101-118.
[48] DANIEL J K, Ross，R MARC BUSTIN. Early Jurassic Nordegg Member, Northeastern British Columbia：Gas Shale Potential（Abstract Only）. http：//www.searchanddiscovery.com/documents/abstracts/2005annual_calgary.
[49] DANIEL M, JARVIE，RONALD J HILL，et al. Unconventional shale-gas systems：The Mississippian Barnett Shale of north-central Texas as one model for thermogenic shale-gas assessment. AAPG Bulletin，2007，91（4）：475–499.
[50] DAVID BROWN. Barnett may have Arkansas cousin. AAPG Explorer，2006，27（2）：8-11.
[51] DAVID W HOUSEKNECHT, KENNETH J B. Sequence stratigraphy of the Kingak Shale（Jurassic–Lower Cretaceous），National Petroleum Reserve in Alaska. AAPG Bulletin，2004，88（3）：279-302.
[52] DE WITT，et al. Devonian Shale Gas Along Lake Erie’s South Shore，in Northeastern Geology and Environmental Sciences，Vol. 19，No. 1/2，1997，pp. 34-38.
[53] DE WITT，et al. Energy resources of the Appalachian orogen. In Hatcher R.D.，Jr. Thomas W.A. and Viele G.W. eds.，The Geology of America，Geological Society of America，1989.
[54] Don WARLICK. Gas shale and CBM development in North America. Oil & Gas Financial Journal，November 1，2006.
[55] DRIMMIE R J，R ARAVENA，et al. Radiocarbon and stable isotopes in water and dissolved constituents，Milk River aquifer，Alberta，Canada：Applied Geochemistry，1991, v. 6，p. 381–392.
[56] DUKE ENERGY，CINAREX. Charlotte，NC and Cincinatti，OH. Press release，May 9，2005.
[57] E B COALSON，J C OSMOND，E T WILLIAMS，et al. Innovative applications of petroleum technology in the Rocky Mountain area：Rocky Mountain Association of

Geologists, 1997.

[58] E D PITTMAN. Relationship of porosity and permeability to various parameters derived from mercury injection-Capillary pressure curves from sandstone. AAPG, 1992, 76（2）: 191-198.

[59] F I SIDDIQUI, L W LAKE. A dynamic theory of hydrocarbon migration. Mathematical Geology, 1992, 24: P305-327.

[60] FARAJ, BASIM, et al. Shale Gas Potential of Selected Upper Cretaceous, Jurassic, Triassic and Devonian Shale Formations in the WCSB of Western Canada: Implications for Shale Gas Production. Gas Technology Institute, 2002.

[61] G A PETZET. Searchs grows in Rocky Mountain, Midcentinent areas.Oil & Gas Journal, 1988, 86（11）: 50-52.

[62] G E McMaster. Gas reservoirs, Deep Basin, Western Canada. The Journal of Canadian Petroleum Technology, 1981, 20（3）: 62-66.

[63] G Garven. A hydrogeologic model for the formation of the giant oil sands deposits of the Western Canada sedimentary basin: American Journal of Science, 1989, 299: 105-166.

[64] GARY G. L, TERRY ENGELDER. An analysis of horizontal microcracking during catagenesis: Example from the Catskill delta complex.AAPG Bulletin, 2005, 89（11）: 1433-1449.

[65] H LIES, J LETOURNEAU. Numerical modeling of the hydrodynamically trapped Milk River Gas Field, Western Canada. The Journal of Canadian Petroleum Technology, 1995, 34（10）: 25-30.

[66] H P HEASLER et al. Pressure compartments in the Powder River Basin, Wyoming and Montana as determined from drill-stem test data, in Ortoleva, P., ed., Basin Compartment sand seals: Tulsa.AAPG, 1995（61）: 235-262.

[67] HARRIS L D, MILICI R C. Characteristics of thinskindned style of deformation in the southern Appalachians and potential hydrocarbon traps. USGS Professional Paper, 1977, 1018.

[68] HAY. Oil and gas resources in the Western Canada Sedimentary Basin, In: mossop G D, Shetsen I compilers. Geologic Atlas of the Western Canada Sedimrntary Basin. Calgary: Canadian Society of Petroleum Geologists and Alberta Research Council, 1994: 469-470.

[69] HEGE M NORDGÅRD BOLÅS, CHRISTIAN HERMANRUD, GUNN M G TEIGE. Origin of overpressures in shales: Constraints from basin modeling. AAPG Bulletin, 2004, 88（2）: 193-211.

[70] HILL, D G, NELSON C R. Gas productive fractured shales- an overview and update. Gas TIPs, 2000, 6（2）: 4-13.

[71] IBACH L E J. Relationship between sedimentation rate and total organic carbon content in ancient marine sediments. AAPG Bulletin，1982； 66（2）：170－188.

[72] J A MASTERS.Deep Basin Gas Trap，Western Canada. AAPG，1979，63（2）：152—181.

[73] J A Masters. Deep Basin Gas Trap，Western Canada. AAPG，1979，63（2）：152-181.

[74] J C DOLSON et al. Regional paleotopographic trends and production，muddy sandstone（lower Cretaceous），Central and Northern Rocky Mountains. AAPG，1991（75）：409-435.

[75] J D WALLS et al. Effects of pressure and partial water saturation on gas permeability in tightsands：experimental results. Journal of Petroleum Technology，1982（34）930-936.

[76] J D WALLS. Tight gas sands-permeability，pore structure，and clay. Journal of Petroleum Technology.1982（34）2707-2714.

[77] J M HUNT. Generation and migration of petroleum from abnormally pressured fluid compartments：AAPG，1990（74）1-12.

[78] J R Levine. Coalification：The evolution of coal as a source rock and reservoir rock for oil and gas in B.E.law and D.D.Rice，eds.，Hydrocarbons from coal：AAPG Studies in Geology，1993（38）39-77.

[79] J S Bradley. Abnormal formation pressure. AAPG，1975（59）957-973.

[80] J W SCHMOKER，et al. Gas in the Uinta basin，Utah-Resources in continuous accumulations. Mountain Geology，1996，33（4）：95-104.

[81] JAMES W.SCHMOKER. Resource-assessment perspective unconventional gas systems. AAPG Bull，2002，86（11）：1993-1999.

[82] John M SHARP，J THOMAS R FENSTEMAKER，et al. Potential Salinity-Driven Free Convection in a Shale-Rich Sedimentary Basin：Example from the Gulf of Mexico Basin in South Texas.AAPG Bulletin，2001，85（11）：2089-2110.

[83] JOHNSON V G，GRAHAM D L，REIDEL S P.Methane in Columbia River Basalt aquifers：Isotopic and geohydrologic evidence for a deep coal-bed gas source in the Columbie Basin，Washington.AAPG Bull，1993，77（7）：1192-1207.

[84] K E PETERS，L B MAGOON，K J BIRD，Z C VALIN，M A KELLER.North Slope，Alaska：Source rock distribution，richness，thermal maturity，and petroleum charge. AAPG Bulletin，2006，90（2）：261-292.

[85] K T CHIANG. The giant Hoadley Gas Field，South—central Alberta. AAPG Memoir38，1984：297-314.

[86] KATHY SHIRLEY. Rocky Mountain success，global potential-New strategy aids deep gas hunt. Explorer，1999，5：8-13.

[87] L C Amajor. Patterns of hydrocarbons occurrences in the Viking Formation，Alberta，Canada.Journal of Petroleum Geology, 1986，9（1）：53-70.

[88] L F CATALAN, et al. An experimental study of secondary oil migration. AAPG Bulletin，1992，76，638-650.

[89] LAW B E，CURTIS J B. Introduction to unconventional petroleum systems，AAPG，2002，86（11）：1851-1852.

[90] LOUISE S DURHAM. Barnett shale a stimulating play. AAPG Explorer，2006，27（2）：12-15.

[91] MICHELE MOISIO THOMAS，JAMIE A CLOUSE. Scaled physical model of secondary oil migration. AAPG，1995，79（1）：19-29.

[92] N.R.Morrow. Physics and thermodynamics of capillary action in porous media：Industrial and Engineering Chemistry，1970（62）32-56.

[93] P R ROSE, et al. Possible basin centered gas accumulation，Roton basin，Southern Colorado. Oil & Gas Journal.1984，82（10）：190-197.

[94] R A PURVIS, W G BOBER. A reserves review of the Pembina Cardium oil pool. Journal of Canadian Petroleum Technology，1979，18（3）：20-34.

[95] Rbert R Gries. San Juan Sag：Cretaceous rocks in volcanic covered basin，South Centeral Cololado.Oil & Gas Journal, 1985，83（47）：109-115.

[96] SCHETTLER P D，C.R.PARMELY. The measurement of gas desorption isotherms for Devonian shale. Gas Shales Technology Review，1990，7（1）：4-9.

[97] SCHOELL M. The hydrogen and carbon isotopic composition of methane from natural gases of various origins. Geocheminca et Cosmochimica Acta，1980，44（5）：649-661.

[98] SCOTT L MONTGOMERY. DANIEL M JARVIE，KENT A BOWKER，RICHARD M POLLASTRO. Mississippian Barnett Shale，Fort Worth basin，north-central Texas：Gas-shale play with multi–trillion cubic foot potential. AAPG Bulletin，2005，89（2）：155–175.

[99] STEFAN BACHU. Flow of formation waters，aquifer characteristics，and their relation to hydrocarbon accumulation，Northern Alberta. AAPG，1997，8（5）：712-733.

[100] T L BYRNES，K F SCHULDHAUS. Coalbed methane in Alberta. The Journal of Canadian Petroleum Technology, 1995，34（3）：57-62.

[101] TADASHI ASAKAWA. Outlook for unconventional natural gas resources.Journal of the Janpanise Association for Petroleum Technology.，1995，60（2）：128-135.

[102] V A KUUSKRAA. Advances benefit tight gas sands development.Oil & Gas Journal，1996，94（15）：103-104.

[103] V A KUUSKRAA. Tightsands gas as U.S. gas source. Oil & Gas Journal，1996，94（12）：102-107

[104] 钱凯，赵庆波，汪泽成.煤层甲烷气勘探开发理论与实验测试技术[M].2版.北京：石油工业出版社，1997.
[105] 张金川，姜生玲，唐玄，等.我国页岩气富集类型及资源特点[J].天然气工业，2009，29（12）：109-114.
[106] 张金川，金之钧，袁明生.页岩气成藏机理和分布[J].天然气工业，2004，24（7）：15-18.
[107] 张金川，薛会，张德明，等.页岩气及其成藏机理[J].现代地质，2003，17（4）：466.
[108] 陈建渝，唐大卿，杨楚鹏.非常规含气系统的研究和勘探进展[J].地质科技情报，2003，22（4）：55-59.
[109] 陈克全.加拿大石油税制简介[J].国际石油经济，1995，3（4）：46-50.
[110] 崔荣国，奚甡.加拿大矿产资源储量、产量、进出口现状及矿业政策[J].中国金属通报，1997.
[111] 樊明珠，王树华.高变质煤区的煤层气可采性[J].石油勘探与开发，1997，24（2）：87-90.
[112] 关德师，牛嘉玉，郭丽娜.中国非常规油气地质[M].北京：石油工业出版社，1995.
[113] 胡国艺，谢增业，李剑等.西加拿大盆地古生界烃源岩特征及对鄂尔多斯盆地气源岩的认识[J].海相油气地质，2001，6（3）：17-21.
[114] 金之钧，张金川.天然气成藏的二元机理模式[J].石油学报，2003，24（4）：13-16.
[115] 金之钧，庞雄奇.台北坳陷深盆气有利勘探目标选择（内部），石油大学（北京），吐哈石油勘探开发研究院，2000.
[116] 李长民，刘新秒.加拿大拉布拉多北部的前寒武纪地壳演化研究新进展[J].前寒武纪研究进展，2000，23（3）：190-192.
[117] 李春荣，潘继平，刘占红.世界大油气田形成的构造背景及其对勘探的启示[J].海洋石油，2007，27（3）：34-40.
[118] 李德豪.加拿大推动可持续发展战略的策略及实践[J].环境科学与技术，2007，30（4）：56-58.
[119] 李国玉，金之钧.世界含油气盆地图集[M].北京：石油工业出版社，2005.
[120] 刘葵，张岳桥，张峰.USGS“2000年世界油气评价”储量增长预测方法[J].中国地质矿产经济，2002，9：41-44.
[121] 马新华，钱凯，魏国齐，等.关于21世纪初叶中国天然气勘探方向的认识[J].石油勘探与开发，2000，27（3）：1-4.
[122] 宋岩，戴金星，戴春森.我国大中型气田主要成藏模式及其分布规律[J]，中国科学（D辑）.1996，26（6）：499-503.
[123] 宋玉春.高油价催热加拿大油砂开采[J].中国石化，1997.
[124] 苏现波，陈江峰，孙俊民等.煤层气地质学与勘探开发[J].北京：科学出版社，2001.
[125] 童晓光，关增淼.世界石油勘探开发图集（非洲地区分册）[M].北京：石油工业出

版社，2002.
[126] 闻林.北极地区波弗特—马更些盆地伊利石/蒙皂石成岩作用及其与油气分布的关系[J].天然气勘探与开发，1999，22（2）：16-25.
[127] 翁文波.翁文波学术论文选集[M].北京：石油工业出版，1994，261-265.
[128] 吴保梓.加拿大气水合物的分布与储量[J]，天然气地球科学，2001，12（6）：42-49.
[129] 吴越.中海油得手加拿大油砂[J].中国石油石化.2007：30.
[130] 余一欣，汤良杰，马达德，等.柴达木盆地阿尔金山前带油气勘探方向研究—来自洛杉矶盆地油气勘探实践的启发[J].成都理工大学学报（自然科学版），2006.33（1）：36-41.
[131] 张抗.国际油气资源形势分析与思考[J].国际石油经济，2004，12（3）：32-35.
[132] 张明燕，王志红.加拿大矿产资源储量管理实况[J].中国矿业，2007，16（6）：17-19.
[133] 张兴，童晓光.艾伯特裂谷盆地含油气远景评价：极低勘探程度盆地评价实例[J].石油勘探与开发，2001，28（2）：30-35.
[134] 赵政璋，吴国干，胡素云，等.全球油气勘探新进展[J].石油学报，2005，26（6）：119-126.
[135] 朱作京.加拿大油砂开采技术初探[J].国外油田工程，2007，23（1）：21-23.
[136] 祝有海.加拿大马更些冻土区天然气水合物试生产进展与展望[J].地球科学展，2006，21（5）：513-520.
[137] 布拉德利，沃特金斯.加拿大亚伯达省油气资源开采的矿区使用费制度[J].国外地质技术经济，1990，1.
[138] 王世东.加拿大油气政策[J].国际石油经济，1994，3.
[139] 陈克全.加拿大石油税制简介[J].国际石油经济，1995，4.
[140] 胡文海，陈冬晴.美国油气田分布规律和勘探经验[M].北京：石油工业出版社，1995.
[141] 白冶，尚修治，石森.地质工作的社会化—从加拿大地质调查机构看全球地质调查工作的发展趋势.地质科技管理，1999，2.
[142] 于海峰.AMCG组合的大地构造意义——参加加拿大“地质学会和矿物学会联合年会”以及“横穿西南格林威尔省”野外考查工作总结之一.前寒武纪研究进展2000，25（3-4）.
[143] 梁狄刚，张水昌，张宝，王飞宇.从塔里木盆地看中国海相生油问题[J].地学前缘，2000，7（4）：534-547.
[144] 张金川.美国落基山地区深盆气及其基本特征[J].国外油气勘探，2000，12（6）：16-21.
[145] 张金川.深盆气成藏机理及其应用研究[D].北京：石油大学（北京），1999.
[146] 张金川.深盆气成藏及分布预测[D].北京：中国地质大学（北京），2001.
[147] 胡元现，等.西加拿大盆地油砂储层中的泥夹层特征[J].中国地质大学学报，2004，29（5）：550-554.
[148] 李国玉，金之钧等编.新编世界含油气盆地图集[M].北京：石油工业出版社，2005.

[149] 张红菊.加拿大西部开发的历程与经验[J].学术论坛，2005，10：141-145.
[150] C&C RESERVOIRS公司.美国得克萨斯州法尔韦油田[J].海相油气地质，2006，11（1）.
[151] HANS G MACHEL.西加拿大沉积盆地泥盆系含油气系统[J].海相油气地质，2000，5（1-2）：103-123.
[152] 李树枝.大的矿产勘查开发统计及对我国的启示[J].国土资源情报，2006，12：1-6.
[153] 张金川，聂海宽，徐波，姜生玲，张培先.四川盆地页岩气成藏地质分析[J].天然气工业，2008，2（2）：1-6.
[154] 周庆凡.美国地质调查所新一轮世界油气资源评价[J].海洋石油，2001，1：1-7.
[155] 戴金星.中国煤成气研究二十年的重大进展[J].石油勘探与开发，1999，26（3）：1-10.
[156] 金之钧，王清晨.中国典型叠合盆地与油气成藏研究新进展：以塔里木盆地为例[J].中国科学（D辑）.2004，34（增1）：1-12.
[157] 丁晓红.中国把目光转向加拿大油砂资源[J].国土资源情报，2005，4：55-56.
[158] 高炳奇，树臣.加拿大地质调查的重点和方向[J].中国地质，2000，5：42-44.
[159] 燕乃玲，夏健明.加拿大资源与环境管理的特点及对中国的启示[J].决策咨询通讯，2007，5：56-60.
[160] 大地质调查工作某些重要进展与特点[J].国土资源情报，2003，6：23-29.
[161] 申延平.加拿大油气资源勘探开发财税制度体系[J].中国国土资源经济，2007，9：27-31.
[162] 张平.加拿大的能源政策[J].国外能源，2001，9：29-31.
[163] 张胤鸿.美洲油气资源之争[J].百科知识，2005，9：55-56.
[164] 李玉喜.加拿大阿尔伯达省油气管理[J].国土资源情报，2004，11：41-43.
[165] 接维强，魏春光.加拿大油砂资源利用的主要技术及投资效益[J].石油科技论坛，2005，12：39-42.
[166] 路相宜.中石油掘金加拿大油砂[J].中国石油石化，2007，14：44-45.
[167] 贾承造，赵文智，魏国齐，等.国外天然气勘探与研究最新进展及发展趋势[J].天然气工业，2002，21（4）：5-9.
[168] 刘泽英，穆青. 我国煤层气勘探开发的科学技术问题[J].石油实验地质.1998，20（1）：6-9.
[169] 付强，张金川，温珍河.美国的油气资源评价史及其对中国的借鉴[J].海洋地质动态，1995，7：7-9.
[170] 丁晓红.2005年世界矿产资源形式纵览[J].国土资源情报，2006，1：7-10.
[171] 蒲志仲.加拿大石油税费政策的制度分析[J].石油大学学报，1999（2）：8-11.
[172] 刘成林，李景明，李剑，朱玉新，王浩.中国天然气资源研究[J].西南石油学院学报，2004，26（1）：9-12.
[173] 高杰，李文.加拿大油砂资源开发现状及前景[J].中外能源，2006，11（6）：9-14.
[174] 时华星，向奎，杨品荣.从阿尔伯达盆地的油气勘探论塔西南地区的勘探策略[J].中国石油勘探，2003，8（4）：9-16.

[175] 申延平，岳来群，潘继平.加拿大油砂矿区使用费制度[J].中国矿业，2007，16（11）：10-12.
[176] 邢定峰，龚满英，刘蜀敏，等.加拿大油砂沥青加工方案研究[J].石油规划设计，2007，18（1）：10-14.
[177] 申延平.加拿大油气资源勘探开发财税制度体系[J].中国国土资源经济.2007，9：27-31.
[178] 胡文海，陈冬晴.美国油气田分布规律和勘探经验[M].北京：石油工业出版社，1995.
[179] 夏义平，黄忠范，袁秉衡，李明杰，徐礼贵，等.世界巨型油气田[M].北京：石油工业出版社，2007.
[180] 张金川，张杰.深盆气成藏平衡原理及数学描述[J].高校地质学报，2003，9（3）：458-466.
[181] 程克明，王世谦，董大忠，等. 上扬子区下寒武统筇竹寺组页岩气成藏条件[J].天然气工业，2009，29（5）：40-44.
[182] 陈尚斌，朱炎铭，王红岩，等. 川南龙马溪组页岩气储层纳米孔隙结构特征及其成藏意义[J].煤炭学报，2012，37（3）：438-444.
[183] 崔景伟，朱如凯，崔京钢. 页岩孔隙演化及其与残留烃量的关系：来自地质过程约束下模拟实验的证据[J].地质学报，2013，87（5）：730-735.
[184] 戴金星，宋岩，张厚福. 中国大中型气田形成的主要控制因素[J].中国科学（D辑），1996，26（6）：481-487.
[185] 董大忠，程克明，王玉满，等. 中国上扬子区下古生界页岩气形成条件及特征[J].石油与天然气地质，2010，31（3）：288-299.
[186] 董大忠，邹才能，杨桦，等. 中国页岩气勘探开发进展与发展前景[J].石油学报，2012，32（4）：107-114.
[187] 郭彤楼. MJ盆地北部陆相大气田形成与高产主控因素[J].石油勘探与开发，2013，40（2）：139-149.
[188] 郭彤楼，刘若冰. 复杂构造区高演化程度海相页岩气勘探突破的启示[J].天然气地球科学，2013，24（4）：643-651.
[189] 郭彤楼，张汉荣. 四川盆地焦石坝页岩气田形成与富集高产模式[J].石油勘探与开发，2014，41（1）：28-36.
[190] 郭旭升，魏志红，刘若冰，等. 中国南方页岩气勘探评价的几点思考[J].中国工程科学，2012，14（6）：101-105.
[191] 郭英海，李壮福，李大华，等. 四川地区早志留世岩相古地理[J].古地理学报，2004，6（1）：20-29.
[192] 吉利明，邱军利，夏燕青，等. 常见黏土矿物电镜扫描微孔隙特征与甲烷吸附性[J].石油学报，2012，33（2）：249-256.
[193] 李新景，胡素云，程克明. 北美裂缝性页岩气勘探开发的启示[J].石油勘探与开发，2007，34（4）：392-400.